MONOGRAPHIE

des

EAUX POTABLES.

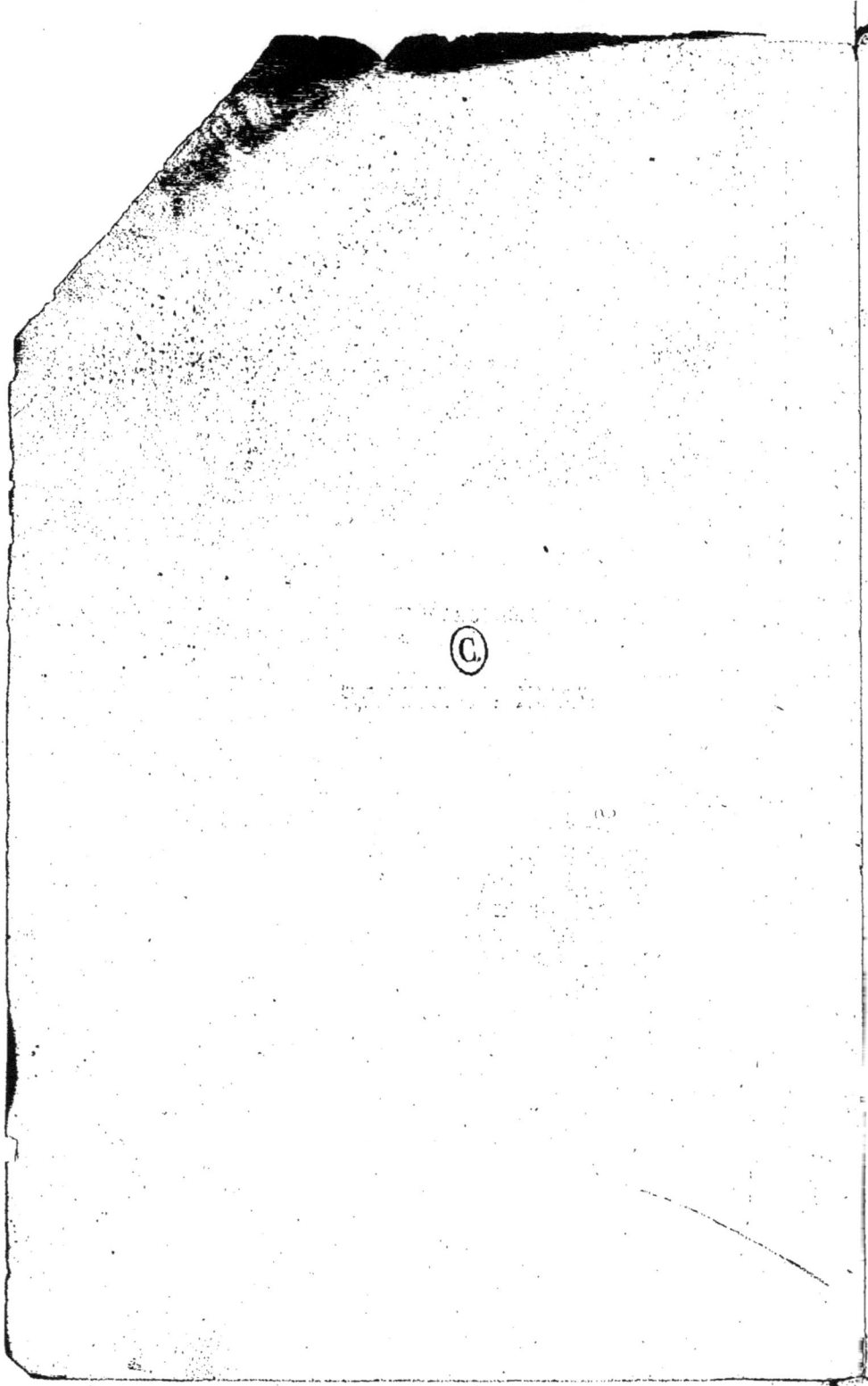

C.

MONOGRAPHIE

DES

EAUX POTABLES

PRINCIPES & APPLICATIONS

RECHERCHES SUR LES

EAUX POTABLES DE MARSEILLE

ET

DU DÉPARTEMENT DES BOUCHES-DU-RHONE

HYDROGRAPHIE SOUTERRAINE, — THÉORIE DES SOURCES.

OUVRAGE

Composé d'après les meilleurs Auteurs de l'époque
et dédié à la ville de Marseille.

Par M. l'Abbé MUSY,

Premier Chânoine d'honneur de la métropole de Port-d'Espague (Trinidad),
Chânoine honoraire de Roscau (Dominique),
Chevalier de la Légion-d'Honneur et de l'Ordre du Lion-de-Bade,
Chapelain, à Marseille, de la Fondation de S. M. l Empereur, en faveur des officiers, soldats et marins
morts au service de la patrie dans les campagnes d'Orient, d'Afrique, d'Italie.....
(Décrets du 14 août 1859 et du 18 avril 1860.)

MARSEILLE

IMPRIMERIE NOUVELLE A. ARNAUD, RUE VACON, 21.

1866

AVANT-PROPOS.

Nous avons tellement confiance dans l'avenir que la providence prépare à la ville de Marseille, que nous sommes intimement convaincu que, prochainement même, malgré les obstacles et les difficultés, notre belle cité résoudra elle-même, de la manière la plus heureuse, l'importante question de ses eaux, sur laquelle reposent ses futures destinées, c'est-à-dire son bien-être complet, le parfait développement de son industrie et sa prospérité. Il lui suffira, pour atteindre ce but, de poser, un jour, le problème de ses eaux, d'une manière claire, précise et rationnelle; de reconnaître qu'elle a, presque à ses portes, des quantités énormes d'eaux véritablement propres aux usages domestiques et aux besoins de l'industrie : en un mot, des eaux véritablement potables. Mieux éclairée, elle se gardera, comme par le passé, de confier uniquement la conduite de cette importante entreprise à des ingénieurs, quels que soient leur mérite et leur capacité; mais elle appellera tout d'abord, dans ses conseils, des chimistes et des hygiénistes éclairés et consciencieux, pour prononcer un jugement exact sur la qualité des eaux que l'on veut employer, au double point de vue des usages domestiques et des besoins de l'industrie. C'est alors seulement que devra commencer le rôle de MM. les ingénieurs, rôle qui consiste à conduire et à aménager convenablement les eaux publiques, tout en prenant garde encore que les mesures, prises par eux, n'altèrent pas les qualités essentielles de l'eau, qui sont bien plus à rechercher que la magnificence des travaux d'art.

C'est pour n'avoir pas pris ces précautions, que dictent cependant la prudence et le simple bon sens, que la plupart des entreprises sur les eaux publiques ont échoué ou n'ont pas donné les résultats qu'on était en droit d'attendre du talent et de l'habileté de ceux qui les ont menées. A chacun sa spécialité : aux chimistes et aux médecins hygiénistes à statuer sur les véritables qualités des eaux potables et sur les questions de salubrité; aux ingénieurs, tout ce qui concerne l'hydraulique proprement dite, c'est-à-dire la théorie et l'art de conduire et d'élever les eaux, ainsi que la science des propriétés des fluides dans les deux états de repos et de mouvement.

Si, quand nous avons construit le canal, on avait inséré dans la clause du traité, passé avec M. de Montricher, qu'il s'obligeait à donner à Marseille, non-seulement de l'eau, mais encore de l'eau vraiment potable, le savant ingénieur aurait pris ses mesures pour fournir l'eau promise, et pas la détestable eau boueuse à laquelle nous sommes tous, à peu près, condamnés. Dans la convention passée ces jours derniers entre M. Prunier et le Conseil municipal, convention qui attend l'approbation supérieure, le nouvel ingénieur s'est engagé à fournir une eau *claire* et *limpide*. Mais tous les chimistes vous diront qu'une eau claire et limpide peut fort bien ne pas être potable. Que répliquera le Conseil municipal si M. Prunier ne peut lui fournir qu'une pareille eau ? ce qui pourrait parfaitement arriver, comme je le dirai plus tard. Il aurait rempli les conditions du contrat et la ville serait obligée d'accepter une eau claire et limpide mais pas potable. Si au lieu de ces deux mots *claire* et *limpide*, car dans toute convention il faut être clair et précis, on avait mis : *eau véritablement potable,* c'est-à-dire , propre aux usages domestiques et aux besoins de l'industrie, il n'y aurait pas de nouvelle déception à redouter, et l'on aurait, en même temps, de l'eau claire et limpide, puisque cette qualité est une des conditions indispensables de toute eau véritablement potable.

A l'appui de ce que nous venons d'avancer, nous allons citer deux entreprises modernes qui n'ont donné des résultats fâcheux que parce que les mesures prises par MM. les ingénieurs — ils étaient cependant les plus distingués de l'époque — étaient en opposition avec les doctrines de l'hygiène et de la chimie. Ces deux exemples sont celui du canal de l'Ourcq, à Paris, et celui du bassin de Réaltort pour le canal de Marseille, auquel on semble vouloir revenir avec obstination malgré les conséquences funestes qu'a amenées un premier essai.

La dérivation de l'Ourcq, à Paris, a définitivement résolu la question de savoir si l'eau d'un canal découvert, servant à la navigation, peut servir en même temps, comme eau potable, aux usages alimentaires d'une ville. Ce grand travail, conçu et entrepris par M. de Manse, gendre de Riquet, en 1676, interrompu après la mort de Colbert, repris sous le Consulat et à moitié fait sous l'Empire, se trouvait suspendu de nouveau, en 1816 , soit par des événements politiques, soit par l'effet de critiques plus ou moins fondées ; lorsque le gouvernement institua, pour l'éclairer sur les décisions à prendre,

une commission réunissant les plus hautes
notabilités scientifiques de l'époque (MM.
Thénard, Hallé, de Prony, Bruyère, Tarbé,
etc.). Cette commission supposant, d'après
des théories généralement admises, qu'une
vitesse de 0 m. 35 à 0 m. 40 par seconde,
serait suffisante, sous le rapport de la salubrité, pour une eau potable coulant sans interruption sur le sol, dans un canal en terre,
conclut à l'achèvement de celui de l'Ourcq,
dont l'entier développement de Mareuil à
Paris, devait avoir 93,922 mètres. Elle avait
calculé et consigné dans son rapport : d'une
part, que les travaux qui restaient à faire
porteraient la dépense totale à 24,326,278 fr.
(un million par lieue) et d'une autre part,
que les revenus du canal se composeraient :

1° Des droits de navigation montant
à. . . . .   60,000 fr.

2° Du produit de la vente de
l'eau pour les besoins domes-
tiques, dans Paris, évalué à. . 1,460,000 fr.

Malheureusement, des deux revenus, dont
l'un est si différent de l'autre, c'est le dernier qui a fait défaut. On sait que les Pari-
siens ont complètement refusé de consommer, comme boisson, cette eau, qui, par sa
longue exposition à l'air, par sa marche lente
au milieu d'une végétation marécageuse, en-
tretenue sur les berges et dans le fond du
canal par la chaleur jointe à l'humidité, devient tiède et fétide pendant une grande
partie de l'année, et ne peut servir aux
usages pour lesquels on l'a fait venir de si
loin et à si grands frais.

Il résulte de cet exemple frappant, qu'une
eau dérivée pour emploi hygiénique, ne doit
pas être longuement exposée à l'air, qu'elle doit
avoir sur tout son parcours une forte pente,
afin de conserver sa qualité potable ; à moins
qu'on ne l'amène souterrainement : dans ce

cas, la chaleur et la végétation n'étant pas à craindre, la vitesse du liquide est indifférente. C'est ce dernier mode que préféraient les Romains, nos modèles en fait de distribution d'eau potable.

Nous arrivons maintenant à l'immense bassin de Réaltort, de 74 hectares de superficie, destiné à décanter les eaux de la Durance, pour les remettre ensuite dans le canal de Marseille. Il est évident que l'eau, amenée dans ce vaste épuratoir par sa longue exposition à l'air et au soleil, par sa stagnation presque absolue, au milieu de vases et de débris de matières organiques ne manquera pas d'entrer en putréfaction par l'effet de la chaleur jointe à l'humidité; qu'une végétation marécageuse s'établira enfin au fond de ce bassin, et que cette eau deviendra tiède et fétide, pendant une grande partie de l'année : qu'elle ne peut par conséquent, comme celle du canal de l'Ourcq à Paris, servir aux usages pour lesquels on l'a fait venir de si loin et à de si grands frais. Nous ne mentionnerons pas, pour le moment, l'énorme volume de limon qui viendra s'y déposer et le combler, comme il a déjà comblé les autres bassins parfaitement envasés aujourd'hui, après quelques années d'usage.

Voilà sommairement le système d'épuration de M. Pascalis, trouvé irréprochable cependant par M. Pascal, ingénieur en chef! Au point de vue de l'hydraulique, peut-être, jusqu'à un certain point, mais détestable, inadmissible, au point de vue de l'hygiène, à moins qu'on ne veuille compromettre la santé des populations environnantes et exposer Marseille aux plus grands malheurs. Déjà des enquêtes ont constaté, dans le temps, l'insalubrité de ce projet, et en ont fait suspendre les travaux ; pourquoi vouloir de nouveau commettre une pareille imprudence qui peut avoir des suites aussi funestes? Car personne n'ignore qu'on s'expose, au moins, à créer à Réaltort un vaste marais qui deviendra nécessairement, pour les contrées environnantes, un foyer d'infection qui ne peut manquer de donner naissance aux fièvres intermittentes les plus redoutables.

Heureusement que les ponts-et-chaussées commencent à entrer dans une voie nouvelle. En effet, quelques-uns de nos principaux ingénieurs ne se contentent plus de la science de leur état, mais ils font entrer aujourd'hui dans leurs études la chimie hygiénique. C'est ainsi que nous devons à M. Mille, ingénieur des ponts-et-chaussées, le remarquable rapport adressé dernièrement au préfet de la Seine sur l'assainissement des villes et la distribution des eaux en Angleterre ; et à M. Belgrand, ingénieur en chef des ponts-et-chaussées, les belles études sur les sources du bassin de la Seine et sur la dérivation de la Somme-Soude ; études qui ont jeté une vive lumière sur la question des eaux de la ville de Paris.

M. d'Aubuisson, l'un de nos plus distingués ingénieurs de France, a été un des premiers à entrer dans cette voie, à l'occasion des travaux qu'il a dirigés avec tant d'habileté et de science dans l'établissement des fontaines de Toulouse dont il a écrit lui-même la remarquable histoire. Laissons-le parler un instant pour nous montrer ce qu'il a mis de soins et de scrupuleuse attention dans la clarification, l'aménagement et la distribution des eaux à Toulouse, afin de marcher ici sur ses traces avec d'autant plus de zèle qu'à Marseille, nous pouvons, — en raison des ressources que nous offre nos nombreux terrains aquifères, — fonder un établissement stable et permanent, appelé même à se classer parmi les plus célèbres aqueducs du monde, tandis que celui de Toulouse, quelque merveilleux qu'il soit, demeure éphémère, puisqu'un jour la Garonne peut entamer le banc d'alluvion où se fait le filtrage ; c'est si vrai qu'on a rédigé d'avance un projet destiné à être exécuté dans le cas où la prévision de M. d'Aubuisson viendrait à s'accomplir.

« Le premier filtre, dit M. d'Aubuisson, donna d'abord de fort bonne eau ; mais, dès la deuxième année, une végétation de plantes aquatiques commença à s'y établir et à altérer la qualité de ses produits. L'année suivante, le mal empira : les rayons du soleil traversant sans obstacle une couche d'eau mince et transparente, atteignaient le fond dans toute leur intensité ; ils y développaient une forte chaleur, laquelle était encore augmentée par l'effet et la reverbération des bords et des digues. Par suite, la végétation y acquit une vigueur extrême ; les divers moyens employés pour la détruire furent sans effet ; les reptiles s'y joignirent. Ces plantes et ces animaux, en mourant et se putréfiant dans une eau tiède, la rendaient très mauvaise.

« Il fallut se presser de porter un remède au mal ; encore un an, et il eût été absolument intolérable. L'eau était très bonne en entrant dans le filtre, et vicieuse quand elle en sortait. La forte chaleur et la lumière en étaient la cause manifeste ; il fallait l'attaquer. On ne le pouvait qu'en couvrant le filtre ; j'en émis l'idée ; on en remplit le fond avec des cailloux et puis on le combla.

« Depuis que le filtre a été ainsi disposé, la qualité des eaux s'est non-seulement rétablie, mais améliorée...

« Mais enfin cet excellent filtre ne fournissait pas cent pouces d'eau fontainiers et il en fallait plus de deux cents (1) ; on dut en établir un deuxième.

« Le mieux est l'ennemi du bien ; nous

(1) Le pouce fontainier représente un débit de 20 mètres cubes d'eau en 24 heures.

l'éprouvâmes en cette circonstance. Au lieu
de faire le nouvel appareil semblable au premier, on dit: celui-ci donne trop peu d'eau,
rapprochons-nous de la rivière, et nous en
aurons davantage. Cette idée fut adoptée, et
un projet auquel elle servit de base fut agréé
par le Conseil municipal, le 3 février 1827, et
puis approuvé par l'autorité supérieure.

« En conséquence, en aval du premier filtre
et à dix mètres environ de la rivière, on ouvrit et poussa une tranchée jusqu'à la rencontre du quai. Sur le fond, on éleva onze
tours, ou puits en briques, mais sans mor-
tier, jusqu'à un mètre trente centimètres au
dessous de la surface du sol ; et on les recou-
vrit de plaques en fonte : on joignit leurs
pieds par des tuyaux, lesquels reposaient sur
le fond de la tranchée ; on jeta du gravier
par dessus, et le reste de l'excavation fut
comblé avec la terre que l'on en avait reti-
rée.

« Les résultats furent peu satisfaisants
pour le deuxième filtre, et ne répondirent pas à
notre attente. On n'eut pas plus de soixante
à quatre-vingts pouces d'eau, et elle fut
fort médiocre. On avait traversé une bande
de terrain vaseux, et, malgré les soins que
l'on prit de bien luter les tuyaux dans cette
partie, malgré le gravier qui y fut mis en
grande quantité, un léger goût de vase se
communique à l'eau. Se trouvant trop près
de la rivière, elle en conserva trop la température ; dans l'hiver, sa chaleur a diminuée, jusqu'à n'être qu'à 2° du thermomètre, et dans l'été, elle va à plus de 24°.

« Cette haute température donne lieu, dans
l'intérieur du filtre, à une végétation de petites plantes aquatiques et chevelues ; leurs
débris, emportés par le courant, sont quelquefois si déliés, que, malgré les toiles métalliques employées à les retenir, l'eau puisée,
en de certains moments, est chargée de petits filaments ou points roussâtres qui lui

donnent un aspect peu agréable. Enfin, les tuyaux de fonte placés au fond du filtre, sur toute sa longueur, continuellement plongés dans une eau presque stagnante, s'y oxident (rouillent) fortement ; l'oxide donne aux fils végétaux la couleur rousse que nous venons de mentionner, et se mêlant à l'eau en particules imperceptibles, finit par salir les marbres sur lesquels elle coule.

« Ces mauvaises qualités, assez sensibles lorsque cette eau est prise isolément, le sont beaucoup moins quand elle est mêlée avec celle du premier filtre ; mais il n'en est pas moins vrai qu'elle altère l'excellente qualité de celle-ci. On cherchera à rémédier au mal... et si on ne réussit pas, il faudra bien se résoudre à abandonner complètement ce deuxième appareil, malgré la dépense à laquelle il a donné lieu.

« Cette considération, jointe à l'insuffisance des deux filtres, (car dans l'automne de 1828, et dans l'hiver suivant, leur produit ne s'est pas élevé à plus de cent quarante pouces, et il en faut deux cent à deux cent cinquante) a porté l'administration municipale à entreprendre un troisième filtre ; l'exécution en a été décidée le 17 janvier 1829.

« Mais, cette fois, mettant à profit les leçons de l'expérience assez chèrement payées, on ne se hasarda plus dans de nouveaux essais, et l'on résolut de faire le nouvel appareil exactement semblable au premier, c'est-à-dire, de le baser exactement sur les mêmes principes...

« La qualité d'eau que l'on a obtenue par le troisième filtre est parfaitement bonne et limpide, tant que la Garonne demeure dans son lit ; mais, dans les crues, lorsqu'elle déborde et qu'elle recouvre le terrain sur lequel sont les excavations, ses eaux y pénètrent, soit par quelques fissures encore inaperçues, soit en traversant des terres non suffisamment tassées, et elles en sortent un peu louches. Heureusement alors, le premier filtre travaillant sous une forte charge, fournit suffisamment au service, et l'on peut se passer de ces eaux ; elles sont envoyées directement dans le canal de fuite.

« En temps ordinaire, le seul reproche que l'on puisse faire à ce filtre, ainsi qu'au premier, c'est de n'être pas entièrement exempt, dans son intérieur, d'une végétation souterraine ; les brins de bissus qui s'en détachent sont souvent portés par les eaux jusqu'à la cuvette du château d'eau, où il faut employer des toiles métalliques pour les retenir. »

Que d'instruction dans ces passages du mémoire de M. d'Aubuisson pour éclairer la question du bassin de Réaltort ! Ils dénotent encore, au sujet du projet Prunier, qu'elles sont les difficultés de la clarification souterraine des eaux de rivière, et combien les résultats en sont peu sûrs, comme nous allons le démontrer.

Nous avons voulu montrer, en citant les faits qui viennent d'être rapportés, que, dans ce genre d'infiltration, la qualité de l'eau dépend de la nature du sol qu'elle traverse ; que la composition intérieure d'un terrain de transport et d'alluvion ne peut être homogène ; qu'ainsi, à la suite d'une première galerie fournissant de l'eau excellente, une seconde, établie dans les mêmes conditions, donnera de l'eau moins bonne, peut-être même médiocre, malgré les soins les plus intelligents apportés à sa construction ; et qu'enfin, en pratiquant avec la même attention des travaux absolument identiques, on n'est pas sûr d'obtenir des résultats conformes.

Je le demande, que fera M. Prunier, si, pour arriver à l'énorme fourniture de 10 mètres cubes à la seconde, il est obligé d'étendre son exploitation sur un vaste terrain : ne court-il pas alors le risque de rencontrer, comme pour le second filtre, à Toulouse, des bandes de terrains vaseux. Par le fait seul de cette rencontre, l'entreprise générale serait manquée, car le terrain, une fois ébranlé et ouvert par l'attraction puissante des machines pneumatiques, ne pourrait plus se refermer et il y aurait alors mélange de la mauvaise eau avec la bonne. Ce grave inconvénient n'est guère à redouter pour l'essai que l'on doit faire sur une petite échelle ; mais il est à craindre de le rencontrer quand il faudra agir sur une vaste étendue de terrain de transport et d'alluvion dont la composition ne peut pas être homogène. Du reste, nous reviendrons plus tard sur ce projet et nous examinerons alors la nature des terrains à exploiter, comme la qualité et le volume approximatif des eaux qui peuvent s'y trouver.

Nous livrons ces quelques réflexions aux méditations des membres de la commission du canal, estimant qu'elles ont une portée beaucoup plus grande que celle des conclusions de M. Pascal, dans son rapport sur le projet de M. Prunier ; parce qu'elles concernent, d'une manière toute spéciale, la qualité hygiénique des eaux que l'on doit avant tout rechercher et dont le rapporteur n'a pas dit un mot. Ce que nous avons avancé, ne veut pas dire que le projet de M. Prunier soit matériellement irréalisable ; mais que, pour tirer parti de cette idée ou d'une autre à peu près semblable, il faut s'y prendre d'une manière toute différente, plus sûre et plus rationelle. Nous en parlerons plus tard, ainsi que des projets sérieux proposés à la commission, quand nous aurons établi, d'une manière irréfragable, la théorie des eaux véritablement potables, théorie qui nous servira à apprécier la valeur des eaux de Marseille et du département, ainsi que les applications que l'on peut en faire.

En attendant que la ville de Marseille soit convenablement dotée de la quantité d'eau suffisante pour ses besoins présents et futurs, espérons que la Providence lui enverra un de ces hommes intelligents et éclairés, qu'elle envoie toujours quand elle veut la prospérité d'une cité, pour la faire sortir de la situation pénible où elle se trouve ; avant le canal, les destinées de Marseille semblèrent un instant menacées par une grande disette d'eau. Deux hommes d'un énergique courage lui furent donnés, M. Consolat et M. de Montricher, qui lui procurèrent l'eau dont elle avait tant besoin. Aujourd'hui , nous sommes en plein dans la vase et la boue ! Quel est l'homme de la Providence qui nous en retirera ? Quel nouvel Hercule viendra nettoyer notre canal plus embourbé que les écuries d'Augias, et nous faire sortir du limon qui nous envahit de toute part. Ce rôle magnifique semble appartenir tout naturellement au noble Administrateur Général du département des Bouches-du-Rhône et au digne premier magistrat de la cité. Nous sommes persuadé qu'en voyant l'inutilité des tentatives faites jusqu'à ce jour, ils prendront en main cette grande affaire, et, la menant à bonne fin, ils se couvriront de gloire, le premier, en ajoutant un nouveau lustre à son nom, le second, en rivalisant de mérite avec son père, à qui nous devons le Prado, l'une des plus belles promenades de l'Europe, où Marseille entier va respirer l'air qui, avec l'eau, sont les deux éléments les plus nécessaires à notre existence.

Pour y arriver, ils jetteront les yeux sur ce qui se passe aujourd'hui en Angleterre. Londres, fatigué de ses essais de clarification et intimement convaincu que les procédés mécaniques et artificiels sont complètement impuissants à rendre les eaux véritablement potables, vient de prendre la résolution, pour alimenter la capitale de l'Angleterre, d'aller prendre l'eau à ses sources naturelles, aux montagnes du Nord-Ecosse, par un aqueduc de 500 kilomètres, que le gouvernement vient d'approuver.

Quel bel et bon exemple nous donne l'Angleterre, bien moins riche que nous en terrains aquifères.

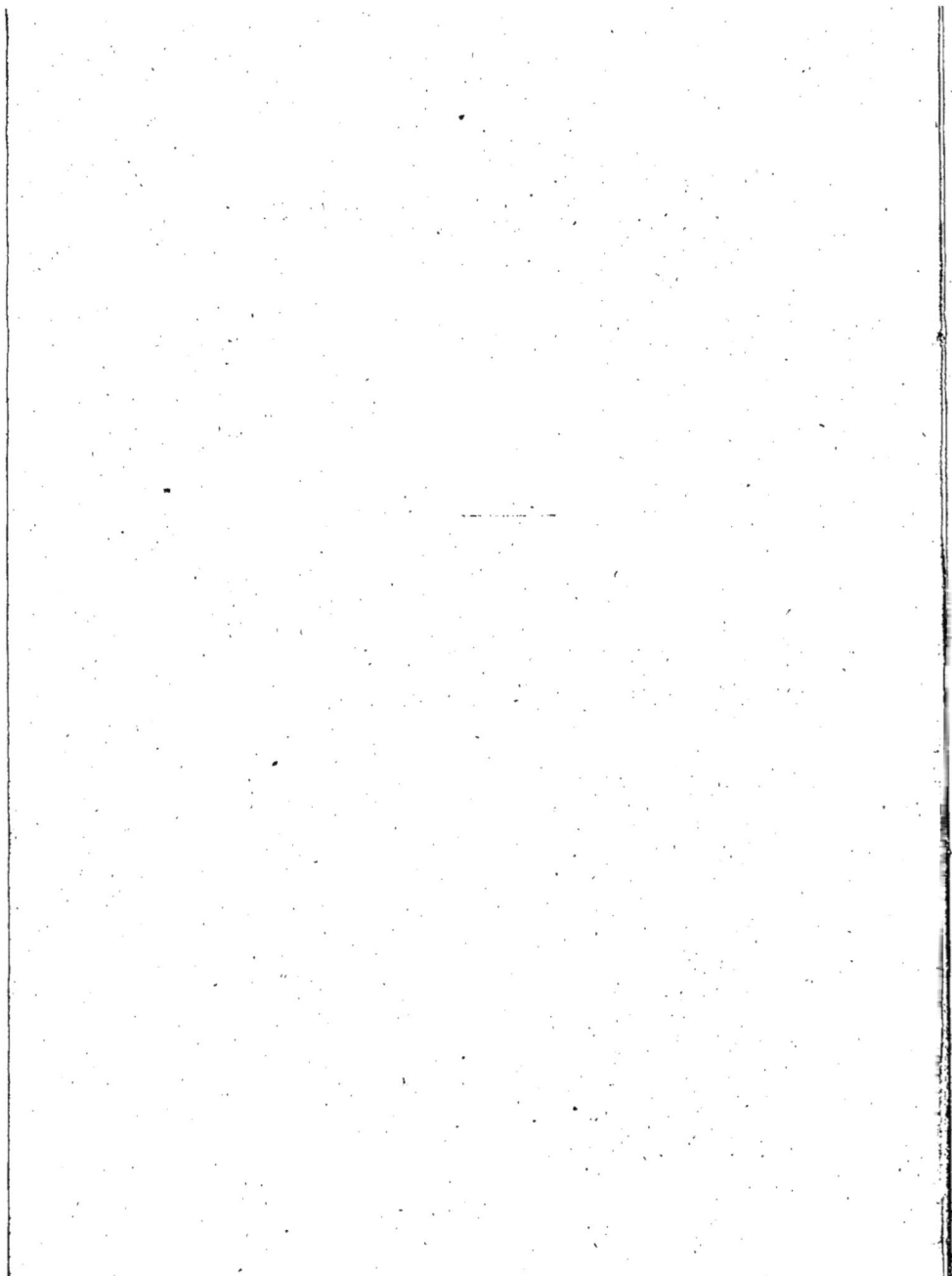

PRÉFACE.

La question, en apparence si simple et si connue, des eaux potables, est bien loin encore d'être complètement résolue, quand on considère ce qui reste à développer et même à découvrir, touchant une matière aussi usuelle que l'eau, dans un sujet d'une si haute utilité, pour l'industrie et pour la santé publique.

Qui pourrait croire, en effet, que l'histoire physique, hygiéniste et industrielle de l'eau, de cette substance, si abondamment répandue à la surface du globe, si nécessaire à l'homme et si usitée, après des milliers d'années d'usage et d'observations, et surtout après les grands travaux de la science moderne, laisse encore quelque chose à désirer ; disons mieux, est incomplète en plusieurs de ses parties les plus importantes, et présente, par conséquent, d'assez nombreuses lacunes à remplir.

C'est cependant ce qu'il est facile de reconnaître lorsqu'on entreprend d'étudier cette question, avec la volonté de l'approfondir.

En effet, comme le dit avec raison M. Dupasquier, les principes posés par Hippocrate, relativement à la valeur hygiénique des eaux potables, de même que ceux établis par lui, sur tant d'autres points de médecine, sont encore, après un laps de vingt-quatre siècles, ce que la science possède de plus vrai et de plus positif. Dans les traités d'hygiène privée ou publique, dans les dictionnaires de médecine, dans les praticiens célèbres, on ne trouve que des articles ou des passages généralement peu développés, et qui ne contiennent que la reproduction à peu près textuelle, ou du moins la paraphrase des opinions du philosophe de Cos, sur les caractères des bonnes et des mauvaises eaux potables.

On peut donc avancer hardiment que jusqu'à ce jour nous ne possédons pas encore un traité spécial où cette question si complexe, quoique si simple en apparence, soit examinée sous toutes les faces et avec tous les développements qu'elle exige.

Seuls, les chimistes et en particulier M. Chevreul, comme le dit M. Grimaud, dans son livre des *Eaux publiques*, ont parlé de l'eau convenablement. Mais ils en ont parlé uniquement à leur point de vue, pour raisonner soit des principes qui la constituent, soit des matières qui viennent se mêler à sa composition et la diversifier dans ses qualités. Quant à l'application générale, les chimistes n'en ont à peu près rien dit : ce n'était pas leur affaire ; c'était l'affaire des hygiénistes, et il n'y en a pas encore un seul qui ait embrassé la question dans son ensemble.

Il y a plus, d'assez notables erreurs touchant la potabilité des différentes espèces d'eau, et relativement surtout à leur emploi et à leur action dans l'industrie, se sont profondément accréditées, non-seulement parmi le vulgaire, mais encore, il faut le dire à regret, chez quelques savants. Ces lacunes dans l'histoire des eaux potables, nous tâcherons de les combler ; ces erreurs, de les détruire par l'autorité des faits et des expériences puisées aux sources les plus recommandables de la science moderne.

La connaissance des matières qui existent en dissolution dans les eaux répandues à la surface de la terre, est assurément, disent MM. Boutron et Boudet, un des sujets les plus vastes et les plus féconds qui puissent être proposés aux investigations de la science; elle intéresse tout à la fois l'industrie, l'agriculture et l'hygiène.

A toutes les époques, chez tous les peuples, ajoutent-ils, la qualité des eaux a été l'objet d'une préoccupation constante, et l'on n'a pas hésité à leur attribuer soit des effets pathologiques accidentels, soit des maladies endémiques. Le temps et l'expérience n'ont pas ébranlé cette opinion ; d'instinctive qu'elle était d'abord, avant que la chimie ait fait connaître la composition des eaux, elle est devenue, aujourd'hui, une conviction d'autant plus ferme qu'elle est plus éclairée.

L'eau, en effet, n'est-elle pas, après l'air, une des substances qui peuvent exercer sur l'organisme l'influence la plus profonde, et qui méritent au plus haut degré l'attention des médecins hygiénistes ?

Aussi voit-on, chez les peuples les plus puissants et les plus avancés dans la civilisation, la question des eaux s'élever en ce moment à des proportions inconnues jusqu'à ces derniers temps, et mettre en jeu les intérêts les plus divers et les plus considérables.

Il faut l'avouer, cependant, la science est loin de posséder tous les documents nécessaires à la solution des problèmes que ces grands intérêts soulèvent, et de pouvoir fournir les éléments d'une exacte évaluation des eaux de sources et de rivières, au point de vue de leur valeur hygiénique, de leur application aux usages domestiques et aux besoins de l'industrie et de l'agriculture.

A quoi faut-il attribuer cette insuffisance des documents de la science, sur une partie si importante de ses applications ? Serait-ce aux hommes qui se sont occupés de cette question ? Mais leurs noms offrent toute ga- garantie. Serait-ce aux procédés de l'analyse ? Mais ils sont pour la plupart d une délicatesse et d'une sûreté qui ne sauraient être mises en doute. Cependant, il faut l'avouer, ces procédés sont d'une extrême lenteur ; pour être mis en œuvre, ils réclament une main habile et exercée, et c'est une tâche bien in- grate que d'employer à des recherches, tou- jours circonscrites dans le même cercle, un temps qui pourrait être consacré à des tra- vaux plus brillants.

De là vient que, malgré la valeur réelle de chacun d'eux, les résultats consignés dans les annales scientifiques sont véritablement peu de chose, si on les compare à ceux qui seraient nécessaires pour servir de base à une statistique exacte, non pas des eaux de la France, mais seulement des eaux de la Seine dans toute l'étendue de son cours.

Ainsi, il faut bien le reconnaître, l'histoire des eaux douces est à peine ébauchée, faute de matériaux assez variés et assez nombreux pour lui donner une base de quelque étendue, et cette insuffisance de matériaux résulte de la lenteur des méthodes d'analyse et des dif- ficultés qu'elles présentent dans leurs appli- cations.

Cela est si vrai que les conditions essen- tielles de la salubrité des eaux potables ne sont pas encore fixées, et que l'influence de l'action continue que les matières, en disso- lution dans ces eaux, exercent sur l'état sanitaire des populations est resté un pro- blème des plus obscurs.

Que d'hypothèses diverses et souvent con-

tradictoires, en effet, soit dans le domaine
des idées instinctives et populaires, soit dans
le domaine de la science, sur la salubrité ou
l'insalubrité relative des eaux potables, sur
le rôle hygiénique de chacune des substances
gazeuses ou salines qui s'y rencontrent, et
quel est le chimiste ou le médecin qui oserait
affirmer aujourd'hui que les eaux les plus
pures sont les plus salutaires, et que parmi
les matières que la nature a répandues dans
la plupart des sources et des rivières, il n'en
est pas quelques unes, telles que l'oxygène,
l'acide carbonique, le bi-carbonate de chaux,
par exemple, qui répondent à un besoin
constant de l'économie et qui soient plus ou
moins nécessaires à l'équilibre de ses fonctions? N'assigne-t-on pas aujourd'hui une
importance considérable à l'iode et à la magnésie contenus dans les eaux? N'est-il pas
vrai que le sentiment populaire attribue aux
eaux même les plus douces des vertus cura-
tives ou nuisibles ; qu'il les accuse de l'altération des dents, de la production du goître
et du crétinisme, et que la science impuis-
sante jusqu'à ce jour à expliquer ces phénomènes, cherche plutôt à s'éclairer de ces
préjugés, et à les soumettre à une étude
attentive, qu'à les reléguer au rang des erreurs de l'imagination ?

La conséquence naturelle qu'il faut déduire
de ces considérations, selon messieurs Boutron et Boudet, que nous venons de citer tex-
tuellement, c'est que la carrière ouverte
devant l'hydrologie est immense, que la rareté
des documents qu'elle a pu recueillir et les
difficultés qui se sont opposées jusqu'ici à
leur multiplicité, l'ont retenue dans des limites très étroites ; et telle est la vérité de cette
opinion qu'au moment où les administrations
municipales de Paris et de Marseille s'occupent des moyens de fournir à ces grandes
citées une eau qui puisse remplir les meilleures conditions de salubrité pour la popu-

lation, et répondre aux diverses exigences de leur industrie, elles se trouvent, l'une et l'autre, dans une grande incertitude pour arrêter leur choix, et qu'elles sont obligées de demander à la science de nouvelles études.

Au milieu de ce mouvement rapide qui emporte l'industrie vers des perspectives si nouvelles et si étendues, au milieu de ces travaux entrepris avec tant de hardiesse et exécutés avec une si merveilleuse promptitude pour l'assainissement des villes, la question des eaux, seule, marche avec une lenteur qui n'est pas en harmonie avec la vive allure de notre époque. Les procédés d'analyse chimique doivent-ils donc rester stationnaires, demanderons-nous avec ces vaillants champions du progrès, et le moment n'est-il pas venu de chercher à les faire participer au mouvement qui se révèle partout aujourd'hui dans le domaine des applications scientifiques ?

Déjà la nécessité d'une marche plus prompte dans la pratique usuelle de la chimie a préoccupé des esprits très distingués. Descroizilles et Gay-Lussac ont jeté le germe d'un nouveau système d'analyse en créant l'alcalimétrie, l'alcoométrie, la chlorométrie, et préparant ainsi les remarquables progrès que la méthode des volumes a fait faire à l'analyse chimique.

Étendre ce nouveau système d'expérimentation si rapide et si sûr, est assurément un des buts les plus utiles que puissent se proposer les chimistes jaloux de faire sortir de la science abstraite de bienfaisantes et populaires applications. C'est ce que viennent de tenter, avec un succès des plus éclatants, MM. Boutron et Boudet, en vulgarisant leur nouvelle méthode d'hydrotimétrie que nous nous sommes empressé d'étudier et de suivre pour résoudre la grande question des eaux de Marseille. Nous serons heureux si, par les efforts que nous déployons, dans la mesure de nos forces, nous pouvons contribuer à faire atteindre le but que s'est proposé la grande cité commerciale du midi.

Occupés depuis longtemps de l'étude des eaux douces, pénétrés des avantages qui, au point de vue de l'hygiène, de l'agriculture et de l'industrie, résulteraient de la connaissance exacte de la composition des eaux répandues à la surface de chaque contrée, ces messieurs se sont attachés à la recherche de moyens d'investigations plus simples et plus faciles que ceux qui sont aujourd'hui en usage, et ils ont, il faut l'avouer, accompli un progrès réel dans cette voie.

La méthode qu'ils se sont proposée a pour point de départ les curieuses observations du docteur Clarke sur l'emploi de la teinture alcoolique du savon pour mesurer la dureté des eaux. Elle est fondée sur la propr.été si connue que possède le savon de rendre l'eau pure mousseuse et de ne produire de mousse dans les eaux chargées de sels terreux et particulièrement à bases de chaux et de magnésie, qu'autant que ces sels ont été décomposés et neutralisés par une portion équivalente de savon et qu'il reste un petit excès de celui-ci dans la liqueur. La dureté d'une eau étant proportionnelle aux sels terreux qu'elle contient, la quantité de teinture de savon nécessaire pour y produire la mousse peut donner la mesure de sa dureté.

Tel est le principe que le docteur Clarke a établi et au développement duquel MM. Boutron et Boudet se sont attachés, convaincus qu'il pouvait fournir un procédé facile et rapide pour doser, dans les eaux de sources et de rivières, les principales substances qu'elles contiennent, telles que la chaux et la magnésie, et les acides avec lesquelles ces bases s'y trouvent le plus ordinairement combinées.

« Si l'hydrotimétrie, dit le célèbre professeur de chimie, M. Poggiale, ne parvient pas facilement à déterminer chacun des sels contenus dans les eaux, et particulièrement le carbonate de magnésie, elle donne au moins approximativement la quantité de sels de chaux, de magnésie, et d'acide carbonique, et, dans la pratique, on se contente le plus souvent de ce résultat. Sous ce rapport, ce procédé présente donc des avantages incontestables. »

Plus tard, quand nous exposerons l'analyse hydrotimétrique des eaux de Marseille, nous donnerons plus de détails sur cette méthode nouvelle appelée à rendre d'importants services.

C'est avec raison, ne craignons pas de le répéter, qu'à Paris, à Londres, à Glasgow, à Bruxelles, et dans les plus grandes villes de l'Europe et de l'Amérique, les administrations municipales se préoccupent du choix des eaux comme d'une des mesures les plus essentielles au bien-être et à la santé. Empressons-nous donc de nous associer, à Marseille, à ce grand mouvement; car, comme le dit si bien M. Grimaud, l'eau constitue partout l'une des premières nécessités de l'existence humaine. L'homme peut se passer de tous les autres liquides, il ne peut pas se passer de l'eau; on remplace le pain par d'autres aliments, on ne remplace pas l'eau de la fontaine. L'accroissement d'une ville et sa prospérité sont limités par la quantité d'eau que cette ville peut se procurer. La plupart des travaux publics entrepris pour en rendre le séjour commode, agréable et salubre, tels que l'élargissement des rues, le pavage, l'éclairage, etc., sont des travaux accessoires et les indices d'une civilisation et d'une prospérité plus ou moins avancées; une chose est essentielle, parce que, sans elle, il ne peut y avoir dans une ville ni agrément, ni commodité, ni salubrité; et cette seule chose est une large distribution d'eau propre à tous les usages. La santé publique surtout y est intéressée.

Mais ce n'est pas seulement au point de vue de l'hygiène publique et de l'emploi des eaux comme boisson et partie importante de nos aliments que l'estimation rapide de leur valeur, par l'hydrotimétrie, offre un grand intérêt ; combien de question l'agriculture et l'industrie n'ont-elles pas à résoudre par la connaissance de leur composition ! Qui met en doute l'influence favorable ou contraire des eaux plus ou moins séléniteuses, plus ou moins chargées de carbonate calcaire sur les résultats de l'irrigation ? Ne sait-on pas le rôle que jouent le carbonate et le sulfate de chaux dans les procédés de certaines industries ? Est-il besoin de parler des incrustations des conduites traversées par des eaux riches en bi-carbonate calcaire, des dépôts si préjudiciables que ce même composé, uni souvent au sulfate de chaux, produit dans les chaudières à vapeur, et qui sont la cause de dangers si graves ou de frais si considérables pour la plupart des usines et des entreprises des chemins de fer ? Faut-il enfin calculer l'énorme quantité de sel de soude et de savon que les eaux calcaires détruisent en pure perte pour l'industrie des blanchisseuses ?

La pisciculture elle-même, cet art merveilleusement développé par les beaux travaux de MM. Coste, Milne-Edward et de Quatre-Farge, et les curieuses observations de M. Millet, n'a-t-elle pas à s'enquérir de la composition des eaux, et ne devient-il pas évident qu'elle doit en tirer de précieuses indications, lorsque l'on sait, d'après les études de M. Millet, que les germes d'organisation des œufs de saumon et d'alose sont promptement et complètement détruits par le chlorure de sodium, et que c'est pour déposer leur frai dans des eaux qui soient exemptes de ce sel, que ces poissons remontent souvent à de grandes distances dans l'intérieur des fleuves et des rivières ?

Nous appliquerons donc, d'une manière toute spéciale, dans notre monographie des eaux potables, les ressources que nous offre l'hydrotimétrie pour l'examen des eaux de Marseille et du département, pour les recherches que nous ferons sur l'origine souterraine des sources et des réservoirs immenses que renferment nos montagnes calcaires, sur les cours d'eau et sur la nature des terrains qu'ils traversent et des affluents qu'ils peuvent recevoir. Et nous espérons n'être pas seul à entrer dans cette voie; car la facilité avec laquelle des personnes, même tout à fait étrangères aux opérations délicates de la chimie, pourront se livrer à des études hydrologiques, les multipliera certainement dans une progression très-rapide : chaque manufacturier, chaque propriétaire voudra connaître la nature de ses eaux et leur valeur relative pour les différents usages auxquels il devra les employer, et il est impossible que des observations aussi nombreuses ne jettent pas quelques lumières sur les questions d'hygiène publique, d'agriculture et d'industrie qui se rattachent à la nature des eaux.

Le drainage qui crée des sources nouvelles, l'hydrotimétrie, qui donne le moyen d'en mesurer la valeur, semblent à MM. Boutron et Boudet, ainsi qu'à nous, devoir être les instruments d'un progrès considérable dans le régime et l'exploitation des eaux douces, et nous nous estimerions heureux, avec eux, si le temps et l'expérience confirment leurs prévisions et les nôtres à cet égard.

Pour faciliter ce progrès si considérable, nous présenterons, dans le travail que nous préparons, des aperçus nouveaux, principalement sur l'influence de la température des eaux potables sur l'économie animale ; sur l'utilité de la présence, dans l'eau, de certaines substances étrangères à sa constitution atomique ; ainsi que la distinction à établir

entre les divers sels calcaires sur le savon ;
le rôle assigné par la nature au carbonate de
chaux, dans l'acte de la digestion, et l'influence de ce sel sur les principes colorants
des matières tinctoriales.

Dans un chapitre spécial, nous traiterons
la question des eaux de Marseille et du département ; de ce qui a été fait jusqu'ici ;
des projets nouveaux présentés à la commission du Conseil municipal pour la clarification des eaux du canal ; des ressources immenses qu'offre l'hydrographie souterraine,
mieux étudiée, pour résoudre la grave question des eaux de Marseille ; les ressources
particulières que présentent les nombreux
terrains aquifères du département des Bouches-du-Rhône ainsi que les relations des
anfractuosités intérieures de nos montagnes
calcaires avec l'hydrographie souterraine,
phénomènes qui se manifestent dans quelques autres contrées et même dans plusieurs
de nos départements.

Nous terminerons par la théorie véritable
des sources et par les moyens de les découvrir. Puis, passant à l'application, nous aborderons l'importante question des puits, des
citernes, des reservoirs d'eau, des prises d'eau
et de leur dérivation, de la clarification enfin
des eaux potables, et, à cet égard, nous ferons connaître les établissements les plus
remarquables de distribution d'eaux potables.

Il est facile de comprendre, à ce simple
exposé, combien est immense la question
hygiénique et industrielle des eaux que nous
nous proposons de traiter ; aussi n'avons-nous
pas la prétention de l'épuiser. Comme ces
montagnes, dit M Dupasquier, qui semblent
s'élever et s'étendre à mesure qu'on approche
ou que l'on croit approcher de leur sommet,
cette question grandit et se développe, son
horizon s'éloigne et recule dans l'espace, à
chaque pas, à chaque recherche, à chaque

examen nouveau. Arriver d'ailleurs au complet à la perfection, à l'absolu n'est pas de l'homme et de la science.

Aussi, dans un travail à la fois si délicat et si important, avons-nous eu le soin d'appuyer notre faiblesse sur le mérite incontesté des savants de notre époque, ne citant, autant que possible, que leurs propres paroles, si pleines d'enseignements, dans la crainte de nous égarer en exprimant nos propres idées. Nous avons, en conséquence, partagé notre travail en deux parties distinctes : l'une traitant des principes, l'autre des applications ; et dans toutes les deux, nous n'avons fait entrer que les renseignements des savants les plus illustres. C'est donc à eux et non à nous qu'il faut rapporter le mérite de tout ce qui se trouve de bon et d'utile dans ce livre que nous n'avons composé que pour nous servir de guide et nous mettre à même de parler convenablement de l'importante et si intéressante question des *Eaux potables*.

De l'Eau.

PRINCIPES [1]

HISTOIRE DE L'EAU. — SA COMPOSITION.

L'eau, rangée par les anciens, au nombre des quatre éléments, et regardée comme telle jusqu'à la fin du XVIIIe siècle, est un des corps les plus abondamment répandus dans la nature. L'on peut ajouter qu'elle n'est pas moins utile à l'existence des êtres organisés que l'air atmosphérique lui-même.

Personne n'ignore aujourd'hui que l'eau est un corps composé de deux gaz, l'oxigène et l'hydrogène. Il n'en est pas moins vrai que la découverte de la composition de ce liquide est une de celles qui font le plus d'honneur à la chimie. Newton avait bien déduit du grand pouvoir réfringent de l'eau l'existence d'un corps combustible dans ce liquide ; mais cette induction n'amena aucun résultat, et, près d'un siècle s'écoula encore, pendant lequel, fidèles aux doctrines de l'antiquité, les savants continuèrent de re-

---

(1) Ces principes sont en grande partie tirés de l'admirable traité de l'eau de M. Chevreul.

garder l'eau comme un élément, comme le principe humide par excellence. Cependant, dès 1776, Marquer et Sigaud Latour, en cherchant à reconnaître quelle sorte de suie donnait le gaz hydrogène quand il brûle, reconnurent non sans étonnement, que cette suie n'était autre chose que de l'eau ; ils se contentèrent toutefois de signaler le fait, sans en tirer de conséquence. Quelques années plus tard, Priestley, faisant détonner un mélange de gaz hydrogène et de gaz oxygène, s'aperçut également qu'après la détonation les parois du vase dans lequel il avait expérimenté s'étaient recouvertes d'humidité; et, bien que cette expérience fut encore plus décisive que la précédente, son auteur ne sut rien en conclure. Ce furent Monge et Cavendish qui, la même année (1781), le premier en France, le second en Angleterre, et sans s'être rien communiqué, eurent, après avoir répété les expériences citées plus haut, la gloire d'en déduire le principe dont elles étaient nécessairement la base ; c'est-à-dire que *l'eau est le résultat de la combinaison de l'hydrogène et de l'oxigène.*

Après eux vient Lavoisier, qui, en 1785, de concert avec Meunier, renouvellant les mêmes expériences à l'aide d'appareils et de procédés propres à leur donner toute la précision désirable, démontra que *le poids de l'eau produite par la combinaison des deux gaz est exactement égal à celui des deux réunis ; et que ces mêmes gaz, pour produire cette eau, se combinent toujours dans des combinaisons fixes.*

Lavoisier, Fourcroy, Séguin, et après eux, MM. de Humboldt et Gay-Lussac, prouvèrent la composition de l'eau, en brûlant directement, à l'aide de l'étincelle électrique, dans un ballon convenablement disposé, des quantités déterminées de gaz oxigène et de gaz hydrogène; Fourcroy et Séguin parvinrent même à obtenir ainsi jusqu'à 5 hectog. d'une

eau parfaitement pure. Plus récemment MM.
Berzelius et Dulong, s'étant réunis pour étudier de nouveau, employèrent un procédé
qui réunit une grande exactitude à une
grande simplicité. Ce procédé repose sur la
propriété que possède l'hydrogène de dé-
soxyder, à la température rouge, le deutoxyde de cuivre. Enfin, dernièrement, M.
le professeur Dumas s'est livré à de nouvelles
recherches sur le même sujet et en perfec-
tionnant le procédé de MM. Berzelius et Dulong.

Il est donc aujourd'hui parfaitement démontré que l'eau est le résultat de la combinaison d'un volume d'oxygène et de deux
volumes d'hydrogène ; sa formule atomique
est H_2O, et cette composition revient en
poids à

Oxygène. . . . 100,00
Hydrogène . . . 12,50

L'eau, dans la nomenclature chimique, a
reçu le nom d'*oxyde d'hydrogène* et plus
exactement de *protoxyde d'hydrogène*, depuis
la découverte de M. Thénard, d'un deutoxyde
(eau oxigénée).

La composition de l'eau ne se démontre
pas seulement par la synthèse, elle est encore
prouvée par l'*analyse* que Lavoisier pratiqua
le premier, en mettant le fer à une chaleur
rouge en contact avec l'eau : dans cette expérience, l'oxygène s'unit au fer, et l'hydrogène est mis en liberté.

On peut aussi séparer les éléments de
l'eau à l'aide de la pile voltaïque. L'appareil
se compose d'un entonnoir en verre, rempli
d'eau pure et dont le fond, bouché avec du
liége, est traversé par deux petits tubes de
verre qui livrent, chacun, passage à un fil de
platine. Chaque fil de platine est surmonté
d'une petite cloche en verre remplie d'eau,
et communiquant avec un des pôles de la
pile. Aussitôt que l'appareil est mis en action, l'eau se décompose, et chacun des deux

fils métalliques se recouvre de bulles gazeuses qui vont bientôt se réunir à la partie supérieure de la cloche qui le recouvre. Mais la quantité de gaz rassemblé dans chaque cloche n'est pas égale ; la cloche qui recouvre le fil en rapport avec le pôle négatif de la pile, renferme deux fois plus de gaz que l'autre. Ce gaz brûle à l'approche d'un corps enflammé : c'est l'hydrogène. Le gaz renfermé dans l'autre cloche active la combustion : c'est de l'oxygène.

Cette expérience, qui met autant que possible en évidence le rapport des deux gaz a cela de remarquable, que ces mêmes gaz sont transportés séparément à chacun des pôles, au travers du liquide soumis, à l'expérimentation. Un savant, M. Crotthus, a cherché à expliquer ce phénomène, en supposant une suite de décompositions et de recompositions successives des molécules d'eau placées entre les deux pôles.

PROPRIÉTÉS PHYSIQUES DE L'EAU.

ÉTAT PHYSIQUE DE L'EAU.

Dans notre climat, nous pouvons facilement nous convaincre que l'eau est susceptible d'exister à l'état solide, à l'état liquide et à l'état de fluide aériforme ou de vapeur. En effet, le plus ordinairement nous la voyons sous la forme d'un liquide incolore, inodore, insipide ; nous observons qu'elle prend l'état solide ou de glace, lorsqu'il survient un abaissement de température suffisant dans l'atmosphère ; alors si elle est en masse compacte, elle ressemble, par sa limpidité, à un bloc de cristal de roche. Quant à l'eau en vapeur, il est

moins facile de l'apercevoir que celle qui est
solide ou liquide, quoique, dans les températures les plus extrêmes de la couche, de l'atmosphère où nous vivons, il en existe toujours une quantité notable. Cette difficulté
tient à ce que la vapeur d'eau est incolore,
inodore, comme l'air auquel elle est intimément mélangée. Mais cet air se refroidit-il
assez, l'eau, d'invisible qu'elle était, apparaît sous la forme de brouillard ; dans cet
état, elle est redevenue liquide, mais elle se
trouve disséminée dans l'air en petits globu-
les que l'on croit généralement être de petites sphères creuses, auxquelles on a donné
en conséquence le nom de *vapeur vésicu-
laire.*

CONGÉLATION ET VAPORISATION DE L'EAU.

Il s'agit maintenant de fixer les conditions
de ces trois états de l'eau par rapport à la
température et d'exposer, avec quelques détails, les observations importantes auxquelles
a donné lieu cette substance, considérée sous
le rapport physique ;
Si on plonge un thermomètre dans de la
glace qui est placée dans un lieu dont la température est telle que cette glace s'y liquéfie,
on observe que, dès que la liquéfaction a
commencé, et que le thermomètre est en
équilibre avec cette glace fondante, la température se maintient invariable, jusqu'à ce
que la liquéfaction soit achevée. Il y a plus,
si on répète cette observation avec le même
thermomètre sous de la glace qui se fond
sous des pressions diverses, on remarque que
l'instrument indique le même degré. Cette
constance d'un phénomène que nous pouvons facilement reproduire, a engagé les physiciens à choisir la température de la glace
fondante pour un des points fixes du thermomètre. Cette température est indiquée par

zéro dans le thermomètre centigrade et celui de Réaumur.

Si l'eau, contenue dans un vase en fer blanc, est placée sur le feu, elle augmente de volume à partir du 4° –|–, o (échelle centigrade), et s'échauffera de plus en plus, jusqu'au moment où elle entrera en ébullition ; alors sa température restera fixe, jusqu'à ce qu'elle soit entièrement vaporisée. En répétant cette expérience sous diverses pressions, on observe que l'ébullition commence à un degré d'autant moins élevé que la pression est moindre ; mais, dès qu'elle a commencé sous une certaine pression, la température reste stationnaire. On est également convenu de prendre pour second point fixe du thermomètre, celui de la température de l'eau bouillante, sous une pression de 0 m. 76 de mercure, environ 28 pouces. Cette température est indiquée par 100° du thermomètre centigrade et par le 80° de celui de Réaumur.

Nous allons maintenant parler des circonstances où l'eau peut exister à l'état liquide au dessous de zéro, et de celle où elle peut être exposée à 100°, sous la pression de 0 m. 760 sans bouillir.

De ce que la température de la glace fondante est constante, il ne faudrait pas en conclure que l'eau se gèle toujours lorsqu'elle est arrivée à cette température : il y a plus même, c'est qu'elle peut se refroidir de plusieurs degrés au dessous et ne pas changer d'état. Pour s'en convaincre, on remplit de ce liquide un matras à col étroit; on l'expose, en ayant soin de ne pas l'agiter, à un froid que l'on gradue doucement. En opérant ainsi l'eau peut être refroidie à 6°, 10, sans se geler, ainsi que M. Blagden l'a prouvé pour l'eau privée d'air, et si elle est recouverte d'une couche d'huile, elle peut l'être jusqu'à 12°, suivant l'observation de M. Gay-Lussac. L'eau qui se refroidit au dessous de zéro, en conservant sa liquidité, continue à augmenter

de volume ; et, au moment où elle se solidi-
fie, cette augmentation atteint son maximum,
et en même temps le thermomètre remonte
à zéro. On détermine sur le champ la congélation de l'eau refroidie au dessous de zéro,
en imprimant à sa masse, non pas un mouvement de translation dans l'espace, mais un
mouvement vibratoire à ses particules, ou
bien en y plongeant un petit morceau de
glace.

Quant à la chaleur qui se dégage par la congélation de l'eau refroidie au dessous de zéro,
elle n'est autre chose que celle qui est absorbée lorsque la glace se fond ; car on sait
qu'en mêlant une partie d'eau à 75°, avec
une partie de glace à zéro, on a deux parties
d'eau liquide à zéro. Le dégagement de cette
chaleur, et la propriété qu'a l'eau de conduire mal la chaleur, explique pourquoi la glace
qui se forme dans une masse d'eau est disposée en aiguilles, et pourquoi cette masse
d'eau exige un temps assez long pour la congélation complète. En effet, au moment où
quelques particules prennent l'état solide,
les particules environnantes reçoivent la chaleur dégagée, et sont maintenues par là à
l'état liquide, mais les particules qui sont un
peu plus loin et ne participent point à cette
chaleur, se congèlent.

L'eau en se congélant, éprouve une véritable cristallisation, et bien qu'elle présente à
l'état solide les formes les plus variées, il est
facile de les ramener toutes à des pyramides
à six pans ou à des tables hexagonales. C'est
surtout à la disposition des cristaux de l'eau
glacée que l'on doit attribuer le volume plus
grand qu'elle prend par la congélation ;
aussi la glace est-elle plus légère que l'eau,
on en estime la densité à 0,92, celle de l'eau
à −|− 4°, 1 étant 1. C'est peut-être pour cette
raison que les rivières charrient pendant
l'hiver ; il se trouve néanmoins parfois des
glaçons submergés, mais ils ont été retenus

au fond par quelque obstacle et l'eau, en se congélant autour d'eux, en a accru la dimension.

L'eau qui s'échauffe dans un vase de métal à partir de 4° —|— 0, se dilate continuellement jusqu'à 100°, la pression étant de 0 m. 760 de mercure ; nous avons vu qu'alors elle entre en ébullition. Dans ce cas, pour se réduire en vapeur. elle absorbe 4,66 fois la quantité de chaleur que cette même masse d'eau avait absorbée pour s'élever de 0 à 100° ; mais ce qu'il y a de très remarquable, c'est l'influence que la nature du vase exerce sur le terme d ébullition de l'eau. Ce liquide, dans les conditions que nous avons énoncées précédemment, c'est-à-dire, étant contenu dans un vase de métal et chauffé sous une pression de 0 m. 760, bouillira à 100° ; mais si l'eau est dans un vase de terre ou de verre elle ne bouillira qu'à 100°, 5, 101°, 101°, 5 même, ainsi que M. Guy-Lassac l'a observé. On remarque alors qu'un corps pointu, particulièrement une parcelle métallique qu'on jette dans le vase, détermine sur le champ l ébullition et que la température s'abaisse à 100°.

La plupart des corps qui ont une grande affinité avec l'eau, comme les sels déliquescents, le chlorure de sodium, etc., en abaissent le terme de congélation. Ce qu'il y a de remarquable, c'est que l'air qui est dissous dans l'eau s'oppose à ce qu'elle puisse se refroidir à 6°, 16 au-dessous de 0, sans prendre l'état solide ; car l'eau aérée, d'après Blayden, ne peut se refroidir au-dessous de 3°, 5, sans se solidifier, et l'eau qui tient des parties solides en suspension, ne peut l'être au-dessous de 0, sans perdre l'état liquide. Dans ce cas, les parties solides sembleraient agir à la manière d'un fragment de glace qui détermine la congélation d'une masse dans laquelle on le plonge.

Les corps fixes qui ont une forte action sur

elle en élèvent le point d'ébullition ; c'est un effet que produisent l'acide sulfurique, l'acide phosphorique, la potasse, les sels déliquescents.

TENSITÉ DE L'EAU DANS SES DIFFÉRENTS ÉTATS.

Le poids d'un volume de glace est à celui d'un volume égal d'eau prise au maximum de densité, c'est-à-dire à 4° :: 92 : 100; conséquemment, le volume de poids égaux de glace et d'eau à 4°, sont :: 100 : 92. L'expansion qu'éprouve l'eau à partir de 4°, soit qu'elle se refroidisse, soit qu'elle s'échauffe, explique un trop grand nombre d'effets pour que nous n'exposions pas les deux suivants :

1o L'eau d'une rivière, d'un lac, d'un étang ne peut commencer à se congeler avant que la température de toute la masse du liquide soit parvenue à 4°.

Rappelons-nous qu'en hiver l'abaissement de la température des corps solides et liquides commencent toujours par la surface qui se trouve en contact avec l atmosphère, ce qui fait qu'une rivière ou une masse d'eau un peu profonde ne peut commencer à se congéler avant que la température de toute la masse soit à 4°; en second lieu, il faut une température de quelques degrés au-dessous de 0, soutenue pendant plusieurs jours, pour que la congélation s'opère, si toutefois elle est possible.

2o L'eau qui remplit toute la capacité d'un vase, étant exposée dans des circonstances favorables à sa congélation, agit avec force contre l'enveloppe qui met obstacle à son expansion : elle tend donc à se rompre. C'est ce qui est évident par l'expérience. On a constaté qu'une sphère de cuivre dont la rupture aurait exigé un effort évalué à 14,000 kil. était brisé par l'effet de la congélation de l'eau qui la remplissait hermétiquement.

Quand il gèle, comme on dit vulgairement à *pierre fendre*, la rupture des pierres est due à l'expansion que prend en passant à l'état solide l'eau contenue dans leurs pores. Il est un moyen facile de reconnaître les pierres qui peuvent résister à l'action du froid : on n'a qu'à les plonger dans une solution saturée de sulfate de soude, sel qui cristalise avec une grande quantité d'eau (60 pour 100 environ) ; celles qui subissent cette épreuve sans altération n'ont rien à craindre des effets destructeurs de la gelée. Ceci explique encore comment la gelée favorise la conversion en terre de certaines pierres poreuses qui sont imbibées : comment dans les pays schisteux on peut tirer parti du froid pour convertir en terres arables des terrains pierreux préalablement mouillés.

C'est à la même force d'expansion de l'eau glacée qu'on doit attribuer la mort de certains arbres, de certaines plantes, pendant les hivers rigoureux ; la sève, en se congélant, brise leurs cellules et désorganise ainsi leur tissu. Le changement de saveur qu'un froid vif détermine dans quelques végétaux, dans leurs parties sucrées principalement, est également une conséquence de la force expansive de la glace. Dans la betterave, par exemple, le principe sucré existe à côté du principe fermentescible ; ces deux principes se mélant par la rupture du tissu végétal, la saveur sucrée de la racine se trouve complètement détruite.

La glace, pour revenir à l'état liquide, absorbe une grande quantité de calorique. D'après les plus anciennes expériences faites par Lavoisier, 1 kilogramme de glace exige pour se liquifier, tout le calorique libre existant dans 1 kilogramme d'eau à +75°, et 1 kilogramme de glace à 0° donnent 2 kilogrammes d'eau à 0°. C'est à cette portion de calorique qu'absorbent les corps pour changer de forme, et qui n'est plus percevable

par le thermomètre, qu'on a donné le nom
de *calorique latent*. Des expériences plus récentes, et qui semblent plus exactes, ont démontré que 79°,06 était le chiffre du calorique latent de la glace.

Les auteurs du nouveau sytème des poids
et mesures ont choisi, pour l'unité pon-
dérable qu'ils ont appelé *gramme*, le poids
d'un centimètre cube d'eau, prise à son maximum de densité. Comme on est dans l'usage
de prendre l'eau pour unité dans les tables de
densité des corps solides et liquides, il est
évident que les nombres de ces tables expri-
ment en grammes les poids du centimètre cube de chacune des substances auxquelles ils
se rapportent.

Lorsqu'on chauffe l'eau pure sous la pression de 0 m. 76, elle entre en ébullition à
—|— 100° (ce qui est comme on sait le point
supérieur de l'échelle thermométrique centigrade, l'inférieur se trouvant à 0°), et se réduit complètement en *vapeur* dont la densité
est, selon M. Gay-Lussac, de 0,625, celle de
l'air étant 1. Il est facile, d'après cette donnée, de se rendre compte de la colonne ba-
rométrique, quand l'atmosphère est surchar-
gée d'humidité ou de vapeur d'eau.

Pour passer de l'état liquide à l'état gazeux,
l'eau absorbe cinq fois et demie plus de calorique qu'il n'en faut à la glace pour arriver à
l'état liquide ; ainsi 5k, 500 d'eau à 0°, et un
kilo de vapeur d'eau à —|— 100°, donnent
6 k. 500 d'eau à —|— 100°.

A l'état de vapeur, l'eau occupe un volume
1,700 fois plus grand que celui qu'elle occupe
à l'état liquide. L'expansion de l'eau qui se
vaporise explique comment ce liquide est
susceptible de produire des effets si violents,
lorsque l'espace dans lequel il prend l'état
aériforme est trop resserré. C'est sur ce te
expansibilité, et sur la facilité avec laquelle
on l'anéantit, pour ainsi dire, qu'est fondé
tout le mécanisme des machines à vapeur.

Il faut que l'eau soit complètement pure pour se vaporiser à la température de —|— 100° et sous la perssiou de 0 m. 76. Si elle est chargée de sel, n sso point d'ébullition en est retardé ; ainsi, saturée de chlorate de potasse, elle ne bout qu'à —|— 404 ; saturée de chlorure de zinc, elle ne se vaporise qu'e' —|— 200°. L'on conçoit du reste qu'il existà un grand nombre de points intermédiaires en raison des sels employés et de la densité des solutions.

Le pouvoir restringent de l'eau est très considérable ; il surpasse de sept dizièmes environ celui de l'air ; ce fut cette grande force de réfraction qui fit soupçonner à Newton qu'elle contenait un corps très combustible. Plus tard la découverte de la composition de ce liquide vint confirmer ce qui n'était qu'une induction de la part de l'illustre physicien.

L'eau dissout l'air ; mais comme l'oxigène est plus soluble que l'azote, l'air, dissout dans l'eau, contient une plus grande quantité du premier (0,32 sur 100 environ), tandis que l'air atmosphérique n'en renferme que 0,25.

FORME DE L'EAU.

L'eau qui se gèle dans des circonstances convenables est susceptible de cristalliser en prismes hexaèdres. Le plus souvent elle présente des aiguilles dont une se réunit à l'autre sous des angles de 60 à 120. L'ensemble de ces aiguilles présente la forme d'une feuille de fougère.

La neige, qui n'est que de l'eau gelée dans l'atmosphère, se présente, dans le nord surtout, sous la forme d'étoiles à six rayons.

L'eau est compressible comme tous les liquides; seulement sa compressibilité est très-faible et proportionnelle aux forces comprimantes. Perkins et Aested ont démontré qu'elle peut se comprimer à 0,000046 par atmosphère.

C'est sur le peu de compressibilité de l'eau et sur la mobilité de ses particules, qu'est fondé le mécanisme si ingénieux de la presse hydraulique.

SON POUVOIR CONDUCTEUR DE LA CHALEUR ET DE L'ÉLECTRICITÉ.

L'eau, comme tous les liquides, est un mauvais conducteur de la chaleur.

Elle contient mal l'électricité, mais elle acquiert une grande conductibilité quand elle contient en dissolution un sel ou acide quelconque.

PROPRIÉTÉS CHIMIQUES DE L'EAU.

Une des principales propriétés chimiques de l'eau est de dissoudre un grand nombre de corps : aussi était-elle appelée jadis *le grand dissolvant de la nature*. Une foule d'arts et de métiers sont fondés sur cette propriété dissolvante de l'eau. Cependant elle a peu d'action sur les métalloïdes : l'oxigène, l'azote, l'hydrogène même s'y dissolvent, il est vrai, mais en très petites quantités et à une basse température ; elle dissout trois volumes de chlore à une température de —|— 8° ou 10° ; le brome et l'iode s'y dissolvent aussi, mais elle est sans action sur les autres corps simples de cette classe. L'eau agit sur la plupart des métaux en leur cédant plus ou moins facilement son oxigène. C'est sur cette propriété que M. Thénard a établi sa division des corps métalliques.

L'action de la chaleur a une grande influence sur la quantité de matière qui peut-être dissoute dans un poids donné d'eau. Il y a cependant des corps qui sont moins solubles à chaud qu'à froid ; tels la chaux et son citrate.

Parmi les dissolutions dans l'eau des gaz qui n'ont pas pour ce liquide une grande affinité, nous devons distinguer celle de l'air atmosphérique par l'importance qu'elle a dans un grand nombre de phénomènes de la nature.

L'air contenu dans l'eau est plus abondant en oxigène que celui de l'atmosphère.

En fractionnant l'air qu'on retire de l'eau, quand on la fait bouillir, les premières portions contiennent de 0,22 à 0,23 d'oxigène, tandis que les dernières en contiennent de 0,33 à 0,34.

La présence de l'oxygène dans l'eau y facilite la dissolution de l'hydrogène sans que, pour cela, il y ait combinaison entre ces gaz : l'eau qui les a dissous les abandonne quand on la fait bouillir.

L'eau forme des hydrates avec la plupart des acides, des bases salifiables et des sels. On ne connaît qu'un hydrate de corps simple, c'est celui de chlore.

Toutes ou presque toutes les substances solides qui constituent immédiatement les animaux, tiennent leurs propriétés physiques les plus distinctives d'une certaine quantité d'eau qui s'y trouve engagée dans un état qui n'est pas encore connu. Ce n'est que depuis peu que l'attention des savants a été fixée sur ce point.

Ces substances sont les tendons, le tissu jaune élastique des anatomistes, la fibrine du sang, les cartilages, les ligaments, la cornée opaque et la cornée transparente. Il a été reconnu que ces substances à l'état sec, sont transparentes ou demi-transparentes, plus ou moins raides, colorées en jaune, tirant sur le rougeâtre ; en les mettant dans l'eau on voit qu'elles absorbent ce liquide, et reproduisent des substances semblables à ce qu'elles étaient dans les animaux vivants ; ainsi, par l'absorption de l'eau, le tendon sec redevient souple et argenté ; le tissu jaune sec redevient élastique ; il en est de même de la fibrine ; la cornée opaque sèche redevient d'un blanc laiteux, etc.

Il est remarquable que ces substances, dans les animaux, ne sont pas saturées d'eau ; qu'elles sont susceptibles, au moins certaines d'entr'elles, d'absorber des quantités de ce liquide qui croissent jusqu'à un certain point avec la température ; enfin, qu'il est possible de priver ces substances des propriétés distinctive qu'elles doivent à l'eau, en les soumettant à la presse entre du papier Joseph.

Plusieurs corps simples décomposent l'eau instantanément à la température ordinaire ; tels sont le barium, le stpontium, le potassium et le sodium.

Le manganèse et le fer peuvent décomposer l'eau à la température ordinaire. Mais il faut plusieurs mois, surtout avec le fer, pour obtenir quelques centimètres cubes de gaz hydrogène.

Le manganèse, le fer, le zinc et l'étain s'emparent de l'oxigène de l'eau à une température rouge.

Le carbonne rouge décompose l'eau : il se produit de l'acide carbonique et de l'oxide de carbonne. L'hydrogène, mis en liberté, paraît, au moins en partie, se combiner avec du carbonne.

Il est probable que le bore décomposerait l'eau à une température rouge.

Le phosphore, à la température ordinaire, paraît agir sur les éléments de l'eau.

On peut dire que l'eau en agissant sur les métaux dont nous avons parlé, et même sur le carbonne, agit par son oxigène, et comme le fait un comburent sur un combustible.

Plusieurs métaux, qui ont peu ou pas d'action sur l'eau, peuvent en opérer la décomposition lorsqu'on ajoute au mélange de ces corps un acide susceptible de s'unir à l'oxide du métal mis en expérience. La même décomposition s'observe encore lorsqu'on chauffe dans l'eau du phosphore et un oxide métallique très alcalin, tels que la potasse et la chaux.

ÉTAT DE L'EAU.

L'eau qu'on trouve dans la nature en si grande abondance n'est jamais absolument pure. Elle est un des principes des composés inorganiques. Les plantes et les animaux en contiennent une très grande quantité.

PRÉPARATION DE L'EAU.

On purifie l'eau qu'on emploie dans le laboratoire de chimie, en la soumettant à la distillation dans des alambics et ainsi purifiée, on l'appelle eau distillée. Dans cet état, elle contient toujours de l'air, de l'acide carbonique et presque toujours de l'ammoniaque.

USAGE DE L'EAU.

L'eau à l'état solide, se fondant à une température constante sert à déterminer un des points fixe du thermomètre; elle sert à comparer la chaleur spécifique des corps; mêlée au chlorure de sodium, et surtout à l'hydrochlorate de chaux, elle procure de grands abaissements de température. Enfin elle est employée comme rafraîchissant et comme sédatif par plusieurs médecins.

L'eau à l'état liquide, est un des agents le plus souvent employé, soit à l'état de pureté, soit unie à des acides, à des alcalis, pour faire l'analyse des corps. Dans la presse hydraulique, elle donne le moyen de produire des efforts considérables.

L'eau à l'état de vapeur sert à échauffer les liquides et l'on tire un grand parti de sa force élastique, au moyen des machines à vapeur.

RÔLE DE L'EAU DANS LA NATURE.

L'eau joue un rôle important dans l'économie de la nature. En descendant des montagnes, sous la forme de torrents ou de rivières, elle entraîne avec elle les débris des rochers qu'elle trouve sur son passage ; les chocs, les frottements, suite des mouvements auxquels ces débris sont en proie, en font des cailloux roulés et des sables : l'eau tend ainsi à abaisser les montagnes et à élever le sol des plaines. Les rivières débordées et chargées de particules solides qu'elles tiennent en suspension, ont la plus grande influence sur la fertilité des plaines qu'elles couvrent momentanément. Là, si les particules qu'elles tiennent suspendues sont de nature organique, elles seront une source de fertilité pour la terre sur laquelle ces particules se déposeront. Ici, au contraire, les rivières rouleront des bancs de sable qui frapperont de stérilité des plaines fertiles. Il n'est pas rare d'observer ces phénomènes différents dans une même vallée où coule un grand fleuve. Les terrains comme les rives, exposés aux inondations subites, sont sujets à être couverts de sables ; tandis que les ter-

rains éloignés du lit, qui ne sont inondés que
par des eaux dont le mouvement est peu
considérable, et qui ont eu le temps de déposer dans le voisinage du lit du fleuve les
matières les plus denses qu'elles tenaient en
suspension, ne reçoivent que les matières les
plus tenues que les eaux charrient, matières
qui proviennent des terres cultivées ou plan-
tées de végétaux, situées plus haut que les
plaines inondées, que nous considérons.

Dans l'économie animale vivante, l'eau est
si nécessaire que, sans elle, la vie est impossible à concevoir. En effet, le végétal fixé au
sol a besoin de trouver sa nourriture dans le
milieu où ses organes absorbants sont placés; or, tous ou presque tous ses aliments,
sont absorbés à l'état de dissolution aqueuse.
L'eau qui est dans les couches de la terre,
tendant sans cesse à s'y mettre en équilibre,
il arrive que, quand les racines ont absorbé
l'eau qui était en contact avec les petites ouvertures de leurs vaisseaux, la couche de
terre qui entoure les racines ne se trouvant
plus en équilibre d'humilité avec les couches
voisines, celles-ci en cèdent à la première,
et ainsi de proche en proche, il s'établit un
affluent d'eau dans un grand espace de terrain, vers les racines des végétaux. Par ce
moyen, ceux-ci trouvent la nourriture qui
leur est nécessaire. L'eau, arrivée dans le
végétal, s'élève jusqu'aux feuilles : là, une
partie en s'unissant au carbonne qui provient
de l'acide carbonique décomposé sous l'influence de la lumière, reste fixé dans le végétal et accroit le poids de la matière organique; tandis qu'une autre partie plus considérable, en s'évaporant dans l'air à la surface
du végétal, abandonne les substances fixes
qu'elle avait dissoutes dans le sol, et est une
nouvelle cause de l'augmentation du poids de
la plante, en même temps qu'elle détermine
ou au moins facilite l'ascension de la sève,
et même un mouvement plus lent à la cir-

conférence des différents sucs des végétaux.
En outre, l'eau donne aux organes du végétal
la flexibilité qui leur est nécessaire, et, en
s'évaporant, elle s'oppose à ce que un excès
de température pourrait avoir de nuisible.

L'eau n'a pas, sur la constitution des animaux, une influence moins marquée que sur
celle des végétaux. Si, dans les animaux qui
appartiennent aux classes supérieures, on n'a
pas vu évidemment l'eau se fixer à du carbonne et à de l'azote pour accroître la partie
organique de ces êtres, on ne peut mécon-
naître qu'elle est l'excipient des fluides répa-
rateurs de tous les animaux; qu'elle est la
cause principale qui s'oppose aux dangers
d'une élévation trop grande de température;
enfin, que c'est elle qui imprime à quelques
tissus organiques l'élasticité, et, à tous, la
flexibilité et la souplesse qui leur sont nécessaires pour remplir les fonctions indispensables de la vie.

On peut donc dire que l'eau, considérée
d'une manière générale, est indispensable à
la nutrition des plantes comme à l'alimentation des animaux; tous les êtres organisés
vivant au milieu de l'air exhalent continuellement des vapeurs aqueuses; et cependant
ils doivent pour se maintenir à l'état de santé, conserver des proportions d'eau considérables. On trouve dans les plantes en végétation des proportions d'eau qui varient
depuis 50 à 60 centièmes (arbres), jusqu'à
95 centièmes (très jeunes tiges de cactus,
bourgeons et radicelles de divers végétaux),
et un très grand nombre d'animaux ne contiennent pas moins de 80 à 90 d'eau, pour
cent, de leur poids total...

Un homme adulte, pour réparer les déperditions journalières de l'exhalation aériforme
par les poumons et par la peau, ainsi que par
les excrétions qui éliminent les résidus
ou les produits non assimilés de la digestion, doit consommer, suivant la température

et l'exercice ou le travail auquel il se livre, de un et demi à deux litres d'eau par jour, quelquefois davantage.

Ces doses peuvent sans doute être contenues dans les diverses boissons ou liquides alimentaires, alcooliques, sucrées ou autres ; mais, sous une forme quelconque, elles sont indispensables à l'entretien de la vie.

L'eau qui, seule ou mélangée avec d'autres liquides, agit surtout en dissolvant, en désagréant ou en délayant les différentes substances nutritives, en facilitant ainsi les actes de la nutrition, et en réparant les déperditions aqueuses.

Ajoutons que l'eau, par sa propriété de dissoudre l'oxigène de l'atmosphère, permet à d'innombrables animaux de vivre au sein des mers profondes : qu'en se réduisant en vapeur, elle tempère l'action d'une chaleur trop élevée ; qu'elle entretient dans l'atmosphère un mouvement favorable à la vie. Ajoutons que cette propriété qu'elle a d'être plus dense à 4° qu'à 0°, balance les effets dangereux que le froid tend à produire sur les êtres organisés ; car, nous avons vu que la prolongation d'une température de plusieurs degrés au dessous de zéro, qui est nécessaire pour déterminer la congélation des rivières et des eaux profondes, est une suite de cette propriété. Ajoutons enfin que les eaux de la mer, en absorbant la chaleur du soleil sous la zone torride, contribuent encore à adoucir les rigueurs des hivers dans les climats tempérés, en y transportant des masses de liquide échauffées.

L'eau se combine aussi avec les minéraux de plusieurs manières différentes. Elle est d'abord simplement interposée, mais d'une manière cependant plus intime que par la simple humectation due à l'immersion complète, puisque ces minéraux ne se sèchent pas aussi promptement que dans ce dernier cas, et qu'une fois desséchés, l'eau qu'ils re-

prennent par immersion ne paraît pas leur
rendre les mêmes propriétés. Ainsi les silex,
les mulières exposées à l'air, même sans aucun abri, et par conséquent sujets à être
mouillés par la pluie, paraissent, en perdant
ce qu'on appelle leur *eau de carrière*, devenir
tellement fragile qu'on ne peut plus les cas-
ser avec la netteté et la régularité que certains arts exigent. Plongés dans l'eau, ils ne
reprennent pas le genre de tenacité qu'ils ont
perdue.

Des pierres calcaires retirées de la carrière, et exposées, la première année, à la gelée, sans aucune précaution, se brisent dans
tous les sens et quelques-unes même se divisent en une multitude de fragments. Lorsqu'en perdant leur eau de carrière, elles ont
acquis un genre de dessèchement particulier,
elles peuvent être exposées sans précaution
à la pluie, à la gelée, à la dessiccation d'un
soleil ardent, sans présenter le même inconvénient. L'eau qui les mouille alors ne semble
plus y pénétrer, ni y adhérer aussi puissamment que celle dont elles étaient entièrement
abreuvées dans le sein de la terre. Ces faits
sont connus de toutes les personnes qui font
usage des pierres que nous venons de citer.

Dans d'autres cas, l'eau est tout à fait combinée dans les minéraux et ne peut en être
totalement chassée, qu'au moyen d'une chaleur souvent très-puissante. Mais quelquefois
cette combinaison semble se faire à la manière des mélanges chimiques : l'eau s'unit,
en proportion variable, avec une espèce minérale déjà déterminée et qui ordinairement
n'en contient pas du tout. Elle n'en change
pas la forme, mais elle paraît s'opposer à ce
que ce minéral cristallise, et elle en change
souvent la texture, et par conséquent la cassure. Elle donne à ces minéraux un aspect
comme gélatineux et une cassure résineuse ;
elle leur enlève la dureté et en diminue la

pesanteur ; tels sont le quartz ou silex, les résinites, les opales, etc.

E fin, dans d'autres cas, l'eau combinée dans les minéraux semble faire partie essentielle de l'espèce ; elle s'y présente toujours à très-peu près, dans les mêmes proportions, par exemple, le gypse (chaux sulfatée, plâtre), en renferme de grandes proportions ; on sait que ce corps forme des masses considérables.

La présence de l'eau dans les minéraux peut être démontrée par la perte de poids, à l'aide de la chaleur et par la manifestation des vapeurs d'eau qui s'en dégagent , quelquefois à l'aide d'une action chimique plus puissante que celle du calorique.

DES EAUX NATURELLES.

Nous comprenons sous cette dénomination toutes les eaux que la nature nous offre à l'état de liquide.

L'eau recouvre la plus grande partie de la surface de notre planète. Non-seulement sous le nom de mer, d'Océan, elle remplit de vastes bassins, dont le rôle est évidemment de fournir à l'atmosphère l'humidité nécessaire à la production des différents phénomènes météorologiques, et par suite à l'économie générale du globe ; mais elle se trouve encore en grande abondance sur les parties solides de la terre, afin d'y former , quand elle est courante, les sources, les ruisseaux, les torrents, les rivières, les fleuves ; quand elle est stagnante, les marais, les étangs, les lacs. L'eau ne se rencontre point seulement à la surface du globe , elle en pénètre encore les

profondeurs , puisque , sauf quelques rares
exceptions, elle apparaît dès qu'on creuse le
sol.

On évalue aux trois quarts environ de la
surface terrestre l'étendue de l'Océan et de
ses ramifications. La profondeur moyenne de
cet immense réservoir, telle qu'on peut la
déduire de certaines observations astrono-
miques, paraît-être de mille mètres. Il forme
donc une masse énorme qui, en la supposant
détachée de la terre et lancée dans l'espace, y constituerait une planète de 1,400
kilomètres (350 lieues de diamètre).

C'est de l'Océan, vers lequel elle tend sans
cesse à retourner, que l'eau, après avoir traversé l'atmosphère, se répand sur toutes les
parties solides de la terre. Les variations de
niveau de ce grand réservoir, dans les temps
primitifs de notre monde , variation dont
il reste tant de preuves physiques, sont un
important sujet d'études géologiques tant en
raison des variations correspondantes qu'ont
présenté les terres, qu'à cause de l'influence
qu'elles ont exercée sur l'état météorologi-
que de notre planète. Il semble certain, du
reste, que ce fut dans cette eau qu'apparu-
rent les premiers êtres vivants, mollusques,
poissons, reptiles aux formes gigantesques :
aussi figure-t-elle pour ainsi dire en première ligne dans la création. (*Voyez Génèse,
ch.* 5, *vers.* 9 *et suivants.*)

L'eau se présente sur notre globe sous les
trois états : *solide, liquide* et *gazeux.*

A *l'état solide,* indépendamment du rôle
passager que, pendant les hivers, elle joue
dans l'économie naturelle du globe , l'eau
forme les glaces perpétuelles des pôles, au
niveau même de la mer ; et ces glaces sont,
dans les régions polaires, un élément aussi
essentiel de la croûte terrestre que les gra-
nits et les autres roches, bases indispensables des continents et des îles. L'eau solidi-
fiée constitue en outre les glaces et les neiges

éternelles qui, sur les montagnes, commencent à différentes hauteurs, selon la latitude.

L'observation fournit à ce sujet les résultats suivants : la limite inférieure des neiges perpétuelles est

Vers 70° de latitude à 1050 mètres
Vers 65°   1500
Vers 45°   2250
Vers 20°   4600
Vers l'équateur   à 4800

Les neiges et les glaces, là où elles sont accumulées, semblent donner naissance à une plus grande quantité d'eau courante que les pluies, les rosées, les vapeurs aqueuses de l'atmosphère. Cependant l'effet prolongé et continu de celles-ci contribue plus généralement et plus immédiatement à la formation des sources, puisque des sources existent à peu près partout, et que les glaces perpétuelles ne se rencontrent que dans certaines localités. Ces glaces ne sont-elles pas elles-mêmes formées par les vapeurs aqueuses de l'atmosphère ?

Sous l'influence de l'hiver, la glace vient se montrer autour de nous, soit lorsqu'elle tombe en neige des hautes régions de l'atmosphère, soit quand elle se forme dans les eaux mêmes qui se trouvent à la surface terrestre.

L'hiver n'est même point une condition indispensable pour la congélation de l'eau répandue en vapeur dans l'atmosphère. Il arrive qu'en plein été, et dans de certaines conditions météorologiques, la vapeur d'eau se congèle pour se précipiter sous forme de grêle.

L'eau liquide, outre l'Océan et les mers qui en dépendent, outre les fleuves et les divers cours d'eau qui sillonnent la terre en obéissant à la loi de gravité, outre les lacs, les étangs, les marais renfermés dans des

bassins sans écoulement, du moins apparent;
à l'état liquide, l'eau se trouve encore dans
les profondeurs même de la terre, en masses
plus ou moins considérables, dont les unes
en repos ne se reconnaissent qu'à l'aide du
sondage, comme les *puits artésiens*; tandis
qu'animés d'un mouvement plus ou moins
rapide, les autres se présentent spontanément à la surface, jaillissent même quelquefois à une grande hauteur, et constituent
ainsi les sources si variées qui donnent naissance à des rivières, à des ruisseaux, à de
simples fontaines.

Les *puits artésiens* que nous venons de
nommer, que l'on connait depuis longtemps
en Artois, ainsi que l'indique leur nom, et
qui sont également pratiqués de temps immémorial par les Chinois, et par quelques
tribus arabes du désert d'Afrique, les *puits
artésiens* sont des trous de sonde verticaux,
au moyens desquels les eaux situées profondément remontent jusqu'au niveau du sol et
jaillissent parfois à une grande élévation,
ainsi qu'on le voit au puits de Grenelle.

La condition essentielle pour obtenir de
l'eau à l'aide du sondage est la présence
d'une couche de gravier perméable, about-
tissant à la surface du sol, et comprise, de
plus, entre deux autres couches imperméables. Cette disposition permet à la couche
perméable d'absorber continuellement les
eaux pluviales par tout son pourtour, quelquefois très étendu, et de se remplir enfin
jusqu'à un certain niveau. Si donc, dans de
telles conditions géologiques, on pratique un
trou de sonde, en perçant successivement
tous les dépôts qui recouvrent la nappe
aqueuse, et enfin la couche supérieure imperméable au-dessous de laquelle cette nappe
se trouve immédiatement, l'eau vient se présenter à l'orifice, en sort, et elle peut même
s'élever en jet jusqu'à la hauteur du niveau
qu'elle a atteint dans le réservoir où elle s'est

rassemblé. C'est ainsi que les puits artésiens ramènent à la surface des masses d'eau souterraines qui, sans cette heureuse découverte, seraient complètement perdues.

Il arrive parfois que, bien que le sondage ait fait découvrir un courant, l'eau, par défaut d'une hauteur suffisante de niveau, ne peut s'élever jusqu'à la surface. On a, dans ce cas, imaginé, pour utiliser les travaux, d'amener, à l'ouverture du trou de sonde, les eaux dont on veut se débarrasser ; de là l'origine des *puits absorbants*, non moins précieux, dans certaines localités, que les puits artésiens eux-mêmes.

A l'état gazeux, l'eau remplit, dans l'économie générale du globe, un rôle non moins important que l'eau liquide. Les vapeurs invisibles qui, sous toutes les latitudes, et par conséquent à toutes les températures, se dégagent continuellement de la surface des eaux, s'élèvent dans l'atmosphère, et se répandent entre les molécules de l'air, comme dans une sorte d'éponge. La quantité en est toutefois proportionnelle à la pression et à la température atmosphériques, en sorte qu'elle varie continuellement l'air en prenant et en abandonnant tour-à-tour. C'est à ce phénomène si simple, à cette distillation sur une immense échelle et roulant sans cesse sur elle-même, que sont dus les nuages, les pluies, les différents météores aqueux, et par suite, les sources, les ruisseaux, les rivières, les fleuves, etc., etc... Voici, en effet, ce qui se passe : l'eau réduite en vapeur partout où elle est à découvert, s'élève dans les couches supérieures de l'atmosphère en même temps que les masses d'air échauffé dans lesquelles elle s'est engagée ; arrivée dans ces régions, le froid la saisit, et lui fait perdre sa forme gazeuse, la convertit, soit en eau qui retombe sur la terre, soit en neige qui s'accumule sur les montagnes. Par ce merveilleux mécanisme elle se trouve transportée des bassins où elle était contenue, jusque dans les parties les plus centrales du continent ; puis obéissant, dès qu'elle touche le sol, à sa mobilité naturelle, et suivant les lois de la pesanteur, elle va regagner, liquide, les réservoirs d'où elle était sortie gazeuse. Aussi voyageuse que les molécules aériennes sans cesse agitées par les vents, les molécules aqueuses sont entraînées dans un mouvement qui ne s'arrête jamais ; elles s'élèvent dans l'air, s'abaissent sur la terre, redescendent dans l'Océan, puis remontent de nouveau. « Tous les fleuves retournent aux mêmes lieux d'où ils étaient sortis, pour couler encore. » (Ecclésiaste. chap. 1, v. 7.)

Aucune eau naturelle ne peut être considérée comme de l'eau pure, c'est-à-dire comme celle qui ne présente à l'analyse qu'un volume d'oxigène et deux volumes d'hydrogène ; toutes tiennent en dissolution quelques corps auxquels elles doivent des propriétés qu'elles ne possèderaient pas si elles étaient pures.

« Sortie pure des mains du Créateur, l'eau (disent MM. Ossian, Henry, dans leur traité pratique d'analyse chimique) acquiert à la surface du globe diverses qualités qui tiennent à des circonstances étrangères à sa nature ; celle qui se forme dans les airs par la combinaison des principes entrant dans sa composition, ou qui, d'abord sous la forme de vapeurs enlevées dans la région de l'atmosphère, s'en précipite liquide, est dans un assez grand état de pureté, et sans presque aucun mélange, si on en excepte les corpuscules qui, flottant au milieu de l'espace, peuvent être entraînés par elle dans un état de dissolution complète. Les sels divers qu'elle recèle, quand on la trouve à la surface du globe, ont une origine qui lui est étrangère, et elle ne se les est appropriés que par sa qualité dissolvante. Aussi regarde-t-on l'eau qui tombe du ciel, reçue directement, au moment de sa chute dans des réservoirs de matière inattaquable par elle, exposés en plein air, et sans avoir eu le moindre contact avec la terre, comme la plus pure et quelquefois presque semblable à l'eau distillée de nos laboratoires. Mais en arrosant le sol, elle y disparaît momentanément, le pénètre à une plus ou moins grande profondeur, et revient à sa surface, rapportant avec elle tout ce qu'elle a pu lui emprunter. Sa constitution se trouve alors modifiée par la présence des corps étrangers, qui peuvent ou non nuire à la salubrité. Au premier rang des eaux potables ou propres aux usages de la vie, on trouverait donc l'eau de pluie, reçue dans les circonstances favorables dont nous venons de parler. Après l'eau de pluie serait placée celle des rivières puis les eaux de source et les eaux de puits. »

Les corps qui se trouvent en dissolution dans les eaux varient beaucoup, suivant que ces eaux ont ou n'ont pas le contact de l'atmosphère ; et suivant la nature des corps qui ont été exposés à leur contact. Nous allons faire l'énumération de tous les corps que l'on a trouvés en dissolution dans les eaux naturelles.

Les corps simples compris dans les combinaisons salines et reconnues jusqu'à ce jour dans les eaux, sont :

L'Oxygène.	Le Cuivre.
Le Fluor.	L'Etain.
Le Chlore.	Le Plomb.
Le Brome.	Le Cobalt.
L'Iode.	Le Fer.
Le Souffre.	Le Manganèse.
L'Azote.	L'Aluminium.
Le Phosphore.	Le Magnésium.
L'Arsénic.	Le Calcium.
Le Bore.	Le Strontium.
Le Carbone.	Le Barqum.
L'Antimoine.	Le Lithium.
Le Silicisme.	Le Sodium.
L'Hydrogène.	Le Potassium.
L'Argent.	

A part l'oxygène et l'azote, qui se trouvent souvent dans les eaux à l'état de corps simples, tous les autres donnent lieu, en s'unissant à l'oxygène et à l'hydrogène, aux principes élémentaires suivants :

1° Hydrogènes carbonés.
2° Oxyde de carbonne.
3° Acide carbonique.
   » sulfurique.
   » nitrique.
   » silicique.
   » arsénieux
   » arsénique.
   » phosphorique.
   » borique.
   » hyposulfureux.
   » sulphydrique.
   » chlorhydrique.
   » fluorhydrique.
   » bromhydrique
   » iodhydrique.

4° Potasse.
   Soude.
   Lithine.
   Baryte.
   Strontiane.
   Chaux.
   Magnésie.
   Alumine.
5° Oxyde de manganèse.
   » de fer.
   » de cobalt.
   » de plomb.
   » d'étain.
   » de cuivre.
   » d'antimoine.
   » d'argent.

Ces *principes élémentaires* en s'unissant les uns avec les autres forment des sels sous les dénominations suivantes :

Carbonates neutres et bicarbonates
Sulfates.
Nitrates.
Phosphates.
Arsénites et arséniates.
Hyposulfites.
Sulfures et sulfhydrates de sulfures
Cholures.
Bromures.
Iodures.
Fluorures.
Silicates.
Borates.

      Alcalide, terreux
      et
      métalliques.

Tels sont les différents sels dont les chimistes ont reconnu l'existence dans les eaux douces et les eaux minérales. Mais outre ces substances qui ont reçu depuis longtemps le nom de *minéralisantes*, les analyses y ont encore constaté des matières organiques ou en dérivant :

De la matière organique azotée.
De l'Ulmine.
De l'acide ulmique.

De l'acide crénique.
De l'acide apocrénique.
Des matières organisées :
Des algues, conferves, etc.
Des animaux infusoires.
Et des acides organiques volatils : .
Butyrique.
Acétique.
Formique.
Propionique.

Les corps que nous venons de nommer ne se trouvent pas tous dans une même eau douce ou minérale. D'autre part, il est hors de doute que tous ces corps ne sont pas combinés dans les eaux de la même manière.

C'est ce qui explique pourquoi, à part les eaux douces et l'eau des mers, chaque eau minérale proprement dite forme en quelque sorte une variété distincte.

Les eaux qui se rapprochent le plus de l'état de pureté sont, sans contredit, l'eau de pluie et surtout l'eau qui provient de la neige fondue. Elles ne contiennent que des substances avec lesquelles elles se sont trouvées en contact dans l'atmosphère, telles que de l'oxigène, de l'azote, de l'acide carbonique, etc. Suivant Shermann, des traces d'hydrochlorate de chaux et d'acide nitrique. Pour avoir des eaux atmosphériques dans leur plus grand état de pureté, il ne faut recueillir que les dernières tombées. Mais à peine ces eaux ont-elles pris leur cours, qu'elles se chargent d'impuretés ; elles lessivent le sol, et entraînent avec elles une foule de substances minérales.

Quant aux eaux qui, au lieu de prendre immédiatement leur cours sur le sol, s'infiltrent dans le sein de la terre, sans présenter une altération aussi évidente, elles ne conservent pas mieux leur pureté ; elles se trouvent, à mesure qu'elles cheminent, en contact avec de nombreuses substances minéra-

les solubles; elles s'en emparent et s'altèrent
d'autant plus qu'elles pénètrent plus profondément, puisque leur pouvoir dissolvant augmente encore, et par la pression, et par la
température de plus en plus élevée qu'elles
acquièrent. Toutefois, les choses ne se passent pas toujours de même ; il faut faire la
part de la nature des terrains, et il peut arriver qu'une eau qui pénètre à une grande profondeur acquière un haut degré de chaleur,
et pourtant ne contienne que peu de substances minérales en dissolution. Nous citerons
pour exemple celle du puits de Grenelle qui,
bien que provenant d'une nappe située à
548 m. de profondeur, et présentant une tem-
pérature de —|— 27°,8, est néanmoins plus
pure que l'eau de la Seine ; mais ce fait n'est
qu'une exception. En général, plus la température des eaux s'élève, plus leur composition
est altérée ; aussi la plupart des sources
chaudes possèdent-elles, comme nous le verrons plus tard, des propriétés thérapeutiques, que les hommes ont, dans tous les
temps, appliquées à la guérison de leurs
maux.

Parmi les eaux qui se présentent à la surface du globe, les plus pures sont celles qui,
dans leur trajet souterrain, n'ont été en contact qu'avec des roches siliceuses qu'elles ne
peuvent attaquer ; elles se rapprochent des
eaux pluviales, et offrent une l'impidité et
une fraîcheur qui les rend *potables* par excellence.

Il est rare, il est même impossible que dans
les terrains calcaires les eaux ne se chargent point d'une certaine quantité de sels de
chaux, unis le plus souvent à de l'oxide de
fer, et tenu en dissolution par l'acide carbonique dont elles s'emparent en pénétrant en
terre. Quelquefois la proportion de ces sels
est telle que les eaux deviennent *incrustantes*, c'est-à-dire qu'elles se déposent en croûte sur les objets environnants les substances

salines qu'elles tiennent en dissolution. Nous citerons comme exemples les eaux d'Arcueil près de Paris, la fontaine de Saint-Alyre, à Clermont-Ferrand, la cascade de Terni, etc. Le travertin dont sont construits la plupart des édifices de l'ancienne Rome, n'est qu'un dépôt, qu'un encroûtement calcaire produit par les eaux,

Plusieurs eaux souterraines, privées du contact de l'oxigène et circulant dans des canaux, ou contenues dans des cavités qu'elles remplissent en totalité peuvent éprouver deux sortes de changements quand elles sont parvenues à la surface de la terre. Le premier de ces changements est relatif à la proportion des gaz qu'elles tiennent en dissolution; comme la quantité de gaz qu'une eau peut absorber, estimée en poids, est d'autant plus considérable que ce gaz est plus comprimé, il doit nécessairement arriver que, quand une eau souterraine aura dissous un poids de gaz plus grand que celui qu'elle pourra dissoudre sous la seule pression de l'atmosphère, cette eau, parvenue à la surface de la terre, en perdra une portion, qui s'en dégagera avec bouillonnement. Le second changement se rapporte à certains corps qui sont altérables par le contact du gaz oxigène. Ainsi les hydrosulfates, contenus dans plusieurs eaux, se décomposent à l'air; le carbonate de protoxide de fer s'y décompose également; la base, en se suroxidant se dépose à l'état d'hydrate, et l'acide carbonique mis à nu se dégage, au moins en partie, dans l'atmosphère.

Les eaux de puits doivent, à la rigueur, présenter toutes les variations que l'on remarque dans les eaux de fontaine ou de source; cependant, nous ajouterons que les puits des villes populeuses, qui sont creusés dans des terrains calcaires susceptibles de se salpêtrer, donnent des eaux qui contiennent des nitrates, sels, qu'on ne rencontre pas dans les sources ou terrains qui ne sont pas susceptibles de se salpêtrer. En général les eaux de puits sont chargées de sulfate de chaux ; aussi précipitent-elles abondamment la solution de savon, et ne peuvent-elles pas ramollir les eaux que l'on y fait bouillir. A Paris, les eaux de puits renferment en général du sulfate de chaux qui les rend impropres à la plupart des usages domestiques. Cependant, il existe des eaux de puits qui sont très bonnes à boire, et nous pouvons citer pour exemple celles des puits d'Angers, qui nous ont paru préférables à des eaux beaucoup plus pures, aux réactifs.

Les eaux des fleuves et des rivières qui coulent sur un lit de sable sont communément moins impures que les eaux souterraines, par la raison qu'elles sont en contact avec les terrains qui, lavés depuis longtemps, ont dû prendre tout ce qu'ils contenaient de soluble, et parce qu'elles proviennent, en grande partie, des eaux du ciel qui sont presque pures. Souvent, à la vérité, les fleuves et les rivières reçoivent aussi des substances qui ont appartenu à des êtres organisés, et qui sont très disposées à se décomposer ; mais ces substances ne sont, relativement à la masse de l'eau, que dans une très faible proportion ; mais les fleuves, les rivières coulant toujours dans le même sens, ils rejettent sur leurs bords une partie des substances qu'ils ont reçues. Si une portion de ces dernières se dissout, cette portion est toujours très petite ; et l'oxigène atmosphérique contenu dans l'eau, aidé problablement de la lumière du soleil, tend à la réduire en eau et en acide carbonique. Enfin, si l'on considère que la présence de l'air s'oppose à l'existence de certains corps dans les eaux ; que celles-ci, soumises à la simple pression de l'atmosphère sont dans une circonstance moins favorable pour se charger de gaz, que des eaux qui sont coercées dans les cavités

souterraines ; enfin, si l'on considère que la
lumière tend à faire reprendre aux gaz dissous dans les liquides l'état aériforme, on
verra qu'il y a réellement beaucoup de raisons pour que les eaux des fleuves et des rivières soient moins chargées de matières
étrangères, que les eaux souterraines en général. Les eaux des fleuves et des rivières
contiennent toujours de l'oxigène, de l'azote
et de l'acide carbonique, mais en petite
quantité.

Les eaux stagnantes sont moins pures que
celles dont nous venons de parler, et leur
impureté est, communément, d'autant plus
grande, que l'étendue des terrains qu'elles
couvrent est moins considérable ; qu'elles
sont moins profondes et moins exposées à la
lumière directe du soleil, et qu'elles peuvent
recevoir une plus grande quantité de matières organiques. Non-seulement elles sont
moins pures, mais encore, quand elles forment des marais, elles deviennent, pour les
contrées environnantes, des foyers d'infection qui donnent naissance aux fièvres intermittentes les plus redoutables.

Il est évident qu'une eau courante, présentant dans un même lieu une succession de
particules qui sont toujours nouvelles, le sol
est bientôt privé de toute matière soluble ; il
est encore évident que si les matières altérables, comme le sont les substances qui ont
appartenu aux êtres organisés, se mêlent à
cette eau qui se renouvelle sans cesse, elles
ne lui donneront que très peu de signes de
leur présence, lors même qu'elles seraient en
putréfaction. Il n'en est point ainsi de l'eau
stagnante ; celle-ci contient toute la matière
qu'elle a primitivement enlevée au sol qu'elle
recouvre, et tous les débris d'animaux et de
végétaux qui y ont été portés par une cause
quelconque. La putréfaction de ces débris
doit y être plus rapide et plus sensible que
dans une eau courante, parce que les matiè-

res solubles que l'eau stagnante leur enlève ne se disséminant pas, et étant plus altérables que les matières de ces débris qui sont insolubles, restent en contact avec celles-ci et leur font subir une altération qu'elles n'auraient pas subie aussi rapidement que dans une eau courante. Dès lors, l'eau stagnante est plus exposée que cette dernière à recevoir les émanations de la putréfaction. Il est évident que moins il y a d'eau, moins l'évaporation se fait librement et plus les signes de la putréfaction doivent être prononcés. Enfin, on a reconnu que les plantes aquatiques contribuent à restituer aux eaux, dans lesquelles elles végètent, les bonnes qualités qu'elles pourraient avoir perdues par la présence des matières organiques, effet que l'on peut attribuer à ce que les plantes absorbent une portion de ces matières, comme engrais, et en second lieu, à ce qu'elles dégagent de l'oxigène par l'influence du soleil, principe qui peut contribuer à faire repasser ces mêmes matières à l'état d'eau et d'acide carbonique.

Pour rendre ces considérations moins incomplètes, nous croyons devoir examiner l'influence que l'atmosphère exerce sur les eaux, sous d'autres rapports que nous ne l'avons fait jusqu'ici. L'atmosphère, comme réservoir purement mécanique, contribue à diminuer dans les eaux les principes odorants qui sont volatils, et ont une tension qui les sollicite à se répandre dans l'espace aérien qui est au-dessus d'eux. Les eaux odorantes tendent donc mécaniquement à perdre leur odeur, quand elles sont exposées à l'air. D'un autre côté, les eaux absorbent une certaine quantité de l'oxigène atmosphérique : celui-ci a, en général, plus de tendance à s'unir aux éléments des principes odorants qui peuvent être dans les eaux qui contiennent des sulfates et des matières organiques en dissolution ; celles-ci peuvent réduire les sulfates en sulfures hydrogénés, si les eaux ne peuvent absorber l'oxigène de l'atmosphère. De là, on peut tirer une conséquence qui intéresse les habitants des pays où la nature oblige à recueillir les eaux du ciel pour les usages économiques : il faut, autant que possible, s'opposer à ce que ces eaux n'entraînent pas jusque dans les citernes les matières organiques qu'elles ont pu enlever aux toits des édifices et aux différents plans sur lesquels elles ont coulé. Il est nécessaire aussi qu'il y ait un courant d'air établi dans les citernes, ainsi que M. Thénard a conseillé de le faire dans celles de la Hollande.

Nous terminerons cette énumération par l'eau de la mer, la moins pure sans contredit de toutes celles qui se rencontrent sur la terre, car elle contient en moyenne 40 grammes par litre, ou quatre pour cent de son poids de matières salines. C'est donc avec raison qu'on la range parmi les eaux minérales ; et, par conséquent, elle est la plus répandue, puisqu'elle forme la majeure partie de la masse aqueuse de notre globle.

L'eau de mer a été fréquemment analysée. Nous consignons ici les résultats des expériences les plus récentes et les plus exactes : le sel qui s'y trouve le plus abondant est le chlorure de sodium ou sel marin (26 ou 27 grammes par litre), puis celui de magnésie (de 6 à 7 grammes) ; le sulfate de magnésie y est en pareille quantité, ainsi que le sulfate de soude, suivant quelques chimistes ; le sulfate de chaux, les carbonates de chaux et de magnésie s'y rencontrent aussi, mais en très faible proportion : l'iode et le brome y existent en quantités indéterminées et combinées très probablement à la potasse et à la magnésie ; enfin on y trouve quelques traces d'acide carbonique libre.

On trouve, dans l'intérieur des continents, des sources ou des bassins d'une eau salée offrant la plus grande analogie avec l'eau de la mer, et dont la salure provient sans doute des masses de sel fossile qu'elle a traversées.

D'après ce qui précède, on voit que, le plus souvent, on pourrait même dire toujours, la pureté des eaux est altérée. Quand elle ne l'est qu'à un faible degré, l'eau n'en est pas moins propre aux divers usages domestiques et industriels ; mais il arrive que, dans certaines localités, dans certaines circonstances, on n'a à sa disposition que des eaux tellement chargées de substances étrangères qu'elles ne peuvent être employées. Dans ces différents cas, on a trouvé des moyens simples de les ramener à un degré de pureté convenable.

L'ébullition et le refroidissement à l'abri du contact de l'air suffisent pour enlever à l'eau les gaz qu'elle contient. Le repos et le filtrage à travers une couche de sable clarifient celle qui tient du limon en suspension ; si ces substances organiques visqueuses sont renfermées dans ce limon, on en obtient facilement le précipité, en plongeant un cristal d'alun dans le vase où se trouve l'eau qu'on veut clarifier. Pendant les inondations du Nil, les habitants du pays rendent, dit-on, l'eau de ce fleuve potable, en frottant, avec un pain d'amandes ou de légumes farineux, les parois des vases dans lesquels ils la conservent.

Le repos et l'exposition prolongée à l'air suffisent pour précipiter les carbonates et autres sels calcaires qui rendent les eaux particulièrement impropres au savonnage et à la cuisson des légumes. Mais on peut obtenir un précipité immédiat à l'aide d'une petite quantité de carbonate de soude ; on substitue ainsi au sel calcaire un sel de soude qui est sans inconvénient.

L'eau des marais les plus fangeux et les plus méphitiques devient claire, limpide et parfaitement potable, quand on la traite par le charbon, qui, comme on sait, jouit de la proprieté d'absorber les gaz.

Quant à l'eau de mer, on n'a trouvé, jusqu'à présent, d'autre moyen de la purifier que la distillation ; mais on conçoit que ce procédé, en raison du volume des appareils et du combustible nécessaire, n'est pas toujours d'un facile usage. On vient cependant d'inventer tout récemment un appareil, à l'aide duquel la distillation de l'eau de mer est devenue une opération des plus simples, et déjà l'on a fait avec succès, sur les bâtiments de la marine impériale, l'application de cette heureuse découverte. Nous dirons ailleurs les précautions à prendre par rapport à l'eau de mer distillée pour qu'elle ne soit pas altérée par les oxides et les sels de plomb.

EXAMEN CRITIQUE

du

PROCÉDÉ PRUNIER

et des

TERRAINS AQUIFÈRES DE LA RIVE GAUCHE DE LA DURANCE

Nous avons déjà parlé du procédé de M. Prunier dans l'avant-propos de la monographie des eaux potables de Marseille et du département, que nous publions dans le *Messager de Provence*, annonçant alors que nous traiterions plus amplement cette délicate question quand, dans le cours de notre ouvrage, nous arriverions à l'examen des projets qui ont été soumis à la commission, pour l'épuration des eaux du canal de Marseille. Nous nous sommes contenté alors d'exprimer notre étonnement de ce que, pour une entreprise aussi importante, on se soit contenté de l'avis de M. Pascal, ingénieur en chef des services maritimes, sans appeler les conseils des chimistes et des hygiénistes éclairés et consciencieux sur la valeur et la composition de l'eau que l'on se propose de capter dans les terrains aquifères d'alluvion, qui bordent la rive gauche de la Durance, de Pertuis au défilé de Mirabeau. Et cependant cette question de la nature et de la qualité de l'eau est, de toutes les autres questions, la plus importante sans contredit ; car à quoi serviraient les sommes énormes qu'on se propose de dépenser, si après l'achèvement des travaux et par l'usage, on arrivait à s'apercevoir, alors seulement, que la nouvelle eau manque des qualités propres pour être véritablement une eau potable, c'est-à-dire, propre à la boisson, aux usages domestiques et aux besoins de l'industrie.

Pour inspirer un peu plus de prudence à l'administration et la mettre en garde contre des surprises fâcheuses, toujours si coûteuses, nous avons rappelé deux entreprises modernes qui n'ont donné des résultats fâcheux que parce que l'on n'a pas assez consulté les doctrines de l'hygiène et de la chimie. La première est celle du canal de l'Ourcq, dont les eaux sur lesquelles on comptait pour l'alimentation de Paris, furent, après l'exécution des travaux, déclarées complètement mauvaises pour la boisson. En signalant à l'administration les causes qui rendent impotables les eaux du canal de l'Ourcq, nous avons essayé de démontrer que les mêmes causes amèneraient infailliblement le même résultat pour le bassin de décantation de Réaltort, présenté par M. Pascalis, ingénieur du canal de Marseille; que, de plus, on préparait, en l'exécutant, un vaste marais qui, nécessairement, dans quelques années, deviendrait un vaste foyer d'infection qui donnerait aux populations environnantes des fièvres intermittentes du caractère le plus redoutable.

Pour faire mieux ressortir ensuite les éventualités fâcheuses du procédé de M. Prunier et démontrer les immenses difficultés de la clarification souterraine des eaux de rivière, et montrer combien les résultats sont peu sûrs, nous avons relaté, dans une grande partie de ses détails, l'insuccès du second filtre, à Toulouse, de M. D'Aubuisson, l'un cependant de nos ingénieurs de France les plus distingués, et qui a montré tant de science et d'habileté dans l'établissement des fontaines de cette ville.

Pour nous rendre plus croyable auprès de l'administration, nous nous sommes servi des

propres paroles du célèbre ingénieur pour
lui faire comprendre combien, dans ce genre
d'infiltration, sur lequel repose le procédé
Prunier, la composition de l'eau dépend de
la nature du sol qu'elle traverse ; que la formation intérieure d'un terrain de transport
et d'alluvion, comme est celui des bords de
la Durance qu'on se propose d'exploiter, ne
peut pas être homogène ; qu'il peut parfaitement arriver que, dans un premier essai, sur
un point choisi, le procédé Prunier donne une
eau convenable, et que sur un autre point, le
puits étant fait avec le même soin et la même
intelligence, il donne une eau médiocre et
même mauvaise. Pour que ce cas fâcheux se
présente, il suffit de rencontrer des bandes
de terrains vaseux, — et cette rencontre est
très-probable dans un terrain autrefois im-
mergé par les eaux de la mer et dont le safre
est tout encore imprégné de chlorure de sodium. — Or, nous le demandons, que deviendrait, dans ce cas possible, l'exploitation
commencée et peut être poussée sur une
vaste étendue de terrain, car il ne s'agit rien
moins que d'une fourniture d'eau de dix
mètres cubes à la seconde ? Par le seul fait
de cette rencontre fâcheuse, l'entreprise générale serait manquée ; car le terrain une
fois ébranlé et ouvert par la soi-disante attraction puissante des machines pneumatiques de M. Prunier, ne pourrait plus se
refermer, et il y aurait inévitablement, dans
ce cas, mélange de la mauvaise eau avec la
bonne.

Il est vrai que le procédé approuvé à la
suite d'un premier essai fait dans un lieu
choisi par le proposant, M. Prunier ne serait
en rien responsable d'un accident de force
majeure. La ville, dans ce cas, prendrait les
frais à sa charge, et tout serait dit. Ce serait
faire injure à l'administration de supposer
qu'elle prenne une telle responsabilité, en
de pareilles circonstances.

Voilà, en substance, ce que nous avons déjà publié dans le *Messager de Provence*, ayant eu soin, en finissant nos quelques articles, d'annoncer à nos lecteurs que nous reprendrions plus tard cette intéressante question pour l'examiner à fond. Aujourd'hui, un peu avant le temps que nous avions désigné, et pour raison, nous allons étudier la nature des terrains qui bordent la rive gauche de la Durance, du défilé de Mirabeau à Pertuis; la provenance des eaux qui se trouvent en grande quantité dans ces terrains, leur nature, leur composition, leurs qualités. Cet examen fait, dans tous ses détails et circonstances, nous laisserons à l'administration et au public compétent à décider si le procédé de M. Prunier peut et doit être appliqué dans la circonstance. Enfin nous terminerons en démontrant que le procédé Prunier, supposé qu'il pût être mis à exécution serait une entreprise très préjudiciable aux communes limitrophes avec la rive gauche de la Durance, contrée dont on ferait un vrai désert à la place d'un des plus beaux et des plus riches bassins de la Durance.

Notre but en étudiant le terrain de la rive gauche de la Durance, a encore été de rechercher si ces lieux offrent réellement des ressources que réclament les divers projets de filtration et d'épuration qui ont été soumis à la commission. En cela nous croyons rendre un véritable service à la commune et aux particuliers.

Notre conseil municipal a entendu, dans sa séance du 13 juillet, la lecture de la lettre adressée au conseil par M. le sénateur, en approbation, sauf certaines modifications, de la délibération relative au procédé Prunier, pour tirer des terrains de la rive gauche de la Durance, l'eau nécessaire à l'alimentation de la ville de Marseille, c'est-à-dire 10 mètres cubes à la seconde.

Tout le monde à Marseille connaît, aujourd'hui, le procédé Prunier et l'examen critique qu'en a fait M. Pascal, ingénieur en chef des services maritimes; examen dans lequel le savant ingénieur s'est efforcé d'établir que le procédé Prunier ne présentait aucune chance de succès. Malgré cette déclaration, le conseil municipal a de rechef adopté les dernières propositions de M. Prunier que, cette fois, M. le sénateur a approuvées, sauf, comme nous venons de dire, certaines modifications. En conséquence, un nouveau programme, formulé par M. Pascal, vient d'être exposé à M. Prunier qui, nous semble-t-il, ne peut pas l'accepter.

Il serait fâcheux, disons-nous, que cette intéressante question, dans laquelle le conseil municipal entrevoit la solution possible de la clarification des eaux du canal, en restât là, pour donner lieu plus tard de revenir au système dont la ville et le conseil municipal ne se soucient pas, parce qu'il leur semble la continuation des efforts qui sont tentés sans succès depuis dix ans.

Pour faire cesser le fâcheux antagonisme qui existe entre l'administration générale qui croit devoir continuer le système suivi jusqu'ici sans succès, en adoptant le projet de M. Pascalis que soutient M. Pascal, et le conseil municipal qui croit avoir trouvé, dans le procédé de M. Prunier, le véritable moyen de résoudre enfin le difficile problème de la clarification des eaux du canal, il nous a semblé qu'il importait d'étudier à fond les deux projets de MM. Pascalis et Prunier et de rechercher si l'un et l'autre renferment de véritables éléments de succès, ou si, au contraire, ils ne doivent pas donner l'un et l'autre des résultats funestes, comme nous l'avons pensé, après les avoir sérieusement examinés. Le département des Bouches-du-Rhône renferme des ressources considérables d'eau, véritablement potables et bien au-

trement supérieures que celles dont on s'est
occupé jusqu'ici, comme nous espérons le
démontrer prochainement, quand nous arriverons à parler des eaux potables du département. Il est fâcheux de voir nos ingénieurs
dépenser leur génie incontestable dans des
entreprises qui ne peuvent donner de résultats satisfaisants, quand nous avons sous la
main des terrains aquifères qui feraient de
notre département le plus riche en eau potable de la France. Imitons l'Angleterre et les
ingénieurs distingués de Paris qui sont arrivés à prendre l'eau à sa sortie des montagnes, c'est-à-dire aux sources mêmes.

Profitons surtout des dispositions bienveil-
lantes et toutes naturelles de M. le sénateur
qui, dans sa lettre du 6 juillet, promet de prê-
ter son concours dans la question des eaux
qui, comme il le dit fort bien, intéresse aujourd'hui le plus vivement la population de
Marseille. Que demande M. le sénateur ? Qu'on
lui présente des moyens praticables et des
chances raisonnables de succès. Mettons
donc, au besoin, de côté, et Réaltort et les
terrains de la rive gauche de la Durance,
pour capter ce qui nous est nécessaire des
35 à 40 mètres cubes d'eau potable que tiennent à notre disposition nos contrées montagneuses et qui arrivent presque à nos portes.
Il y a dans cette voie assez de gloire pour satisfaire M. Pascal et M. Pascalis, MM. Bouve-
tier, Prunier, Cassaigne, etc., et tous les
nobles cœurs qu'ont intéressés si vivement la
question des eaux de Marseille.

Mais pour déterminer plus sûrement à ce
changement de voies ceux qui, naturellement, tiennent encore à des projets qui présentent si peu de chance de succès, nous allons examiner à fond le projet le plus en faveur aujourd'hui, celui de M. Prunier, en
étudiant la formation du terrain de la rive
gauche de la Durance, la provenance des
eaux souterraines qui s'y trouvent, leur

composition chimique et leurs qualités physiques, les graves conséquences que pourrait
avoir l'assèchement de ce vaste terrain pour
les communes limitrophes et enfin s'il n'y a
pas lieu d'écarter le projet Prunier, comme
ne présentant pas assez de garantie. Si, du
reste, on voulait, à toute force, essayer de la
filtration naturelle dans ces terrains, la préférence devrait être accordée à plusieurs autres projets, présentés à la commission, qui
sont beaucoup plus simples, beaucoup moins
coûteux et qui jouissent du privilége de l'an-
tériorité sur celui de M. Prunier.

Le terrain qui baigne la rive gauche de la
Durance, depuis le défilé de Mirabeau jusqu'au pont de Pertuis, a toujours été considéré comme possédant, peut-être, assez
d'eau pour alimenter une grande ville. M.
Prunier n'a donc fait qu'adopter une idée
commune, à laquelle il a joint un système de
pompes aspirantes qui ne semblent pas du
tout nécessaires pour ceux qui connaissent
la nature de ces terrains qui se prêtent naturellement à un facile écoulement en raison
de leur pente, vers la tête de notre canal.
Mais il fallait sortir de la banalité et frapper
les yeux : les pompes aspirantes ont donc
été mises en avant. Nous les jugeons complètement inutiles, et nous sommes persuadés
que M. Prunier, une fois à l'œuvre, les sup-
primera lui-même pour éviter de grands frais
et des embarras inutiles. Les pompes aspirantes ne sont donc qu'une mise en scène ;
car si le terrain ne possède pas une grande
quantité d'eau, l'aspiration n'attirera que de
l'eau boueuse, du limon et du sable.

Nous devons déclarer en commençant que
nous avons beaucoup profité dans cette étude
des curieux et intéressants détails de géologie et d'histoire naturelle que nous avons
rencontrés dans la statistique des Bouches-
du-Rhône, recherches que nous devons à
MM. Toulouzan et Négrel-Féraud fils, qui se

sont montrés si dévoués au bien public et aux progrès de la science.

Le bassin de Peyrolles, qui commence au défilé de Mirabeau et finit à Saint-Etienne-le-Janson, est un terrain formé par la mer et par les alluvions de la Durance; il est entièrement composé de poudingue et de safre ou limon durci. Il y a lieu de douter que ces dépôts ont été formés dans le temps que ce bassin formait un lac. La mer, par des causes étrangères à notre sujet, sortit de ses limites et fit irruption dans les terres. Elle inonda d'abord la Crau et en sillonna la surface. Ensuite elle remonta par la vallée de la Durance jusqu'au pied du Luberon. Là le courant ne pouvant forcer cette barrière agit sur les deux côtés de la vallée. Il brisa la digue de Mallemort et déchiqueta les collines de la Cabie pour se répandre dans le bassin de Sénas, tandis que, dans une direction contraire, il remonta jusqu'aux cataractes de Cante-Perdrix, déposant sur les bords de la vallée et des ruisseaux qui s'y rendent, le calcaire coquillier qu'on y trouve encore et qui est le même que celui de la Crau. La mer, ayant fait sa retraite, reprit son cours en formant sur son passage les dépôts de poudingue et de safre qui sont superposés au calcaire coquillier. Ces dépôts de la Durance et de la mer se sont succédés et ont alterné pendant un certain temps, jusqu'à ce que la Durance ayant pris son cours actuel, la mer ait seule recouvert toute la Crau qu'elle a ensuite abandonné lentement et de proche en proche. Les sables et autres alluvions qui forment aujourd'hui le terrain qui avoisine les deux rives de la rivière ont donc été refoulés par les eaux de la mer et déposés avec des coquilles marines, des deux côtés de la Durance et de ses affluents par les flots qu'un mouvement extraordinaire poussait avec force et soulevait à une grande hauteur.

Une remarque fort importante que font

encore les auteurs cités dans la statistique
des Bouches-du-Rhône, c'est que, dans les
chaleurs de l'été, le limon abandonné fraî-
chement par les eaux, se couvre d'efflorescences salines qui occupent de grands es-
paces et forment quelquefois une croûte
épaisse d'une demi-ligne d'une certaine dureté, et difficile à séparer du limon. Ces efflorescences ont une saveur amère et légèrement salée ; elles présentent à la loupe des
faisceaux d'aiguilles extrêmement déliées.
Ces parties salines sont des sels magnésiens,
calcaires et ammoniacaux qui contribuent à
la fertilité de la terre. Il va sans dire que ces
sels se trouvent également mélangés dans le
safre ou limon durci superposé au calcaire
coquillier. On le remarque sur les parois des
grottes creusées dans le rocher de safre de
Saint-Chamas, à la poudrerie impériale, pour
servir de magasin. On l'observe encore au
safre du Vernègues, de Pertuis jusqu'à Cante-
Perdrix.

Si donc le safre qui constitue en grande
partie le terrain de la rive gauche de la Durance, que l'on se propose d'exploiter pour
la fourniture du canal de Marseille, est de
telle nature, n'y a-t-il pas lieu de craindre
qu'en ébranlant le sol de ces terrains par le
procédé Prunier, on ne mette ces matières salines en communication avec les eaux déjà un
peu saumâtres, qui ne manqueraient pas alors
de le devenir complètement. Un premier ar-
gument contre le procédé Prunier serait donc
la crainte fondée d'altérer la constitution de
l'eau souterraine en ébranlant ces terrains.
Aujourd'hui ces eaux d'infiltration ne sont
pas déclarées complètement défectueuses ;
mais ne le deviendraient-elles pas après les
travaux particuliers qu'on veut exécuter ? A
coup sûr le chlorure de sodium y dominerait.
Le territoire de ce vaste bassin, formé comme
nous l'avons dit du limon de la rivière, est
d'une fertilité extraordinaire ; il en résulte

que les eaux qu'il contient seraient plus convenables pour l'agriculture que pour être prises en boisson, servir aux usages domestiques et aux besoins de l'industrie.

Cela dit, nous allons maintenant rechercher quelles sont les eaux contenues dans le sous-sol du terrain de la rive gauche de la Durance, leur nature et leur volume approximatif.

Le terrain que M. Prunier se propose d'exploiter pour remplacer les eaux du canal, est imbibé d'une quantité considérable d'eau qui est le produit : 1° des eaux pluviales tombées sur un sol léger et très-perméable ; 2° des eaux des sources de la Trévaresse qui, pour la plupart, s'y rendent souterrainement par les pieds des montagnes, qui viennent s'étendre, en plusieurs endroits, jusqu'au lit de la Durance ; 3° enfin, des eaux mêmes de la rivière, filtrées à travers les graviers de ses bords. Sur ces trois produits, qui concourent à former la masse d'eau qu'on veut exploiter, il y a des observations très importantes à faire que nous allons exposer :

1° Les pluies, qui tombent sur la surface de ces terrains légers et perméables, pénètrent facilement le sol sur toute son étendue et doivent être toujours chargées de sels calcaires avant de pénétrer dans leurs réservoirs souterrains, ce qui les rend crues et séléniteuses. Elles entraînent encore avec elles les matières organiques animales et végétales en décomposition, qui s'y précipitent sans avoir eu le temps de s'écouler sur un sol léger, spongieux, formé de limon et de safre, renfermant lui-même beaucoup de sels terreux magnésiens et ammoniacaux. Cette condition du terrain si défavorable doit donner aux eaux de pluie absorbées par un pareil sol, en raison des matières organiques solubles, une teinte jaunâtre, un aspect trouble et une odeur forte et repoussante que corrige à moitié les deux autres produits

d'eau de source et de la Durance , avec lesquelles elles se mélangent dans le sous-sol.

2° Les sources nombreuses de la Trévaresse
qui s'épanchent du côté nord , en face de la
Durance, émettent en grande partie leurs
eaux par les pieds des montagnes qui s'étendent sous le sol, vers le lit de la rivière. Ce
sol perméable a donc plus ou moins de profondeur dans ce bassin, selon que les montagnes étendent plus ou moins leurs pieds, qui
s'avancent perpendiculairement à la rivière.
Cette disposition particulière a pour effet naturel de barrer l'eau et de constituer, sous le
sol, des bassins dont l'écoulement ne peut
pas suivre la pente du terrain qui est la même que celle de la Durance. Donc, il peut
très bien se faire que l'eau, sur certains
points, reste captive entre les pieds des montagnes pour faire des bassins séparés. Comment M. Prunier l'attirera-t-il, par l'attraction de ses pompes, si elle est retenue par des
bancs de rochers.

De plus, l'eau à son émergence des sources de la Trévaresse et à son entrée dans le
sol se trouve très chargée de bicarbonate de
chaux qu'elle conserve en se mêlant aux
eaux de pluie qui se trouvent elles-mêmes
déjà très chargées de sels calcaires, magnésiens et ammoniacaux qu'elles ont pris en
traversant le sol. Or, les matières organiques
animales et végétales introduites par les
eaux de pluie, ainsi que les innombrables
végétaux microscopiques ou les animalcules
qui y naissent, vivent et meurent, réagissant
sur les sulfates alcalins et terreux qui s'y
trouvent, produisent des sulfures et de l'a-
cide sulphydrique qui donnent à l'eau une
couleur qui tire notablement sur le jaune, le
brun ou sur le vert, et laissent au palais une
saveur très désagréable.

3° L'eau de la Durance vient heureusement
modifier par sa filtration les défectuosités
que nous venons de signaler. Mais une cir-

constance particulière se présente, qu'il ne
faut pas oublier, pour juger sainement la
qualité de la masse totale d'eau. Nous avons
dit que l'eau souterraine renfermée dans les
terrains du bassin de Peyrolles n'avait presque pas d'écoulement ; que les montagnes de
la Trévaresse étendent leurs pieds sous le
sol jusque vers la rivière. Il est donc certain
que l'épaisseur du terrain entre la Trévaresse
et la Durance va en augmentant à mesure
qu'on approche de la rivière. Ce terrain étant
encore en pente vers la rivière, toutes les
eaux de pluie et les eaux de source s'y étendent naturellement et forment par là une
masse d'eau considérable dont la base s'ap-
puie contre les bords de la Durance. Mais
pour que les bords de la rivière opèrent leur
filtration il leur faut du vide en dehors ; or
il n'y en a pas puisque les eaux de pluie et
de source ont déjà envahi le terrain : donc
elles ne peuvent que se mettre en communication ensemble ; et si le niveau des eaux
souterraines est plus élevé que le niveau
d'eau de la Durance, c'est celle-ci qui en reçoit au lieu d'en donner, d'après cette loi de
l'hydrostatique que : toutes les parties d'un
même liquide sont en équilibre entre elles,
soit dans un seul vaisseau, soit dans plusieurs
qui communiquent ensemble. » Donc, il peut
très bien se faire, en raison de la différence
des deux niveaux, que ce soit la Durance qui
reçoive l'eau des terrains au lieu de leur en
fournir. Dans ce cas la filtration de la rivière
n'existerait pas et tous les systèmes basés
sur cette prétendue émission d'eau, ne pourrait s'établir. Et la chose doit être ainsi,
parce que la pente du terrain est vers la Durance et qu'ils sont plus élevés qu'elle-même. Encore une fois la rivière reçoit et ne
donne pas. Et c'est ce qui nous explique comment, sur cette rive, la Durance reçoit 45
mètres cubes d'eau à la seconde comme le
constate la statistique d'après les calculs et

observations de M. Toulouzan, bien qu'elle n'en reçoive que 5 à 6 par les ruisseaux et rivières.

En outre, il peut se faire que les graviers qui forment les bords de la Durance ne soient pas en état aujourd'hui d'opérer une filtration naturelle. Je vais l'expliquer. Les dépôts limoneux, terreux et calcaires que charie la Durance ne sont pas, dans le lit de la rivière, un obstacle à la filtration par ses bords, en raison du courant rapide qui entraîne ces matières et les empêche d'adhérer aux graviers contre lesquels elles glissent. Le contraire arrive dans les terrains aquifères qui bordent la Durance ; la pente naturelle des eaux souterraines est dirigée perpendiculairement contre les bords de la rivière, et, comme nous l'avons déjà dit, elles sont chargées de beaucoup de sels calcaires, magnésiens et ammoniacaux ; elles doivent donc, en faisant pression sur les parois extérieurs de la rivière, engraver les graviers des bords extérieurs, si les deux eaux sont encore en communication, ce que nous ne pensons pas, en considérant les tuffes voisins formés autrefois par la Durance quand son niveau était plus élevé. Les eaux souterraines, aussi chargées que celles de la Durance, ont dû produire à l'intérieur les mêmes effets que la rivière a produit sur ses bords. Il résulte de ce que nous venons de dire que la Durance pourrait très bien ne fournir aux terrains de sa rive gauche qu'un très mince contingent d'eau filtrée et que les eaux qui s'y trouvent ne soient que le produit des eaux pluviales et des eaux des sources de la Trévaresse. Si le fait que nous signalons est exact, et tout porte à le croire, il expliquerait les minces résultats que les ingénieurs ont obtenu en faisant des fouilles dans les graviers des bords de la rivière ; et de là tout projet de filtration établi sur les graviers des bords de la Durance deviendrait naturellement impossible.

6

Le cas étant vérifié et reconnu exact, il serait plus facile de déterminer approximativement le volume d'eau contenu dans ces terrains. Leur contenance, dans l'état actuel,
pourrait fournir pendant quelques semaines,
un écoulement de cinq à six mètres cubes à
la seconde. En cours d'exploitation, dans la
saison pluvieuse, de trois à quatre mètres cubes à la seconde ; et, dans la saison sèche, de
un à deux mètres cubes. Ce qui serait très
loin du chiffre supposé.

Une autre conséquence grave résulte encore de cet état de choses c'est, que si l'eau
souterraine n'est que faiblement mélangée
d'eau filtrée de la Durance, elle ne peut avoir
qu'une composition très défectueuse, en raison des causes d'altération que nous avons
déjà signalées; et surtout, parce qu'elle manque d'aération, c'est-à-dire d'oxygène, l'un
des plus graves défauts que puisse présenter
une eau. Ajoutons à cela que la couche de
terre qui la recouvre est très mince (3 à 4
mètres), qu'elle reçoit en plein la chaleur du
soleil, et l'on concevra facilement le travail
de végétation souterraine qui doit s'y opérer.
En effet, soumise qu'est cette eau aux fortes
chaleur des étés du midi, elle ne peut manquer de devenir le siége de réactions multiples
entre les sels solubles et les matières organiques et organisées, et de servir enfin de
milieu à une foule de végétaux et d'animaux
microscopiques qui y parcourent toutes les
phases de leur existence. On conçoit alors
que dans cet état l'eau se trouve à peu près
dénaturée; son odeur est désagréable, sa saveur fade, sa fraîcheur nulle ; enfin elle ne
possède aucun des caractères qui appartiennent aux eaux potables proprement dites.
L'usage des eaux ainsi altérées, et que nous
pouvons hardiment qualifier d'insalubres, a,
sur la santé publique, des conséquences dé-
plorables et bien dignes d'attirer l'attention
des personnes chargées de veiller au bien-

être des populations. Pour éviter de tomber
dans un pareil inconvénient, ayons donc soin
d'examiner sérieusement le procédé de M.
Prunier avant de le mettre à exécution, avec
les résultats qu'il doit donner.

Pour rendre ces considérations moins incomplètes, nous croyons devoir, à l'occasion
des eaux souterraines que l'on veut capter
dans les terrains de la rive gauche de la Durance, examiner l'influence que l'atmosphère
exerce sur les eaux. L'atmosphère, comme
réservoir purement mécanique, contribue à
diminuer dans les eaux les principes odorants qu'elles contiennent. En effet, lorsqu'elles sont en communication libre avec
l'atmosphère, les principes odorants qui sont
volatils, ont une tension qui les sollicite à se répandre dans l'espace aérien qui est au-dessus
d'eux. Les eaux odorantes tendent donc mécaniquement à perdre leur odeur, quand elles
sont exposées à l'air. D'un autre côté, les
eaux absorbent une certaine quantité de
l'oxygène atmosphérique : celui-ci a, en général, plus de tendance à s'unir aux éléments
des principes odorants qui peuvent être dans
les eaux que ces éléments n'ont de tendance
à rester unis entre eux ; par conséquent,
l'oxygène tend à les décompenser : il arrive
encore que dans les eaux qui contiennent des
sulfates et des matières organiques en dissolution, celles-ci peuvent réduire les sulfates en sulfures hydrogénés, si les eaux ne
peuvent absorber l'oxygène de l'atmosphère.

A toutes ces observations, M. Prunier ré-
pondra sans doute que l'écoulement des terrains une fois établi, l'eau mise en mouvement ne présentera plus les mêmes caractères de défectuosité, et que la première eau
écoulée, la Durance fournira par filtration
une eau claire, l'impide, à l'abri de tout reproche.

Et d'abord il n'est du tout certain que la
Durance émette des eaux filtrées dans les

terrains adjacents; il y a même lieu de penser le contraire comme nous l'avons déjà vu. Et puis, très probablement, les pieds des montagnes de la Trévaresse retiennent captives dans des bassins une partie des eaux souterraines et les empêchent d'avoir un écoulement facile et direct vers Pertuis. Mais supposons que ces obstacles, de nature à empêcher complètement le procédé Prunier, n'existent pas, nous avouons volontiers que, la première eau des terrains une fois écoulée, celle qui suivra après un écoulement régulier de quelques années peut-être, sera moins défectueuse; mais, elle le sera cependant beaucoup trop encore, les causes altérantes que nous avons déjà citées, agissant toujours sur une grande partie de la masse, l'eau filtrée de la Durance ne la modifiera que légèrement. Pour arriver à un résultat satisfaisant, il ne faudrait capter que l'eau filtrée de la Durance, si la filtration n'est pas devenue impossible.

Recherchons maintenant quelle peut-être la quantité approximative de l'eau renfermée dans les terrains aquifères de la rive gauche de la Durance.

Il est certain que les terrains sont aujourd'hui aussi pleins d'eau qu'ils peuvent l'être. Il est encore certain que la masse générale d'eau sera bien moins grande quand elle aura été soumise à une fourniture régulière de 10 mètres cubes à la seconde. Il est encore certain que les contingents d'eau de pluie, d'eau des sources, d'eau filtrée de la Durance, seront, tous trois, moindres dans la saison sèche où les pluies sont rares, les sources moins abondantes, et le niveau de la rivière plus bas. Si donc, à notre estime, ces contingents divers fournissent, dans la saison pluvieuse, 6 mètres cubes à la seconde, on peut affirmer qu'ils n'en donneront pas trois, dans la saison sèche.

Pour avoir approximativement le volume

d'eau que ces terrains contiennent, il faudrait d'abord faire un certain nombre de puits sur la surface du terrain à exploiter ; vérifier les différentes hauteurs d'eau, en été et en hiver, et en prendre la moyenne. De cette façon, on pourrait apprécier le volume d'eau que ces terrains peuvent fournir dans le cours d'une année.

Le programme imposé à M. Prunier par M. Pascal, de creuser deux puits pour constater d'abord le débit réalisé par chacun d'eux et ensuite la différence qui existera entre le niveau que les eaux atteindront dans l'intérieur des puits et celui des eaux de la rivière en face de ces puits, n'est pas rationnel, puisque ces terrains ne renferment pas seulement l'eau filtrée de la rivière, mais bien encore celle des pluies tombées sur le sol, et celle des sources de la Trévaresse qui vient souterrainement se joindre à la masse. On a donc commis une grande erreur dans ce point du programme, faute de ne s'être pas bien rendu compte de ces terrains et des différents contingents d'eau qu'ils reçoivent. D'où il résultera nécessairement que le niveau d'eau d'un des puits de M. Prunier peut très bien se trouver supérieur au niveau de la rivière, puisque ce n'est pas seulement l'eau filtrée qui le lui fournira. Nous allons même plus loin et nous disons que, sans le concours de la Durance, le puits de M. Prunier, placé en certain endroit, peut fournir un niveau d'eau supérieur à celui de la rivière, puisque les eaux souterraines ne sont pas entièrement le produit de la filtration de la Durance. Le programme de M. l'ingénieur en chef nous semble manquer de justesse, appuyé qu'il est sur une base erronée : l'imbibition de ces terrains par l'eau filtrée de la rivière.

Il reste maintenant à statuer sur la composition chimique des eaux que l'on se propose de tirer des terrains qui avoisinent la rive gauche de la Durance. Cette analyse n'a pas encore été faite par l'administration ; il nous semble cependant que c'est par là qu'il fallait commencer pour ne pas être exposé à une déception qui pourrait coûter cher. Les considérations diverses que nous avons déjà exposées indiquent que la composition de cette eau est complètement défectueuse, qu'elle est loin d'être hygiénique et de pouvoir être acceptée comme eau potable. Mais autant elle est peu propre à la boisson, aux usages domestiques et aux besoins de l'industrie, autant elle est favorable à l'agriculture par la quantité considérable de sels calcaires, magnésiens et ammoniacaux qu'elle contient.

Pour compléter l'examen de l'intéressante question qui vient de nous occuper, nous croyons devoir la considérer à un autre point de vue et rechercher si l'entreprise de M. Prunier n'est pas de nature à causer un grave préjudice aux communes limitrophes de la rive gauche de la Durance ; car il ne faut pas que, pour l'intérêt de la ville de Marseille, on fasse tort à toutes les communes de la rive gauche.

Un arrêté de M. le sénateur chargé de l'administration du département, du 10 juillet, prescrit la mise à l'enquête du projet de décret à intervenir pour concéder les deux mètres vingt cinq centimètres cubes d'eau supplémentaire à dériver par le canal existant, et régler les conditions de la prise d'eau.

Cette enquête qui a dû durer quinze jours, du 1er au 15 août, a été ouverte dans les communes de Meyrargues, le Puy-Sainte-Réparade, Saint-Estève-Janson, la Roque-d'Antéron, Charleval, Mallemort, Sénas, Orgon, Saint-Andéol, Cabannes, Noves, Châteaurenard, Rognonas et Barbentane, situées sur la rive gauche de la Durance, en aval de la prise de notre canal et qui jouissent de diverses concessions de la Durance.

Il y a lieu d'espérer que cette enquête n'a soulevé aucune difficulté, et que le volume d'eau supplémentaire demandé pourra être très prochainement accordé à la ville de Marseille. Cependant il en résulte une des plus graves de la mise à l'exécution du procédé Prunier, que nous allons exposer.

Tout le monde sait, par les calculs relatés dans la statistique, d'après les opérations de M. Toulouzan, que la Durance reçoit de la rive gauche, depuis Cante-Perdrix à Pertuis, environ quinze mètres cubes d'eau. Or, les quelques rivières et ruisseaux qui se jettent en cet endroit, ne constituent pas plus de cinq mètres cubes; il faut donc que l'excédant de ce dernier chiffre soit fourni souterrainement à la Durance. Maintenant, n'est-il pas à craindre que le procédé Prunier, donnant un cours forcé à cette eau souterraine, la Durance ne reçoive plus que cinq ou six mètres cubes au lieu d'en recevoir quinze ; ce serait un fait grave pour les communes précitées ; car s'il y a eu lieu d'examiner si la soustraction de deux mètres vingt-cinq ne leur ferait pas tort, à plus forte raison celui des dix mètres cubes que le procédé Prunier espère tirer des terrains de la rive gauche, et dont l'écoulement se fait aujourd'hui dans la Durance, nécessite une enquête nouvelle bien plus importante que la première.

Encore une autre considération des plus graves. Il est à présumer que si, contre toute attente, le procédé Prunier réussit à tirer l'eau souterraine de ces terrains par la pente naturelle vers Pertuis, plusieurs terres trop abreuvées seront desséchées et recevront par là de la plus-value ; mais, d'un autre côté, n'est-il pas à craindre que celles qui n'ont pas trop d'eau ce qu'elles en ont, et, par le manque d'humidité, ne se voient vouées à la sécheresse et à l'aridité. Pour leur rendre la fécondité, il faudra alors établir de nouveaux canaux d'irrigation, comme déjà on a été obligé de le faire par un canal détourné de la Durance, pour arroser la partie inférieure de la vallée de Saint-Canadet. Ce serait donc s'exposer, si l'on autorise une pareille entreprise, à faire bientôt un désert d'un des bassins les plus beaux et les plus riches de la Durance, bassin qui s'étend en longueur depuis le défilé de Mirabeau jusqu'à Saint-Etienne-le-Janson sur un espace de deux myriamètres.

Les terres qui s'étendent en amont de notre prise subiraient également, dans ce cas, de graves préjudices; car bien que les eaux souterraines des terrains de la rive gauche se trouvent coercées dans le bassin de Peyrolles, retenues qu'elles sont entre la Trévaresse et la Durance, il n'en est pas moins vrai qu'une partie de ces eaux s'écoulent, ajourd'hui, dans le bassin de Sénas et de Saint-Remy, où tout en entretenant les paluns qui n'ont pas encore disparu, elles contribuent aussi à fertiliser dans ces parages de nombreux terroirs. Mais que le procédé Prunier capte toutes ces eaux vers Pertuis, il arrivera inévitablement que les terres en aval et en amont souffriront considérablement du barrage de ces eaux pour alimenter le canal de Marseille.

Nous aimons à penser que M. le sénateur, chargé de l'administration générale du département, s'empressera d'ordonner une enquête sur les graves inconvénients que nous venons de signaler, lesquels s'ils sont exacts, comme nous le pensons, sont de nature à faire rejeter le projet Prunier. Quand nous arriverons, dans le travail que nous publions dans le *Messager de Provence*, sur les eaux de Marseille et du département, nous espérons démontrer, d'une manière irrécusable, que le département renferme des masses énormes d'eaux potables plus que suffisantes pour alimenter Marseille et les autres villes des Bouches-du-Rhône, sans se jeter dans des dépenses excessive et hasardées.

Nous laissons à qui de droit le soin de vérifier l'exactitude des faits et des observations que nous avons signalés dans ce travail, et nous déclarons n'avoir eu en vue qu'une seule chose : préserver Marseille des suites funestes d'une entreprise que nous trouvons au moins hasardée et téméraire.

CLASSIFICATION DES EAUX

d'après leurs propriétés et la nature des corps qu'ils tiennent en dissolution.

Les classifications qu'on a faites des eaux naturelles sont naturellement fondées sur les usages de ces eaux plutôt que sur leur composition chimique ; nous ne les accepterons donc pas comme classification scientifique, mais comme indiquant les usages auxquels elles sont employées.

On distingue les eaux en deux grandes divisions : la première comprend les eaux du ciel, les eaux douces des fleuves, des rivières, des sources, des fontaines qui ne contiennent que de petites quantités de matières salines ; on leur a donné le nom d'*eaux pures*, d'*eaux économiques*, d'*eaux potables ;* la deuxième division comprend les eaux que l'on n'emploie pas dans l'économie domestique. Nous empruntons à l'*Annuaire des eaux de la France* l'exposé fidèle des caractères propres aux bonnes eaux potables :

« On admet qu'une eau peut être considérée comme bonne et potable quand elle est fraîche, limpide, sans odeur ; quand sa saveur est très faible, qu'elle n'est surtout ni désagréable, ni fade, ni salée, ni douceâtre ; quand elle contient peu de matières étrangères ; quand elle renferme suffisamment d'air en dissolution ; quand elle dissout le savon sans former de grumeaux, et qu'elle cuit bien les légumes.

« Une faible proportion d'acide carbonique donne une légère limpidité à l'eau et la rend plus agréable, en même temps qu'elle facilite les fonctions digestives par une légère excitation. Sa présence dans une eau, même en petite quantité, peut donc être regardée comme utile. Tous les auteurs admettent, en outre, qu'une eau de bonne qualité doit contenir de l'air en dissolution ; plusieurs ont avancé que c'est particulièrement l'oxygène dont l'influence est favorable, et ont même attribué à son absence dans les eaux provenant de la fonte des neiges certaines maladies plus particulièrement endémiques aux vallées montagneuses.

« Sauf de très rares exceptions, les eaux qui tiennent en dissolution une proportion notable de matières organiques se putréfient vite et acquièrent des propriétés nuisibles. Il est bien évident que les diarrhées, les dyssenteries et d'autres maladies aiguës ou chroniques ont été endémiquement déterminées par l'usage, continué quelque temps, d'eau de mares, de marais ou de puits, tenant des proportions trop grandes de matières organiques altérées, soit en suspension, soit en dissolution. On admet donc comme un résultat général d'observation que, toutes choses égales, moins une eau potable contient de matières organiques, meilleure elle est.

« Les eaux qui contiennent des proportions élevées de matières fixes en dissolution ont presque toutes une saveur désagréable, une action purgative prononcée ou une action altérante, nuisible sur l'ensemble de la nutrition. Une eau peut contenir un demi-millième environ de certaines matières fixes que nous indiquerons plus loin et être considérée encore comme eau potable de bonne qualité. Mais voilà à peu près la limite d'impureté qu'une eau peut atteindre sans inconvénient. La plupart des eaux potables de bonne qualité, et en particulier les eaux des fleuves et des rivières, contiennent de un à deux dix millièmes de matières salines. »

La plupart des auteurs qui se sont occupés des qualités hygiéniques des eaux pensent qu'une eau potable est d'autant meilleure qu'elle se rapproche le plus de l'état de pureté, et que les seules substances étrangères à l'eau qui sont nécessaires pour en faire une eau potable d'excellente qualité, sont l'air et l'acide qu'elle doit tenir en dissolution ; d'autres personnes soutiennent, au contraire, que certaines matières en petite proportion sont tout à fait nécessaires, non-seulement à la limpidité, mais encore à la bonne qualité des eaux. Nous résoudrons cette question au prochain article de la monographie des eaux potables, en appréciant l'influence des chlorures, bromures, iodures, des sulfates, des azotates, des sels calcaires et magnésiens sur la qualité des eaux.

Examen des eaux naturelles.

L'examen des eaux est d'une si grande importance pour les sciences naturelles, que nous croyons devoir exposer ici les observations et les expériences qu'il est nécessaire de faire, lorsqu'on veut avoir des connaissances précises sur la composition d'une eau naturelle quelconque.

Examen physique des eaux.

Il faut commencer l'examen des eaux par celui de leurs propriétés physiques.

Couleur. — Les eaux sont presque toujours, sous un petit volume, variant du bleu au vert d'herbe, et à l'olivâtre quand elles sont en grande masse ; car, parmi les substances qui s'y trouvent, on ne connaît guère que les sulfates de fer et le sulfate de cuivre qui peuvent les colorer ; les premiers en verdâtres et en jaunâtres, suivant l'état d'oxydation du fer ; le dernier en bleuâtre. Mais faisons observer que ces sels ne sont pas très communs dans les eaux, et qu'ils peuvent y exister sans les colorer, lorsqu'ils y sont en faible quantité. Ajoutons que les substances organiques colorent quelquefois les eaux en jaunâtre et en brun ; souvent cette dernière couleur est le résultat de l'action de l'acide gallique sur les oxydes de fer ; l'acide galli- que provient d'écorces ou de feuilles tombées dans les eaux, et les oxydes de fer, du sol baigné par les eaux.

L'absence de couleur dans une eau douce est déjà un indice qu'elle ne contient pas de matières étrangères, principalement de nature organique. Une teinte verdâtre plus ou moins prononcée annonce l'existence de végétaux cryptogamiques en voie de formation, tel est le cas de beaucoup d'eaux stagnantes, comme celle des mares.

Transparence. — La plupart des eaux sont transparentes ; quand elles ne le sont pas, c'est par une cause qui n'agit que momentanément. Ainsi, des matières argileuses ou calcaires, enlevées à un sol meuble par des eaux en mouvement, en attirent la limpidité ; mais ces eaux, par le repos, reprennent leur transparence, parce que les parties suspendues se précipitent. Des eaux sulfureuses qui sortent très limpides du sein de la terre déposent du soufre par le contact de l'air et deviennent laiteuse. Ces eaux de sources contenant du sous-carbonate de fer et de chaux, se troublent lorsqu'elles perdent l'acide qui tenait ces sels en dissolution.

Enfin les matières organiques rendent ces eaux plus ou moins opaques en s'y décomposant ; les eaux troublées par cette cause sont celles qui mettent le plus de temps pour s'éclaircir.

Les eaux douces qui sont dans un repos à peu près absolu, dans les lacs et les étangs par exemple, ou bien encore celles qui coulent sur un radier siliceux et après une succession de beaux jours, présentent une limpidité parfaite.

Les eaux douces de sources qui jaillissent des roches sont remarquables par leur limpidité, et conservent généralement cette transparence à toutes les époques de l'année. Celles au contraire qui se font jour à travers les terrains sédimentaires sont assez souvent louches, et ce défaut de limpidité a lieu surtout au moment des orages. Ce résultat s'explique, parce que les eaux des sources qui proviennent des terrains argileux et crayeux sont plus sujettes que les premières à recevoir les infiltrations d'eaux pluviales qui ont déjà détrempé le sol avant de pénétrer dans les couches inférieures.

Odeur. — Les eaux douces en général, lorsqu'elles ont toutes leurs parties continuellement en présence de l'air, n'ont pas d'odeur appréciable. Telles sont les eaux courantes de ruisseaux, de rivières et de fleuves, de pluie et de neige.

Les eaux douces de sources n'ont pas également d'odeur prononcée.

Celles au contraire qui n'ont pas d'écoulement, et surtout dans lesquelles existent des matières organiques, minérales et végétales comme certaines eaux de puits, de citernes et surtout de marais, possèdent le plus souvent une odeur nauséabonde, qui provient de l'acide sulfidrique ou des sulfures. Les matières organiques, en réagissant sur les sulfates alcalins et terreux dissous, produisent d'abord des sulfures qui, au contact de l'air, se décomposent en mettant en liberté de l'acide sulfidrique ; les meilleures eaux douces, conservées pendant quelque temps dans des vases, développent insensiblement une odeur forte, désagréable, tout à fait en rapport avec la quantité de matière organique qu'elles renferment.

Saveur. — Les eaux qui se rapprochent de l'eau pure n'ont pas de saveur que l'on puisse définir. Mais celles qui contiennent de l'acide hydrosurfurique ont un goût de soufre ; celles qui contiennent de l'acide carbonique libre ont une saveur acidulée. Les substances qui ont le plus d'influence pour donner de la saveur aux eaux, sont le sulfate de magnésie qui les rend amères, le chlorure de sodium qui les rend salées, le sel de fer qui les rend styptiques ; le sulfate de cuivre qui leur imprime une saveur styptique nauséabonde, le sulfate d'alumine qui leur imprime une saveur sucrée et astringente.

Si le goût est déjà un indice certain pour s'assurer de la pureté d'une eau douce, il devient insuffisant lorsqu'il s'agit de savoir si elle est ou non potable.

Une saveur fade et désagréable est une première preuve que l'eau douce contient des substances étrangères, principalement organiques et en voie d'altération, ou bien encore qu'elle est peu aérée. Dans cette condition, elle ne peut servir à la plupart des usages de la vie.

Pour qu'une eau soit potable, il faut qu'elle ait une saveur franche et qu'elle ne laisse pas de mauvais goût au palais. Ainsi que l'a très bien dit Dupasquier, une saveur piquante n'est pas un signe d'impureté : « Une eau peut être rendue piquante par une grande quantité d'acide carbonique, et être cependant très propre à servir de boisson ordinaire, quoiqu'elle ne convienne pas à tous les usages du ménage. Les habitants des pays où existent des eaux acidules gazeuses, en font un usage habituel, sans le moindre inconvénient et même avec des avantages notables.

Certains sels peuvent se rencontrer dans une eau douce en quantité assez grande, sans que le goût parvienne à le déceler. Nous citerons les eaux séléniteuses, qui n'ont pas une saveur assez prononcée, et qui cependant, on le sait, sont peu propres aux usages ordinaires de la vie. Le bicarbonate de chaux lui-même, que les hydrologues s'accordent à considérer comme l'élément essentiel des meilleures eaux potables, ne leur communique pas une saveur sensiblement appréciable. A part l'odeur désagréable, l'analyse chimique est dans ces circonstances un guide plus sûr pour s'assurer de la qualité d'une eau douce

Onctuosité. — L'onctuosité est la propriété que possèdent quelques eaux de produire sur l'épiderme et par le toucher une sensation comme graisseuse ou glaireuse.

Ce caractère fait constamment défaut dans les eaux douces courantes. Les eaux des mares et celles qui renferment des substances animales et végétales en voie de décomposition, sont quelquefois onctueuses et ont perdu par cela même une partie des propriétés fondamentales que nous venons d'indiquer.

Densité. — Les eaux douces en général, en raison de la minime proportion des matières salines qu'elles renferment par rapport à la masse du liquide ont, à la température normale de $15° + 0$ et sous la pression de 0 m. 760, une pesanteur spécifique très peu différente de celle de l'eau distillée. L'eau de Seine, par exemple, n'accuse pas avec la balance une différence de plus d'un demi-milligramme par litre.

Des expériences tentées dans le but de connaître la pesanteur spécifique des eaux à toutes les époques de l'année, par M. Marchand, il résulte qu'en été, les eaux douces de fontaines, ramenées à la température normale de $15°$ sont plus denses qu'en hiver, ce qui le conduit à admettre que pendant l'été la proportion des matières salines est à son maximum.

Poids spécifique des eaux. — Pour le déterminer on prend un flacon bouché à l'éme-

ri, dont le col est étroit, et dont la capacité
est de 25 à 30 centimètres cubiques. On le
remplit de l'eau que l'on veut examiner ; on
le bouche, en ayant soin de ne pas laisser
d'air entre le bouchon et le liquide ; on le
met en équilibre dans une balance ; on le
vide ; on le sèche intérieurement ; on le re-
met dans la balance, et on ajoute des poids,
jusqu'à ce que l'équilibre soit rétabli. On a
ainsi le poids de l'eau. On remplit le même
flacon d'eau distillée, ayant la même température que l'eau naturelle ; on en prend le
poids avec les mêmes précautions que celui
de la première eau ; puis on divise le premier poids par le second. Le quotient exprime le poids spécifique de l'eau naturelle.

Température. — Le degré de température des eaux douces est en raison directe
du milieu dans lequel elles sont placées, de
la profondeur du sol d'où elles viennent, de
la nature du terrain qu'elles traversent, du
temps qu'elles mettent pour arriver à l'air,
et enfin de leur volume.

Les eaux douces ont une température variable depuis le 0° du thermomètre centigrade jusqu'au 28° ou 30° degré de l'échelle de
cet instrument.

C'est en absorbant les rayons calorifiques
et frigorifiques que les eaux qui s'épanchent
à la surface du sol ou bien qui sont dissémi-
nées à l'état liquide dans l'atmosphère, acquièrent tous les degrés intermédiaires entre
les points extrêmes que nous venons d'indiquer, et cela se comprend, puisqu'elles subissent toujours l'influence de l'air am-
biant.

Les eaux douces de sources qui ne reçoivent les eaux d'infiltration qu'à des profondeurs assez grandes de leur point d'émergence, ont en général une température constante pour toutes les époques de l'année.

Les eaux dormantes, considérées dans toute l'étendue de leur masse, absorbent le calorique rayonnant plus lentement et d'une manière moins uniforme que les eaux courantes ; mais ces dernières le perdent plus facilement. Tout le monde sait que pendant l'été les eaux des lacs ou des rivières qui ont un faible écoulement sont plus froides, si on en excepte la couche superficielle, que les eaux des grandes rivières et des fleuves ; et que pendant l'hiver les eaux qui coulent sur le sol dégèlent avant celles des lacs, des étangs et des mares. Voici l'explication de ce phénomène :

L'eau en repos absorbe à sa partie supérieure une certaine quantité de calorique. Celui-ci se communique de haut en bas et de proche en proche, jusqu'à une profondeur variable, suivant l'état de l'atmosphère. L'eau, plus échauffée à sa superficie qu'au fond, se maintient dans cet état jusqu'à ce que le changement des saisons ou toute autre cause vienne rétablir l'équilibre : il suffit de plonger un thermomètre à la partie supérieure et à la partie inférieure de ces amas d'eau pour s'apercevoir de suite qu'il existe une différence assez grande dans le degré de température.

On ne prend, en général, la température des eaux que quand celles-ci sortent de la terre. C'est surtout la température des eaux qui servent à la médecine, que l'on doit s'attacher à bien connaître. On la détermine en y tenant un thermomètre plongé jusqu'au sommet de la colonne de mercure, pendant un temps suffisant pour que la colonne reste constante. On doit faire cette observation à l'ombre, et la répéter dans le même temps sur un thermomètre placé dans l'air et pareillement dans l'ombre. Il est bon de faire les observations une demi-heure avant le lever du soleil, à deux heures de l'après-midi, et au soleil couchant et de les ré-

péter dans les diverses saisons de l'année.

Enfin, il existe d'autres observations à faire, pour que l'examen des eaux soit complet. Ces observations sont relatives à la situation géographique et géognostique du lieu où se trouvent les eaux; à la nature des corps qui sont en contact avec elles; au mouvement de ces eaux ou à leur état de repos; à leur volume. Si elles sourdent de la terre, on doit décrire tous les phénomènes qu'elles présentent, tels que le dégagement d'un gaz, le dépôt d'une matière sulfureuse, calcaire, silicieuse, ferrugineuse ou organique. On doit aussi faire mention des êtres organisés qui peuvent vivre dans les eaux.

Nous traiterons plus loin l'examen chimique des eaux douces.

Avant de déterminer, d'une manière précise, les caractères des eaux potables sous le rapport hygiénique et industriel, nous allons aborder ces trois importantes questions, qu'il importe de résoudre tout d'abord avant de passer à l'explication des principes que nous n'avons encore établis que succinctement.

LES EAUX SOUTERRAINES DU DÉPARTEMENT.

Première question. — Le département des Bouches-du-Rhône possède-t-il des terrains aquifères contenant des eaux potables telles que l'on puisse raisonnablement y recourir pour alimenter la ville de Marseille et son territoire ? Qu'elles sont en général leurs qualités, leur origine ? Sont-elles le produit de réservoirs souterrains, ou ne sont-elles pas simplement, comme Bernard de Palissy l'a pensé de la généralité des sources, le produit des eaux pluviales tombées sur les montagnes nombreuses du département ? Enfin qu'elle en peut être la quantité approximative ?

Deuxième question. — Que faut-il penser de la permanence des eaux de source, et, en particulier, de celles des Bouches-du-Rhône?

Troisième question. — Les eaux de source sont-elles généralement préférables aux eaux de rivières ; ou bien ces dernières doivent-elles être recherchées, de préférence, pour l'alimentation des villes ?

Telles sont les graves questions que nous allons essayer de résoudre, en nous appuyant sur l'expérience et sur les opinions de la science actuelle en France, en Angleterre et en Belgique.

Terrains aquifères du département contenant

des quantités immenses d'eau potable.

Le département des Bouches-du-Rhône est abondamment fourni d'eaux de source et d'eaux souterraines. Pour s'en convaincre, il suffit de jeter un coup d'œil sur la topographie des Bouches-du-Rhône et de voir que la majeure partie du département est couverte de montagnes. Or, comme les montagnes reçoivent généralement plus d'eau pluviale que les plaines, le pays, en raison de sa constitution géologique, doit être abondamment fourni d'eau. Et il l'est, en effet, car en remontant vers le nord du département, on rencontre d'abord la chaîne de la Trévaresse, dont le versant nord déverse dans la Durance des eaux abondantes de source par les vallées de la Durance, de Peyrolles, de Meyrargues, de Saint-Canadet et de Sainte-Réparade, en telle quantité que cette rivière reçoit sur ce point 15 mètres cubes d'eau à la seconde, sans y comprendre les eaux plus considérables de la rive droite. C'est la statistique elle-même du département qui en fait foi, d'après les calculs et les appréciations faites par l'ordre de M. le comte de Villeneuve, préfet des Bouches-du-Rhône. De la même direction, arrivent encore d'autres quantités d'eau considérables partant du vallon où la Touloubre prend sa source, s'acheminant assez directement vers le lit de la Durance, pour se confondre avec cette rivière. Cet apport considérable pourrait être facilement réuni à celui des sources de la Trévaresse, et être conduit vers le sud du département.

Si, de plus, on monte vers Peyrolles, on trouve du côté de Jouques, la source de la Tréconade, dont les eaux sont si abondantes que les Romains les dirigèrent sur Aix par un canal souterrain dont on voit encore les ruines sur plusieurs points de son parcours. Enfin, si l'on avance de Peyrolles au pont de Mirabeau, on rencontre également, dans cette direction, plusieurs autres sources qui donnent naissance à plusieurs ruisseaux, et qui toutes cheminent vers Pertuis. Voilà, certes, des masses énormes d'eau qui, réunies, formeraient un contingent fort respectable qu'on pourrait diriger facilement sur la tête du canal, et qui suffiraient très probablement à alimenter Marseille et son territoire, sans priver les habitants de cette région de l'eau qui leur est nécessaire.

Je vais même plus loin et je dis qu'en adoptant cette mesure on donnerait une plus value considérable aux terrains qui bordent la Durance, depuis Mirabeau jusqu'à Pertuis, en leur enlevant, sur certain point, la trop grande quantité d'eau qui les noie. Mais c'est surtout St-Remy et son territoire qui y gagneraient considérablement, car on ne peut pas se dissimuler que les marais et les étangs que l'on n'a pas réussi jusqu'ici à dessécher, ne sont entretenus que par les eaux qui s'écou-

lent souterrainement des terrains supérieurs
des bords de la Durance aux environs de St-
Rémy. Donc, en captant toutes ces eaux dont
nous venons de parler et en les dirigeant
convenablement, on ne ferait pas seulement
l'affaire de Marseille, mais on donnerait une
plus-value considérable à toute cette région
du nord qui borde la Durance. Quant à l'eau
filtrée de la Durance que reçoivent les terrains les plus voisins de la rivière, qui em-
pêcherait de la diriger, seule, et de la laisser
couler naturellement dans le canal, sans
faire tous ces travaux d'art qui ont été déjà
proposés et qui ne sont pas nécessaires pour
tirer un immense parti de ce territoire presque improductif.

Mais les versants de la chaîne de la Trévaresse ne sont pas les seuls endroits où l'on
puisse capter facilement de grandes masses
d'eau ; le bassin de Cuges, plus rapproché de
Marseille, pourrait à lui seul fournir toute
l'eau dont nous avons besoin. Ce bassin, qui
n'a qu'une demi lieue de diamètre et d'une
forme à peu près circulaire, est entouré complètement par les embranchements des montagnes de la Ste-Baume, qui forment des vallons étroits et sinueux dont les eaux se rendent toutes dans le bassin où elles se ramas-
sent dans le S. O., au pied même de la montagne, dans des paluns ou marais. Ces eaux
s'écoulent ensuite lentement par les creux ou
fentes des rochers, au devant desquels on a
creusé des fossés et amassé des pierres sèches, d'un côté, pour faciliter l'écoulement,
et de l'autre, pour retenir la vase et empêcher qu'elle n'obstrue l'ouverture des embus
ou entonnoirs.

Le bassin de Cuges est un terrain exhaussé
par les alluvions des torrents, il n'offre qu'un
sol maigre, peu adhérent et rempli de débris
calcaires. Une ceinture de rochers l'entoure
sans interruption et ne laisse que quelques
passages étroits aux torrents qui se rendent

dans le bassin. Les vallons de ces torrents sont tortueux et ont cela de particulier, qu'ils s'élargissent à mesure qu'ils montent; ils aboutissent à des plateaux ou à de longues vallées, telles que la plaine de Cuges et la vallée de Juilhans.

La branche de Roussargue, l'une des branches de la Ste-Baume, court en général N. et S. ; mais ses rameaux vont en divergeant sur les bords de l'Huveaune. Ses plus hauts sommets sont le Roussargue, la Lare, la Roque-Fourcade et le baou de Bretagne qui est le point culminant. Ces deux derniers sommets ne sont pas dans le département. La ligne des limites passe même à l'O. de Roque-Fourcade, dans un ravin qui va se rendre dans le vallon de St-Pons. Ce ravin prend naissance dans une crête transversale qui lie le sommet de Roque-Fourcade à ceux de Bassan, et qui se termine par les collines de St-Clair et de St-Jean le Garguier. Là, se trouve le partage des eaux : elles se dirigent, une partie au N. et au N.-O. dans le territoire d'Auriol, par les vallons de Vide, de l'Infernet et de la Platrière ; et une autre partie au S.-O. dans le territoire de Roquevaire et d'Aubagne, par les vallons de Bassan, de Riou, de St-Clair et de St-Jean le Garguier.

Ce sont ces dernières eaux que je propose de capter pour la ville de Marseille au lieu de les laisser se perdre souterrainement à Gémenos, dans le territoire d'Aubagne, n'ayant d'issue bien connue que celle du port Miou par laquelle elles se déversent avec impétuosité dans la mer, en quantité considérable par une ouverture de deux mètres carrés qui suffit à peine à sa sortie. Il est plus que probable qu'après des études convenables de ces eaux souterraines et de leur marche, on arriverait à les réunir sur un point favorable qui permettrait de les conduire à Marseille.

Il est certain que jusqu'ici on n'a pas tiré tout le parti possible pour l'alimentation de

Marseille, des eaux qui viennent de la Sainte-Baume. Les vastes versants des montagnes qui avoisinent Aubagne sont sillonnés de sources considérables d'eaux limpides qu'il serait facile de capter. Cette idée a été longtemps caressée par M. de Chanterac, le docteur Cauvière et par M. Zola qui proposa de fournir à la ville, par ces sources, deux mètres cubes à la seconde. Mais c'était à l'époque où l'on travaillait à obtenir l'autorisation du canal, et le préfet, M. de la Coste, s'y refusa, jugeant la proposition de M. Zola intempestive et dangereuse ; aussi plus tard, le mémoire, avec le plan topographique, n'a-t-il pu être retrouvé dans les archives. C'est ainsi que tous les ouvrages sur les eaux de Marseille ont, depuis 40 ans, également disparu de la bibliothèque de la ville. Que sont devenus ces documents précieux ? Pourquoi n'ont-ils pas été remis à leur place, pour être consultés au besoin, puisque l'importante question des eaux de Marseille n'est pas encore résolue (1) ?

Les intentions de M. Cauvière n'étaient pas les mêmes que celles de M. Zola ; il voulait utiliser un volume d'eau considérable qui se perd par des failles de calcaire à environ 600 mètres d'Aubagne. Enfin, des recherches plus modernes ont permis de constater que, lors de la construction du chemin de fer, on rencontra, près d'Aubagne, un trou dans lequel on jeta des remblais pendant longtemps sans avoir jamais pu le combler. On entendait par ce trou, le bruit d'une eau courante considérable. On constate, en outre, sur le versant

---

(1) L'absence de ces ouvrages et de beaucoup d'autres vient, nous a-t-on dit, de ce que MM. les chefs de services divers prennent de la bibliothèque les livres qui leur conviennent et les gardent aussi longtemps que bon leur semble.

d'une montagne près de cette même ville, le passage d'une source considérable, souterraine, dont on entend rouler l'eau avec grand bruit.

Il résulte de ce que nous venons de dire que les eaux de la Ste-Baume qui arrivent vers Roquevaire et Aubagne pourraient être utilisées au profit de Marseille et que, au moyen de recherches et de travaux qui ne seraient pas considérables, on augmenterait facilement encore le volume des eaux qui viennent souterrainement presque jusqu'à nos portes. Il ne serait pas moins facile, d'un autre côté, en prenant les mêmes soins, d'augmenter considérablement le cours d'eau de l'Huveaune. C'est probablement l'idée de M. Zola quand il proposa à la ville de tirer de l'Huveaune deux mètres à la seconde. En effet, la vallée de l'Huveaune commence dans le département du Var par un ruisseau qui vient du revers septentrional de la Ste-Baume entre Nans et St-Zacharie : les sources de ce ruisseau qui sera bientôt la rivière qui porte le nom d'Huveaune, paraissent être produites par les eaux mêmes du plan d'Aups qui s'écoulent par des issues souterraines. Arrivée à St-Zacharie, l'Huveaune s'accroit d'une multitude de sources qui viennent du côté de la Ste-Baume et de plusieurs ruisseaux qui tombent des ramifications de l'Olympe et de Regagnas. Les plus considérables sont celui de Vède qui vient de la Lare, et celui qui vient de l'hermitage de Saint-Jean-de-Trets. Après avoir coulé à Auriol, elle forme le Marlançon, ruisseau considérable qui est le dégorgeoir de toutes les eaux du plateau de la Pomme. Après s'être élargie à Roquevaire, elle arrose le territoire d'Aubagne et de Gémenos et vient décharger ses eaux entre Mont-Redon et le Gros-Cap. Ce simple exposé suffit pour démontrer qu'il serait facile d'augmenter le cours de l'Huveaune.

Il est vrai de dire que de toutes les rivières

de la Provence, l'Huveaune est celle qui est
la plus chargée de cette matière calcaire qui
donne à ses eaux une qualité pétrifiante dont
les effets sont aussi prompts qu'étendus ;
mais cette disposition particulière pourrait
être modifiée si l'on voulait sérieusement
fournir Marseille d'une quantité d'eau plus
considérable que celle qui nous arrive aujour-
d'hui. Il ne serait donc pas impossible, d'a-
près ce que nous venons de dire, d'alimenter
Marseille au moyen des eaux venant de la
Ste-Baume.

On objectera sans doute que Marseille a
déjà son canal et qu'il ne peut pas en entreprendre un second. Voyons s'il n'y a rien à
répliquer à cette objection.

Marseille, il est vrai, a déjà un canal qui
lui amène l'eau de la Durance ; mais par
malheur cette eau n'est pas toujours convenable et il n'y a guère lieu d'espérer qu'on
arrive jamais à convertir en eau limpide et
saine, l'eau bourbeuse et malsaine de cette
rivière. Si donc on ne réussit pas, ce qui est
probable, à opérer cette transformation, il
faudra bien recourir à une autre eau ; et
qu'elle autre est plus à notre portée que celle
que je viens de signaler ? Moyennant un aqueduc souterrain de quelques kilomètres, nous
pouvons capter ces eaux et les mener dans
nos murs, avec une condition précieuse de
température, de 10° à 12°, c'est-à-dire, d'être
fraîches en été et tempérées en hiver ; tandis
que les eaux du canal sont tout le contraire :
chaudes en été et très-froides en hiver. Or,
n'oublions pas que de toutes les questions à
considérer, relativement à l'emploi hygiénique des eaux potables, aucune n'est plus importante que celle de leur température. Les
meilleures eaux, dit Hippocrate, sont chaudes
en hiver et froides en été.

Mais, dira-t-on, que faire alors du canal ?
Employer l'eau qu'il nous fournit, répon-
drons-nous, aux besoins de l'agriculture, de

l'industrie, comme force mécanique, aux arrosages et à tous les autres besoins de propreté dans Marseille.

Indépendamment des eaux de la Trévaresse et de la Ste-Baume, l'une et l'autre plus que suffisantes pour alimenter Marseille, on pourrait encore recueillir, du bassin même de Marseille, un volume d'eau, sinon égal aux deux précédents, du moins fort respectable, et que j'estime pouvoir être porté à deux ou trois mètres cubes à la seconde. Nous allons essayer d'établir cette proposition sur des données à peu près certaines, en faisant d'abord la topographie du bassin et en signalant les ressources d'eau qu'il présente.

Le bassin de Marseille est formé par une ceinture de collines et de montagnes qui commence du côté de l'ouest à la batterie de la Pinède, suit la grande route jusqu'à la Viste en tournant au nord-ouest ; se lie à la chaîne de l'Etoile qui forme un demi-cercle jusqu'à Gardelaban ; arrive avec les dernières ramifications de cette montagne jusqu'aux bords de l'Huveaune, vis-à-vis Aubagne, à la colline du château de l'Evêque, reparaît de l'autre côté de la rivière, qui est très resserrée dans cet endroit, pour aller joindre la chaîne de Roquefort qu'elle suit jusqu'à sa terminaison ; la contourne pour se réunir au plateau de la Gineste par les montagnes de Carpiagne ; vient prendre la ramification de la chaîne littorale de la Gradule et borde enfin toute la côte jusqu'au port de Marseille.

Plusieurs rivières et ruisseaux venaient apporter autrefois un tribut d'eau considérable dans le bassin de Marseille ; ainsi l'Aren, le Jarret et l'Huveaune. L'Aren recevait les eaux de Plombières et des Aygalades et formait un marais au quartier dit de la Palun, lequel se fit jour par les ruisseaux qui se jettent à la plage d'Aren. Le marais fut desséché et cultivé peu à peu et la rupture de Plombières et des Aygalades par Aren fut occasionné par les galets et les sables qu'entraînaient ces ruisseaux, après l'ouverture du port.

Jarret était une rivière considérable qui coulait de St-Just dans la vallée qui est à droite du chemin de la Magdeleine en venant des Chartreux, passait au Chapitre, aux allées de Meilhan, à la rue du Tapis-Vert, où il s'étendait en un large marais depuis le bas de la montée de la rue d'Aix jusqu'à la place de Castellane. C'est aujourd'hui le quartier qui s'étend au bas de la rue d'Aubagne.

L'Huveaune qui d'abord n'était qu'une suite de lacs superposés, s'ouvrit aussi une issue dans le bassin de Marseille à Aubagne. Les eaux de cette rivière vinrent s'ouvrir ensuite un passage dans la mer entre les collines de Mont-Redon et du Gros-Cap.

On se demande naturellement ce que sont devenues les eaux de ces ruisseaux et rivières ? Nul doute que les travaux qui ont été faits dans le temps pour assainir le pays n'aient contribué à les détourner de leurs cours naturels : ces eaux alors ont pris une autre direction, et se sont enfoncées dans le sol pour former ces couches d'eau souterraine que nous avons rencontrées superposées au nombre de quatre, à des profondeurs différentes, dans le sous-sol de Marseille, quand nous avons percé les puits artésiens de la place de Rome, de la place de St-Ferréol et de la rue de Noailles, plusieurs autres couches aquifères doivent encore exister sur différents autres points du bassin de Marseille.

Mais d'où provenaient ces eaux ? Des terrains supérieurs en partie et particulièrement des eaux pluviales tombées sur les montagnes et les collines qui forment la ceinture du bassin de Marseille. Ces eaux tombant sur les assises calcaires de nos montagnes dénudées qui ne peuvent les pomper, glissent à leurs surfaces en suivant la pente du rocher jusqu'à ce que rencontrant un terrain perméable elles se colligent sous des couches alternes irrégulières de safre, de limon durci, d'argile grise schisteuse mêlée de sable calcaire et agglutinant une multitude de graviers quartzeux. Au lieu de les laisser s'enfoncer ainsi dans les profondeurs du sol, il serait facile de les capter au pied des ravins par où elles arrivent, vers les points même où elles s'enfoncent, et de là les diriger par des canaux sur les points que l'on veut alimenter.

Je ne pense pas que cette catégorie d'eau provenant des montagnes qui forment le bassin de Marseille, suffise pour les besoins de notre ville ; mais il n'est pas moins certain qu'on pourrait en tirer un parti avantageux, du côté surtout des Aygalades. Ce serait répéter l'idée de M. Blondel et amener, d'autres points du bassin, des eaux aussi limpides, aussi fraîches et aussi estimées que les eaux de la Rose qui sont aujourd'hui les meilleures de la ville.

La quatrième ressource enfin que nous possédons pour alimenter Marseille, c'est celle des immenses réservoirs d'eau souterraine, comme nous en avons déjà rencontrés en creusant, pour le canal, les souterrains des Taillades, de l'Assassin et de Notre-Dame. Personne ne met en doute, aujourd'hui, l'énorme quantité d'eau qu'on y a trouvée ; à tel point que l'entreprise Montricher aurait échoué si, après avoir employé les pompes à vapeur de grande puissance, on n'avait imaginé de faire écouler l'eau par un moyen très ingénieux. D'après les rapports de M. de Montricher, cette eau se présenta si abondante que si elle avait dû couler toujours ainsi, elle était plus que suffisante aux besoins de Marseille. Les jugements sont partagés au sujet de ces eaux : les uns disent que ces sources et bassins ont été épuisés à l'époque et qu'il n'en reste quasi plus ; d'autres, que ces sources n'auraient pas coulé d'une

manière constante, qu'elles auraient diminué
en été comme la plupart des sources ; que par
conséquent on ne pouvait pas se contenter
d'une ressource aussi précaire pour alimenter une cité aussi considérable que l'est la
ville de Marseille. Enfin, plusieurs affirment,
et nous sommes du nombre, que ces bassins
et réservoirs renferment très probablement
des masses d'eaux pluviales très considérables qui se sont engouffrées dans d'immenses
cavernes par les infractuosités du sol : phénomènes qui se produisent ordinairement
dans les montagnes calcaires, comme on le
voit en plusieurs pays ; que les pluies, tombant régulièrement à peu près, toutes les
années, doivent nécessairement s'y entasser
d'une manière régulière, et que les lieux présentent toujours aux eaux pluviales les mêmes facilités pour s'y engouffrer.

Du reste pour mieux faire comprendre les
immenses quantités d'eau que renferme souvent l'intérieur du sol, nous exposerons dans
notre aperçu d'hydrographie souterraine, un
article spécial, du savant M. Desnoyer, sur les
relations des imfractuosités intérieures du
sol avec l'hydrographie souterraine ; et nous
nous aiderons, avec lui, des travaux géologiques de MM. Boblaye et Virlet, dans l'expédition scientifique de la Morée, pour mieux
faire entrevoir les trésors d'eau que nous
croyons renfermés dans le sol du département, et dont le creusement des souterrains
du canal nous a révélé l'existence.

Les raisons qui nous font affirmer que nos
chaînes de montagnes calcaires contiennent
d'énormes masses d'eaux renfermées dans de
vastes bassins, sont celles-ci :

1° La rencontre que nous avons déjà faites,
par hasard, de prodigieuses quantités d'eau
dans le creusement des souterrains des Taillades, de l'Assassin et de Notre-Dame ;

2° La sécheresse des régions calcaires
d'où sont sorties, par accident, ces masses

d'eau, tandis que les autres régions du pays, semblables d'exposition et de nature, sont abondamment pourvues de sources : par exemple, le versant nord de la Trévaresse qui regarde la Durance.

La manifestation des masses d'eaux souterraines qui nous ont surpris naguère, n'est pas le seul indice que nous ayons de l'existence de cavernes dans nos montagnes ; les nombreuses crevasses, les entonnoirs, les gouffres ou puisards naturels, les débouchés de canaux intérieurs, caractères les plus habituels de la physionomie des contrées calcaires caverneuses, sont un autre indice non moins certains que le précédent. Oui, notre terrain calcaire hâché, crevassé, bouleversé, avec ses fissures latérales, ses dépôts, ses érosions, avec sa distribution en bassins indépendants, nous dit aussi manifestement que possible qu'il renferme dans des cavernes intérieures des masses d'eau considérables. Ce qui nous le prouve d'une manière irréfragable c'est l'exploitation du Ragas, près de Toulon.

Nous croyons avoir suffisamment prouvé que les eaux potables du département sont très-considérables, soit qu'elles circulent souterrainement dans des canaux pour déboucher à la surface du sol, et suivre un cours visible, soit que, coercées dans d'immenses réservoirs, elles s'y tiennent dans une presque parfaite immobilité jusqu'à ce qu'une cause quelconque viennent les ébranler en leur donnant une issue à l'extérieur.

De la permanence des sources.

Que faut-il généralement penser de la permanence des eaux de source et, en particulier, de celles des Bouches-du-Rhône ?

Les sources sont des cours d'eau souterrains qui s'épanchent sur le sol. Quelques-unes ont un écoulement continuel et tou-

jours à peu près égal ; on les nomme *perma-*
nentes. Il y en a d'autres dont l'écoulement,
sans jamais cesser entièrement, éprouve des
retours d'augmentation et de diminution ,
dépendants des pluies et des sécheresses ;
on les nomme *variables*. D'autres qui cessent
de sourdre une partie de l'année, et que l'on
nomme *temporaires*. C'est de ces deux premières sources, dont nous allons nous occuper, sur lesquelles seules on peut établir un
système raisonnable d'alimentation.

La permanence de certaines sources, en
Provence comme ailleurs, ne peut pas être
mise en doute ; le passé de celles dont nous
conseillons de capter les eaux, répond pour
elles de l'avenir ; et sur ce point, comme sur
tant d'autres, les faits doivent avoir plus
d'autorité que les raisonnements. Les cours
d'eau, fournis par les sources abondantes
de la chaîne de la Trévaresse, sont connus
de toute antiquité et nous savons que les Romains se sont servi avec succès, pour alimenter quelques-unes des villes de la Provence, des sources qui sont à l'est de St-Ré-
my pour Arles, et de celles de la Tréconade
pour la ville d'Aix. On voit encore, sur plusieurs points, les ruines de ces magnifiques
ouvrages élevés par eux pour conduire les
eaux de ces sources dans les centres divers
de population. Si nous remontons le cours
des siècles jusqu'à cette époque, l'histoire de
la Provence nous fournit de nombreux et au-
thentiques monuments de la permanence des
eaux de toutes ces sources. Voilà pour la
permanence que nous appellerons séculaire.

Quant au genre de permanence que l'on
pourrait appeler annuelle, du moment que
l'on admet, avec M. Arago et les plus savants
physiciens et géologues, que toutes les eaux,
sur le sol ou dans le sol, sont dues au phénomène de la pluie, lequel est produit lui-même
par l'évaporation incessante des mers, et par
celle de toutes les autres masses liquides, en

contact avec l'air, on est amené à reconnaître deux choses : 1° que la quantité d'eau pluviale , dans un lieu quelconque, doit varier par le seul fait des hasards météorologiques, non-seulement d'une année à l'autre, mais encore d'une période de cinq ou dix ans, à une autre période égale ; 2° que la quantité de cette même eau tombée dans un espace de temps beaucoup plus long, d'un siècle par exemple, doit être toujours semblable à celle d'un espace de temps identique, puisque d'après la loi immuable de l'évaporation, il ne pleut, ni plus ni moins, une année que l'autre, sur l'ensemble de la surface du globe.

D'après ces données, il ne faut donc pas s'étonner si, à la suite de six à sept années consécutives de grande sécheresse, des cours d'eau qui ont la permanence séculaire, éprouvent pourtant quelque diminution dans leur volume ; c'est du contraire qu'il faudrait s'étonner, s'il avait lieu.

Cette diminution dans le volume des sources est d'autant plus forte, que leurs canaux souterrains sont plus rapprochés de la surface du sol. Ceci explique pourquoi, dans certaines localités, des fontaines éprouvent de notable diminution, tandis que d'autres ne varient pas d'une manière inappréciable.

Si, d'après les tableaux d'observations météorologiques, on établit les quantités d'eau de pluie tombées dans le département, on s'aperçoit qu'entre les périodes diverses comparées entr'elles, il y a une différence, ou en d'autres termes, une diminution de quelques millimètres ; mais la moyenne tend toujours à se rétablir dans une période plus considérable. Il ne faut donc pas s'étonner si, dans les années sèches, les sources subissent un amoindrissement momentané dont la cause est si naturelle. Toutefois, il paraît que la profondeur et l'étendue des régions souterraines d'où sortent les sources qui fournissent les cours d'eau du département, sont de nature à protéger la presque totalité d'entre elles, aussi bien contre les périodes des sé- cheresses continues de quelques années, que contre l'ardeur des étés les plus chauds ; car les annales du pays ne constatent pas que les eaux de la Trévaresse ni celles de la Ste- Beaume aient jamais considérablement dimi- nué.

Il tombe annuellement, sur les contrées montagneuses du département, de 19 à 20 pouces d'eaux pluviales. L'augmentation d'humidité dans une contrée est ordinaire- ment en rapport avec l'augmentation des jours de brumes et de brouillards. Aussi n'est-ce plus, depuis l'arrivée des eaux du canal, seize ou dix-huit jours de brumes ou de brouillards que l'on inscrit comme terme moyen ; c'est l'énorme chiffre de 123 jour- nées, dont le plus grand nombre en automne et en hiver et le plus petit nombre au prin- temps. La quantité d'eau tombée annuelle- ment constate une différence en moins qui concorde avec les phénomènes précédents ; au lieu de 511 millimètres, le pluviomètre en accuse actuellement 545.26 ; aussi la tempé- rature et le climat de Marseille, de sec et chaud qu'il était avant le canal, tend à deve- nir de plus en plus chaud et humide, froid et humide, et les valétudinaires sont assujettis à plus de précautions contre ces écarts per- nicieux de température et d'humidité.

Ainsi il résulte des tableaux d'observations météorologiques et des différentes circons- tances qui viennent d'être mentionnées, que l'on peut raisonnablement prévoir, non la diminution des eaux de source que nous possédons, mais leur augmentation. Dans tous les cas, il ne nous paraît pas possible d'établir le moindre doute sur la permanence d'un service de fourniture entretenu par les eaux que nous avons mentionnées.

Troisième question. — Les eaux de source sont-elles généralement préférables aux eaux

de rivières, ou bien ces dernières doivent-
elles être recherchées de préférence pour
l'alimentation des villes?

Pour le vulgaire, toutes les eaux de source
sont de bonne nature, il n'en est point qui
doivent leur être préférées. Pour beaucoup
de savants, il n'est pas de meilleures eaux
que celle des fleuves et des rivières.

Préjugés des deux côtés.

Les savants ont raison, en effet, quand ils
font prévaloir les eaux courantes de nos
fleuves sur certaines eaux de source, par
exemple, sur les eaux dites séléniteuses (1);
mais ils tombent dans une grave erreur en
généralisant une opinion qui n'est vraie que
relativement. De son côté, le vulgaire a raison
aussi, à l'égard de beaucoup de sources qui
offrent toutes les qualités physiques et chimiques exigées par les lois de l'hygiène ; mais
combien il se trompe quand il s'agit d'un
assez grand nombre d'eaux de source tellement chargées de sels calcaires, qu'elles décomposent le savon et ne peuvent cuire les
légumes secs sans les durcir.

Les eaux de certaines rivières ne méritent
donc pas la bonne opinion que l'on pourrait
s'être faite, relativement à leur nature chimique.

Quant aux eaux de source, les mauvaises
sont aussi nombreuses peut-être que les

---

(1) On appelle *eaux séléniteuses, eaux dures,
eaux crues*, celles qui décomposent le savon et qui
ne peuvent servir à la cuisson des légumes. On
attribue, avec raison, cette décomposition aux sels
calcaires. Mais on a remarqué que le carbonate de
chaux qui n'est dissous dans les eaux qu'à la faveur
d'un excès d'acide carbonique, grâce probablement
à cet acide surabondant, ne contribuait presque en
rien à la décomposition du savon. Plusieurs essais
ont démontré, au contraire, que le chlorure de
calium et le nitrate de chaux rendaient les eaux
séléniteuses, de même que le sulfate de la même
base.

bonnes ; et, pour le démontrer, nous n'aurons pas besoin d'aller chercher des preuves ailleurs que dans notre ville, comme nous le verrons au chapitre des eaux de Marseille.

De ce qui précède, il résulte que les opinions générales sur les eaux de source et les eaux de rivière doivent être considérées comme des préjugés, puisqu'il y a de bonnes et mauvaises eaux de source, de bonnes et mauvaises eaux de rivière. Or, du moment où l'on ne peut comparer d'une manière générale les eaux de source et les eaux de rivière, et qu'il est par conséquent impossible d'établir *à priori* un choix entre ces deux espèces d'eaux potables, ce n'est que par l'étude particulière de celles entre lesquelles on peut choisir, qu'il est possible d'arriver à une solution raisonnable de la question de préférence.

Cependant, nous devons ajouter que l'opinion publique en France, en Angleterre et en Belgique, ainsi que la plupart des savants de notre époque, donnent aujourd'hui la préférence aux eaux de source comme offrant les meilleures et les plus sûres garanties. Cette opinion, qui est aussi la nôtre, nous allons l'appuyer sur les beaux mémoires des eaux de Paris, publiés en 1854 et en 1859 par M. le Préfet de la Seine, et suivre les progrès qu'elle fait en Europe.

Quelle que soit la provenance de l'eau à distribuer et quelque système que l'on adopte pour en amener la quantité nécessaire à l'altitude convenable, les conditions essentielles de la bonne alimentation d'une grande ville, sont, dit le premier mémoire : 1° Que l'eau distribuée soit de qualité salubre ; 2° qu'elle soit limpide ; 3° qu'elle ait une fraîcheur constante.

Pour être parfaitement salubre, l'eau ne doit contenir ni sulfate de chaux ou de magnésie, ni substances organiques en dissolution. Les sels autres que les sulfates, les carbonates de chaux ou de magnésie particulièrement, loin de nuire à la qualité de l'eau, la rendent saine et agréable, à moins qu'ils n'y soient dissous en excès. Dans ce dernier cas, ils ont d'ailleurs l'inconvénient d'incruster les conduites de fonte, et c'est un motif de plus pour préférer les eaux qui n'en contiennent que des quantités modérées.

Les eaux de Marseille, c'est-à-dire les eaux du canal et de l'Huveaune, laissent toutes deux plus ou moins à désirer, comme nous le prouverons bientôt par l'analyse que nous en ferons. Elles traversent l'une et l'autre ou reçoivent des eaux qui traversent des formations de gypse et se saturent nécessairement de sulfate de chaux. Les eaux du canal et celles de l'Huveaune se chargent dans leur traversée de matières organiques. Celles de l'Huveaune incrustent plus ou moins les tuyaux de fonte. L'eau du canal a, surtout en été, une odeur désagréable, provenant des vases qu'elle traverse dans son parcours. La température de ces deux eaux, qui pour être potables devrait avoir constamment de 10 à 12 degrés centigrades, est très élevée en été, très-basse en hiver; seule, l'eau de la Rose arrive un peu fraîche et limpide en toute saison, tandis que celles du canal et de l'Huveaune arrivent presque habituellement dans la saison des pluies et des orages avec tellement de matières en suspension, qu'elles demandent à être filtrées pour être bues.

Si la ville de Marseille réussit, contre toute probabilité, à filtrer en grand, avec une dépense modérée, la masse totale de l'eau à distribuer, il n'en faudrait pas moins, pendant plusieurs mois de l'année, que les consommateurs employassent divers procédés gênants ou dispendieux pour ramener à une température convenable une partie de l'eau qu'on leur fournirait. Il serait vraiment peu sensé de monter l'eau du rez-de-chaussée aux étages supérieurs pour que les locataires en descendissent ensuite une partie dans des caves ou des puits, afin de la rendre potable. C'est ce que les auteurs des divers projets, dont les combinaisons reposent sur l'élévation mécanique des eaux de la Seine, ne semblent pas avoir compris le moins du monde.

On a pris en dédain les travaux hydrauliques des peuples qui, ne connaissant pas la machine à vapeur, ont construit à grands frais des aqueducs fermés pour amener aux villes l'eau des sources lointaines. L'erreur et la barbarie, s'écrie l'auteur du mémoire de Paris, ne sont-ils pas, au contraire, du côté de ceux des modernes qui regardent comme le dernier terme du progrès de faire monter chaque mètre cube d'eau par la combustion d'une certaine quantité de charbon, de soumettre l'alimentation d'une grande ville aux chances de dérangement de machines compliquées, et de livrer aux consommateurs une eau mêlée de matières étrangères, et qu'à cause de sa température élevée on ne peut boire pendant six mois sans dégoût? La meilleure application du savoir et la perfection véritable ne sont-ils pas, au contraire, chez les Romains, auteurs de ces magnifiques aqueducs, fleuves suspendus d'eau pure et toujours fraîche, bienfait éternel que ne peut interrompre une roue qui se brise ou un foyer qui s'éteint?

Ces considérations ont conduit la commission de Paris à écarter, tout d'abord, l'ensemble des plans présentés jusqu'alors. Il lui a paru qu'une eau de rivière chargée des détritus animaux et végétaux que les riverains y jettent, des sels malfaisants que les ruisseaux ou les torrents y apportent, échauffée d'ailleurs par le soleil en juillet ou gelée en janvier, ne pouvait être offerte en boissons aux habitants d'un grand centre de civilisation, sinon comme pis-aller et à défaut d'une eau plus saine, plus claire et d'une température moins variable.

Ces raisons n'auront pas moins de poids aux yeux de la municipalité de Marseille, et nous ne doutons pas que, dans l'intérêt de la salubrité publique, elle n'adopte les conclusions de la commission de Paris.

Il ne reste plus qu'à montrer que ce qui se passe dans la Grande-Bretagne n'est pas, comme on le croit communément, en contradiction avec l'opinion exprimée plus haut. Nous allons le prouver en citant encore les faits allégués par le rapporteur de la commission de Paris.

Pour que l'exemple des villes anglaises qui s'approvisionnent en eaux de rivière élevées par la vapeur fut utilement opposé à notre opinion, il faudrait établir qu'elles eussent pu faire autrement, sans sortir des limites d'une dépense raisonnable, ou qu'elles n'en soient pas à regretter aujourd'hui le parti qu'elles ont pris. Mais des faits nombreux, attestés par M. Mille, ingénieur du service municipal de Paris, semblent démontrer le contraire. Il ressort de l'ensemble des renseignements, recueillis par lui en Angleterre même, que les dérivations de sources naturelles ou de sources créées par le drainage sont préférées pour les distributions nouvelles et substituées, sur beaucoup de points, aux prises d'eau en rivière.

A Glascow, tandis qu'une partie de la ville était alimentée en eau de la Clyde par une compagnie ancienne au moyen de pompes à feu et de filtres, on a dérivé, pour desservir le reste, les eaux des montagnes voisines et on les a distribuées par le seul effet de la gravité ; mais les résultats de l'opération n'étant pas jugés suffisants, parce que la limpidité et la fraîcheur des eaux laissent encore à désirer, le corps municipal a poursuivi l'autorisation d'amener en galerie les eaux du lac Katrin sur un point dominant la ville entière. Manchester est alimenté par des réservoirs créés à trente kilomètres de distance, qui réunissent les eaux d'un vaste système de drainage.

Liverpool et une foule d'autres villes de moindre importance ont, à défaut de sources naturelles, adopté la même solution. Nous ne parlons pas d'Edimbourg, dont le service des eaux de sources dérivées, aussi pures qu'abondantes, date de 1819.

Au reste, le comité supérieur d'hygiène, fondé en 1848 par un acte du Parlement, sous le nom de *General board of health* , s'est prononcé en faveur des eaux de source ou de drainage de la manière la plus formelle. A la vérité, il n'a pu faire d'abord adopter pour la métropole sa proposition d'abandonner les eaux de la Tamise et de drainer les coteaux sablonneux de Richemond, où l'on pourrait, suivant lui, recueillir une eau d'excellente qualité, coulant à profusion, et facilement distribuée par la seule puissance de la gravité, sans le secours des machines ; mais nous avons appris dernièrement qu'il a été enfin décidé que l'on irait prendre aux sources de l'Ecosse l'eau nécessaire à l'alimentation de la ville de Londres.

Si maintenant nous ajoutons qu'en Belgique on vient d'opérer un drainage pour alimenter Bruxelles en eaux de sources artificielles, sans l'emploi d'agents mécaniques , nous aurons suffisamment indiqué la tendance actuelle des esprits et justifié nos répugnances à l'égard de tous les projets qui se disputent le choix de l'administration municipale de Marseille. Et de même que pour l'approvisionnement de Paris et les besoins croissants de sa population , M. le préfet de la Seine Haussmann provoque, en ce moment, les projets qui auraient pour résultats d'amener à Paris, par dérivation, les eaux des sources des vallées de la Bourgogne, allons, nous aussi, prendre pour Marseille ces mêmes eaux de source que nous avons en si grande quantité dans le département.

Enfin, une dernière raison capitale, qui doit nous faire recourir aux montagnes, ces véritables matrices des eaux salubres, limpides et d'une température convenable, ce sont les observations qui ont été faites à Londres, lors du dernier choléra, qui tendent à démontrer qu'un des moyens qui favorisent le plus la propagation et la communication de cette terrible maladie sont les puits et les conduites d'eau à découvert. Les puits, parce que l'on y va prendre sans précaution une eau ordinairement infectée de miasmes, en temps de choléra ; les conduites d'eau à découvert, parce que les eaux publiques, dans leurs bassins ou dans leur parcours à découvert, reçoivent les miasmes de l'atmosphère, les charient dans nos villes et les introduisent jusque dans nos demeures. Aussi a-t-on remarqué, à Londres, dans la dernière épidémie, que les cas cholériques ont été beaucoup plus rares dans les quartiers où les eaux sont convenablement emménagées et conduites à couvert, que dans ceux où elles sont mal emménagées et à découvert. C'est une remarque qui a beaucoup frappé les esprits, l'année dernière, et qui fera prendre aux magistrats des cités des mesures qui mettent, de ce côté, à l'abri de la contagion, les populations dont la santé leur est confiée. Aujourd'hui donc que nous sommes si souvent visités par le terrible fléau du choléra, il convient d'aviser que les conduites d'eaux publiques soient toutes à couvert contre les miasmes ; ce qui, au reste, est le seul et unique moyen d'avoir des eaux salubres, limpides et de température convenable.

En attendant que l'administration se décide, à l'exemple de Paris, de l'Angleterre et de la Belgique, à adopter la dérivation des sources pour procurer à Marseille une eau véritablement salubre, limpide et d'une température constante, nous allons, présentement, nous occuper d'établir à quels carac-

tères on peut reconnaître les bonnes eaux,
soit sous le rapport hygiénique, soit sous le
point de vue industriel. Puis nous compare-
rons ensemble les eaux des rivières qui alimentent aujourd'hui Marseille, avec les eaux
abondantes des sources du pays qui peuvent
servir au même usage, pour décider, si le
choix n'était pas encore fait, à laquelle de
ces deux espèces d'eaux potables il convient
de donner la préférence.

INDICATION DES QUALITÉS QUI CONSTITUENT

LES BONNES EAUX.

Caractère des bonnes eaux sous le rapport

hygiénique.

La nature des eaux potables a, depuis longtemps, fixé l'attention des médecins : Hippocrate, dont le génie observateur avait compris
toute l'importance de cette question, a dit :
« Il faut avoir beaucoup d'égards à la nature
des eaux, examiner si elles sont claires ou
bourbeuses, molles ou dures ; c'est un point
d'où dépend la santé. » *(Hipp. de aere, aquis
et locis.)*

Or, à quels caractères peut-on reconnaître
des eaux de bonne qualité ?

Tous les médecins sont d'accord, à ce
sujet, avec l'opinion vulgaire, qui recherche
particulièrement, dans les eaux potables, la
saveur, la *limpidité*, la *fraîcheur*.

Hippocrate, dans différents passages de
son *Traité de l'air, des eaux, et des lieux*,
si remarquable pour le temps où il fut écrit,
assigne pour caractère, à une bonne eau :
d'être *limpide, légère, aérée, sans odeur ni
saveur sensible, chaude en hiver et froide en
été.*

Tissot, qui s'est rendu célèbre autant par ses cons-ils touchant l'hygiène que par son savoir et son talent de praticien , s'exprime ainsi à l'égard de l'eau : — « On doit choisir une eau de fontaine *pure, douce, fraiche, qui mousse facilement avec le savon, qui cuise bien les légumes,* qui lave bien le linge. » (De la santé des gens de lettres. »

M. Hallé, qui a, pour ainsi dire, créé la science de l'hygiène ; M. Nysten, qui fut son collaborateur et le continuateur de ses travaux ; M. Ch. Londe et M. Rostan, médecins qui, à notre époque, se sont le plus occupés des questions hygiéniques, professent une opinion semblable à celle des précédents, à l'égard des caractères d'une bonne eau potable. Voici ceux que l'on trouve indiqués dans les articles dont ces savants ont enrichi le dictionnaire des sciences médicales, le d ctionna re de médecine en 18 vol. et le dictionnaire de médecine et de chirurgie pratique. L'eau peut donc être considérée comme bonne et potable, quand elle est *fraiche, limpide, sans odeur, quand sa saveur n'est ni désagréable, ni fade, ni piquante, ni salée, ni douçâtre ;* qu'elle *contient peu de matières étrangères,* qu'elle *contient de l'air en dissolution ; quand elle dissout le savon sans former de grumeaux* et qu'elle cuit bien les légumes verts.

Les caractères d'une bonne eau potable étant bien déterminés par les citations précédentes, nous allons, avec M. Dupasquier, examiner la valeur de chacun d'eux en particulier.

1° *Saveur et odeur.*

L'eau pure de tout principe étranger étant sans saveur et sans odeur, s'il arrive que des eaux destinées aux usages domestiques ont une odeur quelconque, une saveur désagréable, fade, salée, douçâtre, et nous ajouterons acerbe ou hépatique, elles doivent être réputées non potables.

Quand l'eau a une odeur, elle la doit ordinairement à des substances organiques souvent putréfiées, et ne saurait être bue sans quelque danger pour la santé. Il est des eaux qui acquièrent une odeur faiblement sulfureuse ou hépatique par leur contact avec un lit de tourbe ou un dépôt d'autres matières organiques ; ces eaux, qu'il ne faut pas confondre avec les eaux minérales sulfureuses, doivent être rejetées pour les usages domestiques. Une odeur pénétrante qui prend au nez, quand on puise une eau à la source, annonce l'acide vitriolique. Une eau qui est altérée par les pyrites a une odeur grossière de soufre. En résumé, toute eau qui a une odeur est une eau minérale ou une eau altérée par des matières organiques, et ne peut être réputée bonne eau potable.

Une saveur quelconque, autre que cette saveur franche et sans caractère spécial qui est propre aux bonnes eaux potables, est, comme toute odeur, l'indice que l'eau contient quelque substance étrangère ; il y a cependant des remarques à faire à cet égard :

Une eau peut être rendue piquante par une grande quantité d'acide carbonique, et être cependant très-propre à tous les emplois du ménage. Les habitants des pays où existent des sources d'eau acidule gazeuse en font un usage habituel sans le moindre inconvénient, et même avec des avantages notables.

D'un autre côté, une eau de source ou de rivière peut n'avoir aucune saveur sensible, et toutefois mériter d'être rejetée comme eau potable ; telles sont les eaux dures ou crues. La grande quantité de sulfate de chaux et de sels déliquescents qu'elles contiennent les rend indigestes et impropres aux usages domestiques, sans leur communiquer de saveur réellement appréciable.

Les substances qui ont le plus d'influence

pour donner de la saveur aux eaux sont : le sulfate de magnésie, qui les rend amères ; le chlorure de sodium, qui les rend salées ; les sels de fer, qui les rendent styptiques ; le sulfate de cuivre, qui leur imprime une saveur styptique nauséabonde ; le sulfate d'alumine, qui leur imprime une saveur sucrée et astringente.

La saveur indique d'une manière assez certaine la présence de matières organiques, surtout putréfiées en quantité notable, mais elle ne peut les découvrir quand elles ne sont pas à l'état putride, ou qu'il n'en existe que des traces dans l'eau soumise à l'examen.

De tout ce qui précède, il résulte donc que toute saveur, excepté la saveur piquante, peut suffire pour faire rejeter une eau réputée potable, mais que ce caractère peut manquer sans que pour cela l'eau soit de bonne nature. La saveur de rouille indique le cuivre, la saveur d'encre, le sulfate de fer ; la saveur vineuse ou astringente, l'acide sulfureux ; la saveur saline, les sels ; la saveur acerbe ou austère, les sulfates ; la saveur de craie, une terre crétassée.

2° Couleur. — Limpidité.

L'eau pure est parfaitement incolore et transparente. Si donc une eau destinée aux usages domestiques présente une nuance de coloration, c'est un signe certain qu'elle contient en solution quelque substance étrangère, et particulièrement une matière organique. Une eau de cette nature est essentiellement mauvaise et doit être rejetée, à moins que la nécessité ne force à l'employer, et, dans ce cas, il faut la filtrer préalablement au charbon.

Si les eaux, sous un petit volume, sont presque toujours incolores, en grandes masses, elles varient du bleu foncé au vert d'herbe et à l'olivâtre. On ne connaît guère

que les sulfates de fer et le sulfate de cuivre
qui peuvent les colorer, les premiers en verdâtre et en jaunâtre, suivant l'état de l'oxida-
tion du fer; le dernier en bleuâtre. Mais
faisons observer que ces sels ne sont pas
très-communs dans les eaux, et qu'ils peuvent y exister sans les colorer , lorsqu'ils y
sont en faibles quantités. Ajoutons que les
substances organiques colorent quelquefois
les eaux en jaunâtre et en brun; souvent
cette dernière couleur est le résultat de l'action de l'acide gallique sur les oxydes de fer;
l'acide gallique provient d'écorces ou de
feuilles tombées dans les eaux, et les oxydes
de fer, du sol baigné par ces eaux.

Si l'eau paraît rougeâtre sur la surface,
c'est l'effet de quelque substance grasse animale. Si la rougeur occupe toute l'eau et que
l'on y voie un dépôt de même couleur, elle
charie du bol ou de l'ocre.

La couleur verte indique du cuivre ou du
sulfate de fer ou du pyrite ferrugineux.

La couleur bleue annonce plus ordinairement du cuivre.

La couleur blanchâtre est un indice des
parties crayeuses, séléniteuses, gypseuses ou
calcaires ; quelquefois un mélange de chaux
et de soufre.

Si l'eau est d'un blanc jaunâtre, c'est quelquefois l'effet du charbon fossile.

Le jaune noirâtre indique toujours le fer.

Le jaune rougeâtre, les pyrites sulfureux.

Le vert jaunâtre , le soufre ou le fer mêlé
avec le cuivre.

Le noir, l asphalte ou une craie noire.

Toute eau trouble, bourbeuse ou manquant
d'une limpidité parfaite tient en suspens
des substances étrangères et particulièrement
des matières terreuses ; telles sont la plupart
des eaux de rivière, dans les temps de crue,
et particulièrement la Durance, que trouble
un limon grisâtre plus ou moins foncé, une
grande partie de l'année. De telles eaux ne

peuvent être bues dans cet état ; non-seulement les matières terreuses qu'elles tiennent en suspension les rendent lourdes et indigestes, mais ces matières contribuent encore à amener un désordre dans les fonctions digestives, par le dégoût qu'elles causent quand on fait usage de ces eaux comme boisson. Elles peuvent, il est vrai, devenir très-bonnes par une simple filtration ; mais il faut que cette opération, qui présente d'ailleurs quelques inconvénients, que nous signalerons plus tard, soit faite de manière à donner pour produit de l'eau véritablement potable.

Des eaux sulfureuses qui sortent très-limpides du sein de la terre, déposent du soufre par le contact de l'air, et deviennent laiteuses. Des eaux de source contenant du sous-carbonate de fer et de chaux, se troublent lorsqu'elles perdent l'acide qui tenait ce sel en dissolution. Enfin, des matières organiques rendent les eaux plus ou moins opaques en s'y décomposant : les eaux troublées par cette cause sont celles qui mettent le plus de temps pour s'éclaircir.

3° Température. — Fraîcheur.

De toutes les questions à considérer, relativement à l'emploi hygiénique des eaux potables, aucune n'est plus importante que celle de leur température. Qui ne sait que des eaux très-bonnes, sous le rapport de leur composition chimique, peuvent devenir d'un usage très-nuisible, par le seul fait de leur degré de froid ou de chaleur ?

Les meilleures eaux, dit Hippocrate, *sont chaudes en hiver et froides en été*

L'hiver, en effet, quand la surface du corps est frappée par un atmosphère glacé, quand cette action continue de la circonférence au centre, dispose l'appareil pulmonaire à se fluxionner, et que la membrane muqueuse, surtout, se trouve longtemps sous l'imminence d'un état catharal, l'usage d'une eau à peu près à la température de la glace fondante, comme le sont alors les eaux de rivière, n'est pas sans inconvénient. Nul doute qu'il ne faille leur préférer les eaux de source, qui paraissent chaudes, parce que leur température, invariable en toute saison, se trouve, en hiver de quinze à vingt degrés environ, plus élevée que celle de l'atmosphère, et qui disposent, en raison même de leur chaleur, à un mouvement réactionnaire du centre à la circonférence. La nature, dont l'admirable instinct est un si bon guide à consulter, quand il s'agit d'apprécier l'influence des agents externes sur l'organisme, nous indique cette utilité des boissons tempérées, durant l'hiver, par la préférence que nos organes leur accordent sur les boissons glacées.

Mais la fraîcheur de l'eau potable durant l'été, est une condition bien plus importante encore que son état tempéré en hiver.

« On doit éviter, dit M. Hallé, d'user d'une eau trop rapprochée de l'état de nos organes. Lorsque l'eau est d'une température très-inférieure à celle de notre corps, elle étanche la soif, non-seulement en humectant, mais encore en changeant l'état de nos organes, il en résulte, qu'il faut moins d'eau froide que d'eau tempérée ou tiède, pour opérer cet effet. »

C'est un fait bien connu de tout le monde, que l'eau froide, ou du moins celle qui paraît telle en été, par cette raison que sa température est alors généralement moins élevée que celle de l'atmosphère, en même temps qu'elle plaît au palais et à l'estomac, appaise la soif, procure instantanément un sentiment de bien-être, ranime les forces, soit par son action tonique sur l'estomac, et sa réaction sur tout l'organisme, soit en modérant, par sa fraîcheur, la transpiration trop active de la peau (1).

Rien n'est plus désagréable et plus nuisible, au contraire, durant les chaleurs, que l'usage d'une eau se rapprochant trop de la température de l'atmosphère, et paraissant tiède quand on la boit ou que l'on y plonge la main. Cette eau, quelle que soit d'ailleurs son excellence sous le rapport des substances qu'elle tient en dissolution, est fade et nauséabonde, elle ne plait ni au palais, ni aux organes digestifs ; elle n'apaise point la soif, même quand on la boit en grande quantité, mais cause un dégoût insurmontable, et dispose au vomissement ; aussi son ingestion dans l'estomac, n'est-elle point accompagnée, comme celle de l'eau froide, de ce sentiment agréable de fraîcheur générale, de cette action tonique et restauratrice, qui ranime instantanément les forces, et rend le cops apte à un autre exercice.

De cet effet débilitant de l'eau qui n'est pas fraîche durant les temps de chaleur, il résulte que son usage habituel dispose à de graves maladies ; et comme elle ne désaltère pas, cet effet nuisible est encore augmenté par la quantité considérable que l'on en boit, mais vainement, pour apaiser sa soif, ce qui donne lieu à des sueurs énervantes. Par l'action incessante de cette cause d'asthénie ou de faiblesse, l'estomac tombe de plus en plus dans un état de relâchement ou d'atonie,

---

(1) Une loi de la diététique défend l'eau froide, quand le corps est échauffé par un exercice violent; mais ce n'est là qu'une exception qui n'affaiblit en rien la règle générale; et d'ailleurs, l'eau froide, dans ce cas même, n'offre pas de danger, si l'on continue à exercer le corps comme avant d'avoir bu. — Les voyageurs qui gravissent les Alpes, les chasseurs de chamois, boivent de l'eau glacée sans inconvénients, quand ils continuent ensuite à marcher.

qui se réfléchit sur tous les organes. Les digestions sont d'abord lentes et pénibles, puis laborieuses et incomplètes, puis enfin, elles deviennent impossibles. C'est alors que l'excitation résultant de la présence des aliments altérés par les sucres gastriques et biliaires, détermine des inflammations locales, en même temps que le sang s'altère, perd sa force plastique, devient séreux, fluide et s'appauvrit. De là, la plupart des maladies dangereuses que l'on observe durant l'été, comme les diarrhées, les dyssenteries, les engorgements du foie, les ictères ou jaunisses, le choléra-morbus accidentel, les gastroentérites de toutes les nuances, et surtout les fièvres graves, comme la fièvre adynamique ou putride, et la fièvre typhoïde.

Nul doute que ces maladies, que l'on voit surtout régner dans les mois de juillet et d'août, ne fussent beaucoup moins fréquentes et peut-être même très-rares, si le peuple avait la prudence de s'abstenir de boissons aqueuses, entre les repas, ou du moins de n'en boire qu'une petite quantité. Or, rien ne peut mieux conduire à ce but que l'usage d'une eau très-fraîche, qui est elle-même fortifiante et dont il suffit de boire un seul verre pour appaiser instantanément la soif et procurer une fraîcheur générale.

Quand l'atmosphère est très chaude, que la surface du corps transpire abondamment, l'estomac, qu'affaiblit incessamment cette action trop énergique de la peau, s'affaiblit et perd son énergie habituelle. Dans les pays chauds, on fait usage, et sans inconvénient, de substances âcres qui raniment les forces digestives, diminuées sous l'influence de la chaleur; mais dans un climat où des excitants aussi forts que ceux usités dans l'Inde ne seraient pas employés sans danger, on les remplace par des boissons fraîches et glacées qui suffisent pour entretenir le bon état des organes gastriques et la vigueur de tout l'organisme. Une eau très fraîche, durant l'été, peut donc être considérée comme une des principales nécessités hygièniques pour la population de nos climats tempérés.

On ne prend en général la température des eaux que quand elles sortent de la terre. C'est surtout la température des eaux qui servent à la médecine et à la boisson que l'on doit s'attacher à bien connaître. On la détermine en y tenant un thermomètre plongé jusqu'au sommet de la colonne de mercure, pendant un temps suffisant pour que la colonne reste constante. On doit faire cette observation à l'ombre et la répéter dans le même temps sur un thermomètre placé dans l'air et pareillement à l'ombre. Il est bon de faire les observations une demi-heure avant le lever du soleil, à deux heures de l'après-midi et au soleil couchant, et de les répéter dans les différentes saisons de l'année.

4° Légèreté. — Pureté.

Les propriétés qui restent à examiner se rapportent toutes à la composition chimique ou au degré de pureté des eaux potables, c'est-à-dire qu'elles résultent de la nature et de la quantité des substances qui s'y trouvent en solution.

Les eaux sont *aérées*, *légères*, quand elles contiennent une quantité convenab'e d'air atmosphérique et d'acide carbonique.

Elles sont *douces* et propres à tous les usages domestiques, et par conséquent au blanchissage du linge et à la cuisson des légumes secs, quand elles ne contiennent pas une trop grande quantité de sels calcaires, et particulièrement de sulfate de chaux; dans ce cas, elles dissolvent le savon sans formation de grumeaux, c'est-à-dire sans décomposition. Faisons remarquer ici que le chlorure de calcium et le nitrate de chaux décomposent le savon comme le sulfate.

Sont-elles, au contraire, en sulfate de chaux, en chlorure de calcium et en nitrate de chaux? Quand le savon s'y dissout, il se décompose immédiatement en formant des flocons ou grumeaux de savon calcaires; on les dit alors *durcs* ou *crues*. Ces eaux ne peuvent servir au blanchissage ni à la cuisson des légumes secs; tous les médecins sont d'accord pour les considérer comme mauvaises et indigestes.

Elles sont *putrides, marécageuses, fétides,* quand elles contiennent une assez grande quantité de matières organiques, pour qu'on puisse s'en apercevoir à leur odeur désagréable.

Les eaux peuvent donc être variées dans leur composition. Pour bien apprécier l'influence de chacune des subtances qui s'y trouvent, nous allons en parler séparément.

Généralement, on pense qu'une eau est d'autant meilleure, qu'elle est *plus pure* ou autrement qu'elle contient moins de substances étrangères. C'est une erreur. Mais avant d'aller plus loin, il convient de faire cesser une équivoque qui existe à cet égard.

Le mot *pureté*, en fait d'eau, n'a pas la même acception dans la langue ordinaire et dans le langage scientifique : pour l'homme du monde, la pureté c'est la limpidité parfaite, c'est-à-dire, l'absence de toute matière en *suspension* dans le liquide; pour le savant, c'est l'absence de matières en *dissolution*, parce qu'il suppose toujours l'eau claire, soit par sa nature, soit par l'effet de la filtration. Nous n'avons pas besoin d'ajouter que c'est en prenant la pureté dans son sens chimique que nous raisonnons en ce moment.

L'eau absolument pure ou l'eau distillée qui ne contient point de sels, et seulement quelques traces d'air atmosphérique, n'est point agréable à boire, sa saveur est fade; l'expérience a appris, en outre, qu'elle est pesante à l'estomac et dispose aux indigestions.

C'est donc, par une prévoyance vraiment providentielle de la nature, que toutes les eaux contiennent une plus ou moins grande quantité de substances étrangères à leur composition atomique, d'où il résulte que leur qualité potable n'est pas toujours en raison de leur degré de pureté.

Mais toutes les substances que l'on trouve ordinairement en solution dans les eaux ne contribuent pas à les rendre potables; quelques-unes même leur communiquent, comme nous l'avons déjà fait pressentir, des propriétés nuisibles.

Il suit de là que l'on peut diviser ces substances en deux catégories: d'une part, celles dont la présence est utile et même nécessaire; d'autre part, celles qui ne peuvent exister en proportion un peu forte dans les eaux, sans altérer leur nature d'eau potable.

Les premières agissent en communiquant à l'eau une action légèrement excitante qui stimule doucement la muqueuse de l'estomac et la rend p'us apte aux fonctions digestives; on reconnaît généralement que telle est l'action de l'oxygène de l'air, de l'acide carbonique, du chlorure de sodium et du carbonate de chaux et de magnésie. Quelques savants ne placent pas encore ces deux dernières substances au nombre des substances utiles; mais nous croyons, avec la science moderne, que c'est à tort.

Les substances nuisibles qui se trouvent d'ordinaire dans les eaux sont le sulfate de chaux, le chlorure de calcium et le nitrate de chaux, quand ils existent en quantité un peu notable; les matières organiques appartiennent nécessairement à cette catégorie, surtout quand elles sont à l'état de putridité.

Nous arrivons maintenant à considérer

isolément l'influence de chacune de ces substances.

SUBSTANCES UTILES.

Air atmosphérique. — Oxygène.

Quand on dit qu'une eau potable doit être aérée, on veut faire entendre qu'elle doit contenir en solution de l'oxygène, principe dont la qualité stimulante est bien connue. L'azote, en effet, qui accompagne ce gaz ne paraît jouer, dans les eaux, qu'un rôle négatif.

Quant à l'oxygène, son utilité dans les eaux potables est un fait admis généralement. Nous avons dit que l'eau distillée qui n'en contient pas est indigeste; mais il suffit de l'agiter quelque temps à l'air, où elle dissout une certaine quantité de ce principe, pour qu'elle acquière la faculté d'être digestive. L'eau qui a bouilli quelque temps est dans le même cas après son refroidissement; comme les gaz, et par conséquent l'oxygène qu'elle tenait en solution, se sont dégagés en totalité ou du moins en grande partie, par l'effet de l'ébullition, elle est indigeste à la façon de l'eau distillée; mais, comme pour celle-ci, l'agitation à l'air lui rend bientôt la qualité d'eau potable qu'elle avait perdue en bouillant.

On pourrait objecter que les eaux de neige et de glace, qui ne contiennent point ou presque point d'air, peuvent cependant être bues sans produire les effets fâcheux de l'eau distillée et de l'eau bouillie; mais nous répondrons que cela n'est vrai qu'autant qu'elles sont froides; il ne faut pas perdre de vue qu'elles doivent alors à leur basse température, comparativement à celle de l'atmos-

phère, la qualité stimulante qu'elles rece-
vaient de l'oxygène qu'elles ont perdu en se
congelant. En effet, lorsque l'eau se congèle,
elle abandonne l'air qui s'y trouve dissous;
il se dégage en une infinité de petites bulles
qui, retenues au milieu de la glace, lui donnent une certaine opacité. Beaucoup de ces
bulles sont assez volumineuses pour être facilement aperçues à l'œil nu.

La même observation s'applique à l'eau
bouillante, ou du moins très chaude, ainsi
qu'aux infusions théiformes de substances
non excitantes de leur nature; si ces boissons
ont une action digestive malgré l'oxygène
qu'elles ont perdu, elles la doivent essentiellement à l'influence stimulante de leur haute
température.

Acide carbonique.

L'action stimulante et digestive de l'acide
carbonique, en solution dans les eaux potables, est trop bien connue par l'emploi général
que l'on fait des eaux gazeuses pour qu'il
soit nécessaire de l'établir ici par d'autres
preuves; la quantité que l'on en trouve dans
les eaux potables, qui en contiennent le plus,
est assez minime relativement à celle des
eaux minérales acidules; mais il faut considérer que ces dernières sont employées
comme moyen de guérison et non comme
boisson ordinaire dans un état régulier de
santé. Quant aux eaux potables, celles où ce
gaz est le plus abondant, doivent être, sous
ce rapport, placée parmi les meilleures.

Chlorure de sodium.

Ce que nous venons de dire de l'acide carbonique s'applique également au chlorure de

sodium ou sel marin, qui est employé dans la préparation de tous nos aliments, et dont l'utilité, comme excitant de la digestion, est prouvée par l'expérience de tous les jours. Les proportions de ce sel que l'on trouve dans les eaux potables peuvent contribuer à les rendre digestives, sans jamais leur communiquer des qualités nuisibles.

Mais on doit remarquer que les chlorures en dissolution dans les eaux paraissent constamment accompagnés d'iodures et de bromures; et les recherches de M. Chatin, en démontrant que certains végétaux qui vivent dans les eaux douces jouissent de la propriété de s'assimiler ces sels, y ont établi leur présence d'une manière presque constante. Comme ces derniers sels, administrés chaque jour, même en quantité extrêmement faible, peuvent exercer sur l'organisme une action dont beaucoup de faits ont révélé la puissance, on devra attacher une grande importance à la détermination rigoureuse des chlorures, iodures et bromures dans les eaux potables. Peut-être trouvera-t-on soit dans leur présence, soit dans leur absence bien constatée, l'explication des faits qui pourront conduire à d'utiles applications.

Carbonate de Magnésie.

Les sels magnésiens solubles doivent être rangés parmi les produits inorganiques qui peuvent être administrés en proportion élevée, sans déterminer d'accidents immédiats. Leur emploi médical journalier, les expériences de M. le professeur Bouchardat, relatives à l'action du sulfate de magnésie sur les animaux qui vivent dans l'eau, ne laissent aucun doute à cet égard ; mais sont-ils également inoffensifs lorsque, se rencontrant en proportion notable dans les eaux potables, ils interviennent tous les jours et à chaque instant dans la nutrition de l'homme ? Les observations récentes de M. le docteur Grange, sembleraient indiquer le contraire ; mais, avant de les adopter, une étude sévère des faits est indispensable. Peut-être ne doit-on rapporter les effets qu'on a attribués aux eaux magnésiennes qu'à une simple coïncidence, qu'il serait alors très important de voir bien préciser.

Carbonate de chaux.

Jusqu'à ces derniers temps, l'action de ce sel dans les eaux potables a été confondue avec celle des autres sels calcaires ; c'est une erreur qu'il importe de détruire. Le carbonate de chaux, en effet, à moins qu'il n'existe en trop grande proportion, telle, par exemple, que dans les eaux de Saint-Alyre et de Saint-Netacire, en Auvergne, dans celle de San-Felippo, en Toscane, doit être considéré comme un principe utile, et nous dirons même nécessaire dans les eaux, puisqu'il est reconnu que celles privées de toute matière fixe n'ont pas les qualités qui les rendent propres à être usitées comme boisson. Les effets thérapeutiques de ce sel, effets bien connus des médecins, expliquent d'ailleurs l'utilité de sa présence dans les eaux potables.

Le carbonate de chaux est insoluble ou du moins à peu près insoluble dans l'eau pure, mais il peut cependant y être tenu en solution par un excès d'acide carbonique : c'est le cas des eaux potables qui en contiennent. En absorbant une plus grande quantité d'acide pour se dissoudre, il passe à l'état de bi-carbonate et agit alors sur l'estomac, à la manière du bi-carbonate de soude, base des tablettes de Vichy, qui sont placées au premier rang parmi les substances propres à exciter l'action digestive de l'estomac. Les médecins emploient souvent le carbonate de chaux (yeux d'écrevisse, craie, etc.,) dans les embarras gastriques, les aigreurs des premières voies, pour saturer les acides de l'estomac. — Le bi-carbonate de chaux des eaux potables est décomposé, comme les bicarbonates alcalins, par l'acide du liquide gastrique, avec dégagement d'acide carbonique ; il opère de même que ceux-ci en saturant les acides de l'estomac et en stimulant la membrane muqueuse par l'acide carbonique qu'il laisse dégager en se décomposant. Rien n'est donc plus certain et plus évident que l'action utile de ce sel dans l'acte de la digestion. Enfin, la petite proportion de chaux que contiennent ces eaux peuvent utilement concourir à la nutrition des jeunes enfants en fournissant à leurs os un élément indispensable.

SUBSTANCES NUISIBLES.

Sulfate de chaux.

Quoique ce sel soit faiblement soluble dans l'eau, elle peut cependant en dissoudre assez pour acquérir des qualités tout à fait nuisibles.

Les eaux qui contiennent une quantité notable de ce sel ont été appelées eaux *séléniteuses* (1) ; on les appelle aussi, comme nous avons eu occasion de le dire, *eaux dures et eaux crues*. Elles ont pour caractères de dé-

---

(1) Le sulfate de chaux, en solution dans les eaux, s'appelait *sélénite* dans l'ancienne nomenclature. Celui que l'on trouve à l'état solide portait et porte encore le nom de *gypse*. Quand il est privé d'eau par la calcination, il constitue le *plâtre*.

composer le savon en formant des grumeaux de savon calcaire insoluble, de précipiter abondamment par le chlorure de baryum et tous les sels barytiques solubles, et de ne pouvoir servir ni au blanchiment ni à la cuisson des légumes.

L'expérience a prouvé, en effet, que les eaux sélénitcuses sont aussi impropres à servir de boisson qu'à être employées pour blanchir le linge. Sur ce point, tous les médecins sont unanimes. Voici comment s'exprime à leur égard le savant Hallé :

« Les eaux potables, pour être salubres, ne doivent contenir que la moindre proportion possible de sulfate de chaux. Les eaux séléniteuses, c'est-à-dire celles qui contiennent des quantités notables de ce sel calcaire, se reconnaissent à la difficulté qu'elles ont de cuire les légumes, qui s'y durcissent, et de dissoudre le savon dont une partie se caillebote par la combinaison de son huile avec la chaux du sulfate. Les inconvénients de ces eaux sont de rendre les digestions pénibles, surtout chez les personnes délicates et celles qui n'y sont pas habituées. »

Enfin, le sulfate de chaux, comme tous les sulfates, est susceptible de se décomposer sous l'influence d'une matière organique en produisant du gaz sulphydrique, ce qui le rend pernicieux pour les eaux qui, faute d'écoulement facile, sont exposées à séjourner plus ou moins longtemps sur le sol.

Chlorure de calcium, Nitrate de chaux, Sulfate de magnésie, Chlorure de magnésie, Sulfate de soude, Azotates.

Tous ces sels se trouvent d'ordinaire en trop petite quantité dans les eaux communes pour que leur présence puisse en modifier la nature d'une manière notable. Cependant le chlorure de calcium et même le nitrate de chaux sont dans quelques cas assez abondants pour que les eaux aient l'inconvénient de décomposer le savon. On constate, en effet, que cette décomposition a toujours lieu quand on essaie par l'eau de savon de l'eau distillée à laquelle on a ajouté quelques gouttes d'une solution de l'un ou de l'autre de ces sels. Ils contribuent donc à rendre les eaux séléniteuses, et comme les acides de l'estomac sont sans action sur eux, il devient probable que leur propre action hygiénique est analogue à celle du sulfate de chaux. Remarquons que l'azotate de chaux est éminemment favorable au développement de la végétation.

MATIÈRES ORGANIQUES.

La présence de ces matières en quantité très-notable, dans les eaux employées pour la boisson ordinaire, doit toujours être considérée comme une circonstance fâcheuse ; laissées au contact de l'air, dans les temps chauds, ou seulement sous une chaleur tempérée, si ces eaux n'ont pas d'abord une odeur putride, elles ne tardent pas à l'acquérir, et l'on sait par expérience que l'usage de ces sortes d'eaux donne lieu assez souvent à des maladies très graves. On a vu, par exemple, des épidémies survenir dans des habitations par le seul effet d'infiltration des fosses d'aisance dans les puits servant à l'alimentation commune. Après des inondations qui ont humecté fortement le sol des villes, on a vu des quartiers populeux présenter un grand nombre de fièvres graves que tous les médecins attribuaient à l'altération des eaux. Mais nous n'insisterons pas davantage sur ce point, personne ne contestant que les eaux devenues putrides ne soient d'un usage dangereux ; c'est, du reste, ce qu'a très bien fait ressortir M. Hallé, dans ce passage :

« Les eaux potables ne doivent point contenir de matières animales ou végétales corrompues ; ainsi, on ne doit pas les puiser dans les étangs et les marais. Ces eaux, lors même qu'elles ne récèlent que des quantités inappréciables de substances organiques en putréfaction et de produits gazeux de leur décomposition, ne sont jamais saines, et leurs effets nuisibles se manifestent à la longue : c'est ainsi qu'elles déterminent peu à peu la débilitation des forces gastriques, la décoloration des tissus rouges, les fièvres intermittentes, les engorgements des viscères abdominaux, l'asthénie générale. »

M. Grimaud n'est pas moins positif à cet égard, dans son livre des eaux publiques : « De toutes les substances qui entrent dans la composition des eaux publiques, les plus dangereuses sont les substances organiques, substances provenant de la décomposition de matières végétales et animales. Les matières salines rendent l'eau *crue* et *dure*, ce qui se reconnaît avec facilité : la matière organique constitue l'eau à l'état de poison véritable, de façon que toute population soumise à l'usage d'une eau qui contient même une très-faible quantité de matière organique, est sous l'influence permanente d'un empoisonnement lent. C'est ce dont témoignent, au surplus, les maladies endémiques de beaucoup de localités et de contrées. »

Il est à remarquer ici que l'analyse chimique n'offre pas des lumières bien satisfaisantes, relativement à l'existence des matières organiques ; on ne peut donc, d'après ses seules indications, déterminer qu'une eau doit ou ne doit pas être employée comme boisson. On a vu très-fréquemment, en effet, des eaux se montrer chimiquement pures de matières organiques, ou du moins n'en contenir que des quantités à peine appréciables, et donner lieu cependant, par leur usage, à de graves épidémies.

De cette observation, il faut convenir que l'analyse chimique seule ne suffit pas pour que l'on puisse prononcer sur la valeur hygiénique d'une eau potable. On ne peut donc porter un jugement à cet égard qu'après s'être assuré, par une sorte d'enquête, si les personnes qui font usage de l'eau soumise à l'appréciation chimique et médicale n'en ont éprouvé aucun inconvénient, aucune modification dans l'état de leur constitution et de leur santé.

Après avoir parlé des qualités qui constituent les eaux potables, nous croyons devoir dire ici un mot sur le mode important de leur conservation. Les réservoirs et les citernes doivent être construits de façon que leurs parois ne cèdent au liquide aucun principe nuisible, et maintenues dans un grand état de propreté. Ce n'est pas tout, ils doivent encore empêcher l'eau de perdre sa fraîcheur, qualité essentielle sur laquelle a justement insisté M. Coste, dans une intéressante communication à l'Académie des Sciences. M. Bouchat s'est livré à des réserves qui montrent l'importance que l'on doit attacher à l'emmagasinement de l'eau destinée aux usages des grandes villes. La chaleur et la stagnation y développent, avec une extrême facilité, des productions organiques qui rendent les eaux repoussantes et insalubres. Il en est de même des tuyaux de conduite. On doit préférer au bois, au plomb, au zinc et même au fer, la fonte et les poteries de terre. M. Boutigny a montré que l'eau pluviale que l'on recueille après qu'elle a coulé sur des toitures de zinc ne pourrait être employée comme boisson sans de graves inconvénients, car au contact de l'air l'eau favorise l'oxydation du zinc et se charge de sulfate ou de carbonate de cet oxyde. En parlant des eaux de Marseille, nous signalerons que le plomb métallique produit, dans les mêmes circonstances, des inconvénients bien autrement funestes que ceux du zinc. A bord des navires, l'eau est généralement conservée dans des caisses de fer dont l'oxydation n'offre aucun inconvénient sérieux.

Caractères des bonnes eaux au point de vue industriel.

Toute eau reconnue bonne pour l'usage hygiénique est généralement propre à tous les emplois industriels.

Nous traiterons, dans un chapitre à part, les eaux industrielles, et nous signalerons alors les qualités spéciales de l'eau qu'exige chaque industrie. Nous nous contenterons de dire ici que la limpidité semble être une des qualités les plus essentielles dans les eaux pour l'industrie. Donc, toute eau limoneuse, trouble, ou seulement dont la transparence n'est pas parfaite par l'effet de quelques particules terreuses tenues en suspension, toute eau que des matières organiques rendent louche doit être écartée de beaucoup d'emplois industriels. Sa température et sa composition ont aussi besoin d'être constantes. La faculté de dissoudre le savon sans le décomposer est, pour les eaux destinées au blanchissage, une qualité nécessaire aussi indispensable que celle de la limpidité.

RÉSUMÉ.

Caractères des bonnes eaux sous le rapport

hygiénique.

Pour que les eaux potables soient bonnes il faut qu'elles soient :

1° Sans odeur, sans saveur, limpides et incolores, fraîches en été et tempérées en hiver.

2° L'eau absolument pure est désagréable à boire, pesante à l'estomac et indigeste.

3° Les eaux potables , pour être bonnes, doivent contenir certains gaz et certains sels en solution.

4° Parmi les substances qui se trouvent d'ordinaire en solution dans les eaux, il y en a qui sont utiles et même nécessaires ; d'autres qui sont plus ou moins nuisibles.

5° Les substances utiles et nécessaires dans les eaux, parce qu'elles les rendent agréables et digestibles , sont : l'air atmosphérique, lequel agit par son oxygène — l'acide carbonique — le chlorure de sodium — le carbonate de chaux (sauf des cas exceptionnels de quelques fontaines par trop incrustantes) — le carbonate de magnésie.

6° L'on doit classer parmi les substances nuisibles : le sulfate de chaux et les autres sels calcaires, excepté le carbonate de chaux et celui de magnésie — les matières organiques.

7° L'analyse chimique , eu égard spécialement à la présence des matières organiques, ne suffit pas pour qu'on puisse déclarer, d'après ses résultats, qu'une eau potable est de bonne ou de mauvaise nature.

8° Enfin, il faut, dans tous les cas, ne prononcer qu'une eau est propre aux usages hygiéniques qu'après s'être assuré, par une enquête, que ceux qui en boivent habituellement n'éprouvent aucun inconvénient de son usage, et que leur constitution et leur santé n'en ont reçu aucune modification fâcheuse.

Les caractères d'une bonne eau étant ainsi bien déterminés, nous avons dû en examiner la valeur de chacun d'eux en particulier :

1° Saveur et odeur.
2° Couleur — limpidité.
3° Température — fraîcheur.
4° Légèreté — pureté.

Substances utiles :

1° Air atmosphérique — oxygène.
2° Acide carbonique.
3° Chlorure de sodium.
4° Carbonate de chaux.
5° Carbonate de magnésie.

Substances nuisibles :

1° Sulfate de chaux.
2° Chlorure de calcium.
3° Nitrate de chaux.
4° Azotates.
5° Sulfate de magnésium.
6° Sulfate de soude.
7° Matières organiques.

Caractères des bonnes eaux au point de vue industriel.

Toute eau reconnue bonne pour l'usage hygiénique est généralement propre à tous les emplois industriels.

Pour être employée avec tous les avantages désirables aux travaux de l'industrie et particulièrement au blanchîment, à la teinture et à l'impression sur étoffes :

Elle doit être limpide en tout temps ;

Elle doit avoir une température et une composition constantes ;

Elle doit dissoudre parfaitement le savon, s'il s'agit du blanchîment.

Il est aussi utile, s'il n'est pas absolument indispensable, qu'elle contienne une quantité suffisante de sels calcaires, pour obtenir des blancs plus parfaits sur soie, pour aviver les couleurs et économiser les matières teintoriales, s'il s'agit spécialement de la teinture.

Elle doit, enfin, avoir été éprouvée ou par l'usage, ou du moins par des expériences faites avec les principales substances colorantes.

C'est un préjugé de croire, selon Berthollet et beaucoup de savants, que l'eau ne peut être propre à la teinture qu'à la condition de dissoudre parfaitement le savon. L'emploi avantageux que font quelques teinturiers lyonnais d'eaux réellement séléniteuses, pour le blanc et certaines nuances claires, est un démenti formel à cette opinion, basée sur le raisonnement et non sur l'expérience.

RECHERCHES

sur les eaux supérieures du département des

Bouches - du - Rhône.

Nous allons maintenant faire connaître, en nous appuyant sur la statistique des Bouches-du-Rhône, si pleine de précieux renseignements, les eaux supérieures du département, leur quantité, leur nature et leurs qualités ; nous donnerons l'analyse chimique de cha-

cune de ces eaux, autant que le temps et les
circonstances nous le permettront. Nous
nous appliquerons à étudier d'une manière
toute spéciale le partage des eaux sur les différents points de leur écoulement; nous ne
les suivrons pas seulement à la surface du
sol , nous observerons avec soin les points
particuliers où elles s'engouffrent dans le
sein de la terre, et, à l'aide de l'hydrographie
souterraine, nous suivrons, autant qu'il nous
sera possible, leurs cours invisibles dans l'é-
corce terrestre et les points où il serait possible de les faire couler de nouveau sur la
surface du sol. Nous arriverons ainsi à augmenter facilement le volume de plusieurs de
nos cours d'eau et d'en créer de nouveaux,
au grand profit de l'agriculture.

Comme nous l'avons déjà dit dans une de
nos précédentes brochures , avec M. Marcel
de Serres et plusieurs autres savants qui font
autorité , il existe dans l'intérieur du Globe,
et plus ou moins rapprochées les unes des
autres, d'immenses masses d'eau formées par
l'accumulation des eaux pluviales dans le
sein de la terre, ou par l'absorption des eaux
courantes qui s'y précipitent à travers les
crevasses et les ouvertures qu'elles rencontrent souvent dans leurs parcours. L'un et
l'autre de ces deux cas se présentent fréquemment dans le département des Bouches-
du-Rhône, comme nous le ferons remarquer
dans le chapitre suivant, sur les relations des
infractuosités du sol avec l'hydrographie
souterraine.

Placées aussi bien dans l'intérieur du Globe
qu'à sa surface, ces eaux , véritables fleuves
et lacs. nous donneront des facilités pour les
ramener et les utiliser de nouveau, en arrosant tant de lieux qui ne sont incultes que
par suite de la privation d'eau.

Nous ne nous dissimulons pas que la tâche
est rude et difficile, mais nous ne la croyons
pas impossible. Si nous n'avons pas le mérite

de réussir complètement, nous aurons au moins celui d'avoir ouvert une voie qui peut devenir, avec un peu d'industrie, une source de fécondité et de richesse.

Quoique le sol du département des Bouches-du-Rhône, dit la statistique, soit en général sec et aride, cependant les sources y sont abondantes et distribuées assez également. Sans parler ici des grands cours d'eau, tels que le Rhône et la Durance, des rivières moins considérables, telles que l'Huveaune, l'Arc, la Touloubre, il n'est presque pas de région qui n'ait des sources d'eau vive dont quelques-unes. entr'autres celle de St-Pons, fournissent des courants d'eau d'un fort volume et qui ne tarissent jamais. Toutes nos montagnes sont calcaires, et elles contiennent de grandes cavités qui servent de réservoirs aux eaux pluviales. Dans toutes les plaines élevées, et il y en a un grand nombre, on voit des gouffres dans lesquels les eaux se précipitent pour se rendre dans ces grottes souterraines dont le trop plein se verse par les ouvertures latérales des montagnes. Il arrive quelquefois que ces réservoirs sont sans issues, et alors l'eau s'y maintient et s'y conserve indéfiniment. Nous en avons la preuve dans ces énormes masses d'eau que nous avons rencontrées dans les Taillades, en creusant un des premiers souterrains du canal de Marseille. La même rencontre, mais en quantité moins considérable, s'est présentée en creusant les souterrains de l'Assassin et de Notre-Dame. Mais, en général, cette circonstance de réservoirs à ouvertures latérales, très favorables à la multiplicité des sources, a besoin de pluies fréquentes pour entretenir ces citernes naturelles au niveau suffisant pour l'écoulement du trop plein. Aussi, lorsque les pluies manquent et que la sécheresse règne, la plus grande partie des sources tarit. Nous pensons qu'il serait possible de pratiquer, à l'aide de la sonde, d'autres ouvertures inférieures, et d'obtenir ainsi des écoulements plus considérables.

Les eaux courantes du département présentent des différences par rapport à leur qualité et à la nature des principes qu'elles contiennent. Nous les rangerons, avec les auteurs de la statistique, en cinq classes que nous examinerons successivement, savoir : les eaux saumâtres, les eaux calcarifères, les eaux séléniteuses, les eaux ferrifères et les eaux pures.

1° *Eaux saumâtres.*

Les eaux des étangs et des marais de la Camargue et des bords de l'étang de Berre contiennent des parties salines qui, étant très-délayées par les infiltrations ou les débordements du Rhône, disparaissent presque dans la masse des eaux douces, tant que la saison pluvieuse dure; alors ces eaux sont potables, quoiqu'elles aient un goût saumâtre et une fadeur à laquelle on s'accoutume difficilement. Mais dans l'été la salure augmente, et même à tel point qu'on en retire du sel en faisant évaporer ces eaux.

Voici quelques analyses de ces eaux, faites dans les deux saisons pluvieuse et sèche.

Aux environs de Calissane est une petite rivière qu'on appelle la Durançole, qui va se rendre dans l'étang de Berre, au quartier dit de Merveille, qui est tout près des ruines d'une ville romaine. Les eaux de la Durançole sont saumâtres et légèrement amères. Elles contiennent du sulfate de magnésie et différents sels dont les plus abondants sont des nitrates. Les collines qu'elles traversent sont de calcaire coquillier ; mais elle passe sur un banc de limon durci, du même genre que celui qui est à Saint-Chamas et que les gens du pays appellent *safre*. Ce limon se couvre d'efflorescences salines qui, entraînées par les eaux pluviales , donnent aux eaux de la Durançole le goût saumâtre qui en rend l'usage difficile et même peu favorable à la santé. Les eaux de la Durance contiennent aussi des parties salines, à tel point que dans l'été le limon se couvre d'efflorescences très-abondantes. Ces parties saines sont des sels magnésiens, calcaires et ammoniacaux. Ils contribuent à la fertilité des terres.

(Nous en donnerons plus loin l'analyse.)

2° *Eaux calcarifères*.

Ces eaux sont communes dans le départe-ment. Les eaux de plusieurs sources en sont plus ou moins chargées , ce qui fait qu'elles sont en général un peu crues et peu propres à cuire des légumes. Deux rivières sont surtout remarquables par l'immense quantité de chaux carbonatée dont leurs eaux se chargent et qu'elles déposent sur leurs bords sous forme de tuf : ce sont la Durance et l'Huveaune. Les vallées où elles coulent pré-sentent, non-seulement dans les parties les plus basses, des dépôts de tuf si considérables qu'on les exploite pour en tirer des pierres à bâtir.

Il existe une multitude de ruisseaux qui présentent le même caractère. Aux environs de St-Jullien, entre Marseille et Allauch, au quartier de St-Antoine et des Crottes, et dans plusieurs contrées du département, on voit des carrières de tuf que les eaux courantes ont formées et qu'elles augmentent encore par leurs dépôts journaliers.

3° *Eaux séléniteuses.*

Les carrières de gypse abondent dans plusieurs parties du département, et partout où il y a de ces carrières les eaux sont séléniteuses. Telle est la nature des eaux d'Aix et d'Allauch. Cependant , la quantité de sulfate de chaux dissoute dans les eaux de plusieurs autres contrées où se trouvent aussi des plâtrières, comme à Roquevaire, à Auriol, à Géménos, etc., est si petite, qu'elle n'altère pas sensiblement le liquide, tandis que dans des contrées placées à quelque distance des plâtrières, comme par exemple à Marseille, qui est à plus de deux lieues d'Allauch, les eaux de puits sont chargées de sulfate de chaux et deviennent peu propres aux usages domestiques. Mais il faut faire attention que les carrières de gypse s'étendent jusqu'à Marseille, où elles arrivent en passant sous les poudingues et en descendant à un niveau plus bas que celui de la mer. Au surplus, ces eaux séléniteuses n'occupent que le sol de la ville neuve et n'ont point, d'ailleurs, d'effet très-nuisible sur l'économie animale.

Analyse des eaux d'Aix et d'Allauch.

Analyse des eaux de Roquevaire, d'Auriol, de Géménos, etc. (1).

4° *Eaux ferrifères.*

Les eaux ferrifères existent dans quelques contrées où il y a des mines de fer limoneux et des terrains ocracés , comme au revers méridional de Sainte-Victoire, aux environs

---

(1) Nous réunirons à part les diverses analyses des eaux supérieures du département.

des Baux, dans les Alpines, et dans plusieurs vallées de la chaîne de Gardelaban. La source la plus remarquable de ces eaux ferrifères est celle qui vient des Camoins et des collines voisines d'Allauch, et qui se jette dans l'Huveaune tout près du hameau de la Pomme. Les eaux de ce ruisseau sont si chargées de fer oxydé, qu'elles le déposent sur leurs bords en forme de concrétions mamelonnées semblables à des choux-fleurs. Ces concrétions sont d'un rouge foncé et font paraître les eaux couleur de sang, quoiqu'elles soient par elles-mêmes très-peu colorées. Cette eau n'a aucune mauvaise qualité ; elle est de même nature que les autres sources qui sortent des terrains calcaires. Les dépôts qu'elles forment ne diffèrent même des autres que par leur couleur rouge, car, du reste, les concrétions dont nous avons parlé font effervescence avec les acides, et l'oxyde de fer en est seulement la matière colorante.

Analyse des eaux du revers méridional de Ste-Victoire.

Analyse des eaux des Baux, dans les Alpines.

Analyse des eaux de quelques vallées de la chaîne de Gardelaban.

Les eaux terrifères qui viennent des Camoins et des collines d'Allauch, pour se jeter dans l'Huveaune tout près du hameau de la Pomme.

5° *Eaux pures.*

Nous appelons eaux pures toutes celles qui n'ont aucune saveur, ni aucune mauvaise qualité sensible. Nous distinguerons dans cette classe les eaux de pluie, les eaux des sources et fontaines et les eaux de puits.

Les eaux de pluie, dans nos contrées, ont cela de remarquable que dans l'hiver et dans l'automne elles sont très-pures, tandis que dans le printemps et l'été elles contiennent toujours différents sels, entr'autres du muriate et du nitrate de chaux.

Les eaux des sources, quelques pures qu'elles soient, contiennent toujours du carbonate calcaire, et d'autres sels, mais en quantités inappréciables. Nous avons dans le département plusieurs sources remarquables; nous citerons les principales.

La Sainte-Baume fournit au département des eaux pures et abondantes, parmi lesquelles la source de Saint-Pons mérite une description particulière. Cette source est située à la naissance d'une vallée formée par la réunion de deux ravins, dont l'un commence entre le baou de Bretagne et Roque-Taillade, et l'autre entre Roque-Taillade et les sommets de la chaîne de Basan. La source sort en bouillonnant des rochers qui forment l'escarpement de gauche en descendant la vallée. Le volume de cette source est si considérable, que si les lieux le permettaient, elle pourrait porter bateau à sa sortie du rocher. Cette eau est fraîche, limpide et très-pure ; elle ne dépose sur ses bords aucune concrétion, mais elle est pesante et charge l'estomac, parce qu'elle n'est point aérée à sa source. Ce défaut disparaît à mesure qu'elle court dans de larges canaux distribués de manière qu'ils fournissent à plusieurs usines toute l'eau nécessaire, indépendamment de celle qui est destinée aux arrosages. Ces canaux, après avoir traversé plusieurs bassins et rivières, se réunissent en un seul qui verse dans le superbe parc de M. d'Albertas, à Gémenos, une masse d'eau qui se distribue dans les nombreux aqueducs et les belles fontaines qui vivifient ces lieux enchanteurs.

La source de Saint-Pons paraît due à un vaste réservoir creusé par la nature dans l'épaisseur des masses calcaires, pour recevoir les écoulements de la Sainte-Baume et pour les conduire par un seul canal dans la vallée. Elle diminue dans les grandes sécheresses, mais elle ne tarit jamais.

Dans la chaîne de Sainte-Victoire, on remarque la belle source du Tholonet, que les Romains avaient recueillie dans un aqueduc dont on admire encore les ruines, et qui arrose maintenant le parc et les jardins de M. de Galifet. Jouques, village situé dans un vallon du même genre que celui de St-Pons, possède aussi plusieurs belles sources, et entr'autres celle de Traconade, que les Romains avaient conduite jusqu'à Aix en perçant plusieurs chaînes de montagnes. Toute la pente de la Trévaresse qui tourne vers la Durance est arrosée par des sources abondantes et aussi pures que celle de Saint-Pons. Les Alpines et les montagnes d'Eguilles sont les plus mal partagées sous le rapport des eaux de source. La chaîne de l'Étoile fournit de belles eaux à Gardanne et à Simiane. Ces eaux passent dans le terrain houillier et n'y contractent aucune mauvaise qualité. Cette même chaîne de montagnes verse, dans le bassin de Marseille, les sources des Aygalades et de Plombières, sans compter plusieurs autres plus considérables.

Excepté quelques villages situés sur des hauteurs, comme le Vernègue, Aurons, Miramas, Éguilles, etc., la plupart des communes du département ont des sources qui alimentent leurs fontaines, et les villes de Marseille, Aix, Arles, Tarascon, Saint-Rémy, Aubagne n'ont rien à désirer sous ce rapport.

Indépendamment des eaux de source, toutes les terres qui sont au pied des montagnes ont des puits très-abondants. On remarque que toutes les plaines et tous les bassins de nos contrées ont pour fondement,

à une profondeur qui ne va jamais au-delà
de quinze à vingt mètres , une forte couche
de terre glaise qui retient les eaux et qui
forme plusieurs grands réservoirs souterrains auxquels les puits vont aboutir. A Marseille, par exemple, dès qu'on a un emplacement pour bâtir une maison, on commence
par creuser le puits dans la partie du terrain
que le plan de l'édifice a réservé pour cet
usage, et on est sûr de trouver l'eau dès
qu'on a atteint le banc d'argile. Aussi, toutes
les maisons ont des puits , et ces puits sont
alimentés par un seul réservoir, qui ne tarit
que dans les grandes sécheresses.

Analyse de l'eau de la source de Saint-
Pons ;

De la source de Tholonet , dans la chaîne
de Sainte-Victoire ;

De la Traconade à Jouques ;

De plusieurs autres sources à Jouques ;

Des sources de la Trévaresse , pente
nord.

Des eaux de Gardanne ;

Des eaux de Simiane ;

De la source des Aygalades ;

De la source de Plombières;

Des fontaines d'Aix, Arles, Tarascon , St-
Etienne, Aubagne.

Système hydrographique du département des

Bouches-du-Rhône.

Toutes les eaux du département se rendent
à la mer par quatre bassins ou canaux naturels qui sont le Rhône, la Touloubre, l'Arc
et l'Huveaune, et par deux canaux artificiels
qui sont d'abord celui de Craponne, tiré
de la Durance et creusé à peu près sur la

même ligne où cette rivière a coulé autrefois, lorsqu'au lieu de se verser dans le Rhône, elle portait directement ses eaux à la mer; puis le canal de Marseille, également tiré de la Durance. Il existe bien encore un grand nombre de ruisseaux le long de la côte qui se déchargent dans la mer, mais ce ne sont pour la plupart que des torrents qui sont à sec la plus grande partie de l'année , et qui ne doivent leur existence qu'aux eaux pluviales. Quelques-uns, tels que ceux des Aygalades et de Plombières , dans le bassin de Marseille ; de Cadière, dans le territoire de Marignane ; la Durançole , près de Saint-Chamas, etc., sont trop peu importants pour que nous nous y arrêtions; ainsi, toute notre attention, dit M. le comte de Villeneuve, doit se borner aux cinq canaux qui reçoivent tous les écoulements et dégorgent toutes les eaux dans la mer.

Ces cinq canaux divisent tout le département en cinq îles, qui répondent aux cinq régions montagneuses des Bouches - du - Rhône. La première est *la Sainte-Beaume*, entre la mer et l'Huveaune ; la seconde, *l'Etoile*, entre l'Huveaune et l'Arc; la troisième, *Sainte-Victoire*, entre l'Arc et la Touloubre ; la quatrième, *la Trévaresse* , entre la Touloubre, la Durance et le canal de Craponne ; et la cinquième, *les Alpines*, entre le canal de Craponne, la Durance, le Rhône et la mer.

Nous nous proposons, continue l'auteur de la statistique, de faire connaître les principaux écoulements de ces cinq régions, et d'évaluer approximativement la quantité d'eau qu'elles versent dans les grands canaux qui les isolent ; de fixer la hauteur de ces canaux au-dessus du niveau de la mer, soit à leur origine, soit à leur entrée dans le département ; la longueur de leur cours , leur pente moyenne par mètre et le volume d'eau qui s'écoule dans une seconde ; enfin , de comparer les quantités d'eau ramassées dans les deux canaux de Craponne et de Marseille, afin de connaître ce qui en a été distrait et ce qu'on pourrait en distraire encore pour l'arrosage des terres et les besoins nombreux de l'industrie.

Tous ces objets sont de la plus haute importance, et cependant, dans aucune partie de la France, on n'a jamais songé à ce travail, qui, à la vérité, présente de grandes difficultés. Aussi, ajoute l'auteur, nous ne nous flattons pas de donner des résultats d'une exactitude rigoureuse, qui n'auraient pu s'obtenir que par des opérations très-longues et très-difficiles. Mais en rassemblant les documents fournis par les archives communales et en les comparant avec des mesures prises en divers temps par des ingénieurs, ainsi qu'avec les observations des personnes que nous avons envoyées sur les lieux, nous croyons avoir obtenu assez de données pour les soumettre au calcul et pour en retirer des résultats satisfaisants.

Nous examinerons, dans des articles séparés, chacun des cinq grands canaux d'écoulement, et dans un sixième article nous indiquerons les résultats généraux de cet examen, en faisant précéder ce sixième article d'un tableau qui présentera tous les éléments employés et rapprochés de la manière la plus convenable pour saisir d'un coup-d'œil ces mêmes résultats.

Notre intention, comme nous l'avons dit au commencement de ce chapitre, est d'exposer scrupuleusement le magnifique travail d'hydrographie de M le comte de Villeneuve, et d'y joindre les analyses chimiques des divers cours d'eau mentionnés. De plus, nous avons encore l'intention d'étudier avec soin le partage des eaux sur les divers points du territoire, de rechercher s'il n'y aurait pas moyen, sinon d'empêcher des masses d'eau d'être absorbées par les embusques et les crevasses si nombreuses du pays, au moins de les suivre dans leurs cours souterrains, à l'aide de certains procédés, afin de les remettre sur le sol aux endroits convenables, ou de les employer à grossir le volume des cours d'eau supérieurs. J'espère que les circonstances me permettront un jour de démontrer pratiquement qu'il y a des procédés à l'aide desquels on peut découvrir les eaux souterrains et en suivre le cours. Nous en parlerons plus amplement et nous en exposerons la théorie dans l'aperçu sur l'hydrographie souterraine que renfermera la monographie des eaux potables.

Premier canal d'écoulement des eaux du département : L'Huveaune.

Si l'on excepte le canal de Craponne et celui de Marseille, qui ne sont que deux dérivations de la Durance, l'Huveaune est, de tous les bassins, celui dont le niveau est le plus bas à son entrée dans le département. Entre Saint Zacharie et Auriol, elle coule dans une vallée qui est élevée de 285 mètres au-dessus du niveau de la mer. Un peu plus bas, elle reçoit de la Sainte-Beaume le ruisseau de Vède, et au-dessous d'Auriol celui de Merlançon, du côté de Peypin. Ce sont là les deux principaux affluents. Aussi, c'est entre Auriol et Roquevaire, dans le vallon étroit de Saint-Vincent, que le volume de ses eaux est plus considérable et que son cours est plus rapide. En mesurant la rivière dans cet endroit vers le printemps, qui est la saison où les eaux ne sont ni trop hautes ni trop basses, on a trouvé que la rivière avait 10 mètres de largeur, 3 décimètres de profondeur, et que le courant parcourait 3 m. 3

dans une seconde, ce qui donne dans le même temps 10 mètres cubes d'eau. A l'entrée dans le département , la rivière ne donne que 5 mètres cubes d'eau, et elle en perd , avant d'arriver au vallon de Saint-Vincent, 2 mè res par les béals qui arrosent le territoire d'Auriol ; ainsi, elle a reçu alors par ses affluents 7 mètres.

En sortant du vallon de St-Vincent, elle entre dans le terroir de Roquevaire, y fournit encore 2 béals de 3 mètres pour ce terroir, et n'y reçoit que quelques filets d'eau, excepté dans le temps des pluies , dont nous faisons abstraction dans notre calcul. Ap ès avoir passé le pont de l'Etoile , elle fournit deux béals pour le terroir d'Aubagne qui, outre l'écoulement des béals de Roquevaire, absorbent toute l'eau de la rivière, laquelle cependant contient encore jusqu'à Aubagne environ 2 mètres cubes qui lui sont fournis par quelques sources et ruisseaux , ainsi que par les écoulements des eaux des béals. Mais à Aubagne, la rivière a augmenté par les eaux de Gémenos , que le Merlançon lui apporte, et cet accroissement continue jusques vers la Penne, où est la prise de l'eau du canal qui passe à St-Marcel , à la Capelette. et arrose tout le riche quartier de Saint-Giniez. La rivière s'alimente des écoulements des montatagnes, fournit encore plusieurs canaux particuliers dont le plus considérable est celui de la Pomme, qui fournit aux fontaines de Marseille et peut contenir un peu moins de deux mètres cubes.

Le dernier affluent de l'Huveaune est Jarret, qui s'y jette près de Montfuron, à 3,000 mètres de son embouchure. Jarret fournit en totalité une masse d'eau de 3 mèt. cubes, mais cette masse est toute absorbée par les arrosages du bassin de Marseille, de sorte qu'il n'apporte presque rien à l'Huveaune. Cette dernière rivière. à son embouchure, n'a que 2 mètres de largeur, 5 décimètres de profondeur, et la vitesse moyenne du courant n'est que d'un mètre à la seconde. Ainsi, l'Huveaune ne verse à la mer que 3 mètres cubes d'eau, et encore est-elle tout à fait à sec dans l'été.

Il résulte de ces faits que toute l'eau de la rivière et de ses affluents, à peu de chose près, est employée pour les besoins de l'agriculture, besoins qui sont loin d'être complètement remplis. En résumant toutes ces données, on peut établir les proportions suivantes :

L'Huveaune fournit à l'entrée du département...	5 m. cub.	d'eau.
Elle reçoit par ses affluents jusqu'à Roquevaire....	7 »	»
jusqu'à Aubagne......	5 »	»
jusqu'à l'embouchure..	6 »	»
Total....	23 m. cub.	d'eau.
Elle perd à l'embouchure.	3 »	»
Eau consommée par l'agriculture........... répartis ainsi qu'il suit :	20 m. cub.	d'eau
Terroir d'Auriol........	2 1|2	»
» de Roquevaire...	2 1|2	»
» d'Aubagne......	7	»
» de Marseille.....	8	»
Total...	20 m. cub.	d'eau.

On sent bien que ce calcul n'est qu'approximatif et que nous n'avons pu l'établir autrement, y ayant de grandes variations dans les proportions, selon les saisons et les besoins de l'arrosage et de l'industrie, sur lesquels nous reviendrons dans la suite de cet ouvrage.

L'Huveaune a une pente très-rapide. Nous avons dit qu'à son entrée dans le département elle était élevée de 285 m. au-dessus du niveau de la mer, ce qui donne pour sa

pente moyenne 7 mill. 91 par mètre; cette
rapidité de son cours est très-favorable pour
en détourner des canaux qui, par leur élévation au-dessus de la rivière, produisent des
chutes d'eau pour les moulins et les fabriques
ou usines. Cette élévation étend encore le
terroir arrosable, qui comprend non seulement le fond de la vallée, mais encore les
pentes des coteaux. La région qui est au-
dessus est en général aride et souffre beaucoup de la sécheresse.

Les deux seuls affluents de l'Huveaune qui
fournissent des canaux sont les ruisseaux de
Saint-Pons et de Jarret; le premier fertilise
le terroir de Gémenos, et le second une partie
du bassin de Marseille.

Pour que l'irrigation arrive à féconder
souverainement l'agriculture et l'industrie,
deux choses sont indispensables: la connaissance complète de la composition chimique
des eaux d'un pays, et des connaissances
précises d'hydrographie souterraine qui per-
mettent de remettre sur le sol les masses
énormes d'eau qui s'enfoncent dans le sein
de la terre et qui y demeurent souvent sans
utilité. Pour ce dernier besoin, il faudrait un
procédé facile et sûr qui aidât à trouver les
eaux souterraines et à les suivre dans leurs
cours. Nous prétendons que ce procédé existe,
bien qu'il soit encore entouré d'obscurité,
comme nous tâcherons de le démontrer dans
notre aperçu sur l'hydrographie souterraine.
En attendant, nous donnons, dans ce chapitre, la composition chimique des eaux des
Bouches-du-Rhône.

Composition des eaux de l'Huveaune à son
entrée dans le département.

Composition des eaux du ruisseau de Vède
avant son entrée dans l'Huveaune.

Composition des eaux de l'Huveaune après
avoir reçu le ruisseau de Vède, après Saint-
Zacharie.

Composition des eaux du ruisseau de Merlançon avant son arrivée dans l'Huveaune.

Composition des eaux de l'Huveaune après avoir reçu celles du Merlançon, au-dessous d'Auriol.

Composition des eaux de l'Huveaune dans le vallon étroit de St-Vincent, entre Auriol et Roquevaire.

Composition de l'eau de l'Huveaune dans les deux béals du terroir de Roquevaire.

Composition de l'eau de l'Huveaune dans les deux béals du terroir d'Aubagne, après avoir passé le pont de l'Etoile.

Composition de l'eau de l'Huveaune à Aubagne, après avoir reçu les eaux de Gémenos vers la Penne.

Composition de la prise d'eau du canal qui passe à St-Marcel, à la Capelette et arrose le canal de St-Giniez.

Composition de l'eau du canal de la Pomme qui fournit aux fontaines de Marseille un peu moins de deux mètres cubes.

Composition de l'eau du Jarret avant de se jeter dans l'Huveaune, près de Montfuron.

Composition de l'eau du Jarret absorbée par les arrosages du bassin de Marseille avant de se jeter dans l'Huveaune.

Composition de l'eau de l'Huveaune à son embouchure, où elle ne jette que trois mètres cubes, étant tout à fait à sec dans l'été.

Second canal d'écoulement des eaux du département : L'Arc.

Cette rivière, en entrant dans le département, dans le territoire de Trets, coule sur un terrain élevé de 290 mètres au-dessus du niveau de la mer. C'est cinq mètres de plus que l'Huveaune, sous le même méridien. La

longueur de son cours , qui est fort sinueux
et dirigé vers l Ouest , est de 50,000 mètres ,
ce qui donne, pour sa pente moyenne. 5 mill.
80 par mètre.

Le lit de cette rivière est en général fort
large et peu profond. Nous avons estimé le
volume d'eau , à son entrée dans le terroir
de Trets, à 3 mètres cubes au plus. De ce
point jusqu'à Aix, les seuls ruisseaux qui
fournissent des béals sont celui de Rousset ,
le Bayon qui passe à Beaurecueil ; le ruisseau du Tholonet et celui de Pinchinat , qui
traverse le territoire d'Aix du Nord au Sud ,
et se jette dans l'Arc tout près des Infirmeries. Tous ces ruisseaux fournissent ensemble environ 8 mètres cubes d'eau, dont la
plus grande partie est consommée par les
arrosages ; de sorte que l Arc n'en reçoit au
plus qu 3 mètres, dont il en perd environ 2
par le béal de Farges et celui de Valbraillant,
qui ont très-peu d'importance et n'ont de
longueur que 3,000 mètres.

D'Aix à son embouchure dans l'étang de
Berre , l'Arc ne reçoit que des torrents et
quelques sources peu importantes qui, toutes
ensemble, ne fournissent guère que 3 mètres
cubes que la rivière perd par plusieurs petits
canaux et un grand béal qui a sa prise d'eau
vis-à-vis la Fare et se rend à Berre. Ce béal
est proprement le seul que l'Arc fournisse à
l agriculture , et encore il a moins d'importance que le plus petit de ceux que fournit
l'Huveaune.

En résumé, l'Arc apporte, à son entrée
dans le département .... 3 m. cub.
Il reçoit par ses affluents, jusqu'à Aix .... 3 »
  Jusqu'à l'embouchure. 3 »

   Total .... 9 m. cub.
dont l'agriculture consomme..... 5 »

Reste pour l'eau versée à la mer. 4 m. cub.

Ainsi, cette rivière reçoit la moitié moins d'eau que l'Huveaune, quoique son cours soit plus long, et elle en perd plus à son embouchure. Ces quatre mètres cubes perdus ne peuvent être utilisés, parce qu'il n'y a pas assez de pente. Cependant, il est bon d'observer que les Romains avaient tiré de l'Arc, tout près de son embouchure, un aqueduc qui portait à l'ancienne ville d'Astromela, située sur es bords de l'étang de Berre, à l'endroit appelé *Cap-d'OEil*, une masse d'eau d'environ 2 mètres cubes. Si on faisait une prise d'eau au pont jeté sur l'Arc pour le chemin d'Aix à Berre, on pourrait en tirer un canal qui contournerait toutes les collines de Velaux et arroserait tout le pays compris entre ces collines et l'étang de Berre. C'est le seul endroit où l'on peut faire une saignée considérable à cette rivière, dont l'utilité est médiocre et dont les ravages, au contraire, sont des plus désastreux par la grande quantité de torrents qu'elle reçoit.

Ne serait-il pas possible d'un autre côté, ajouterons-nous, de profiter de la disposition de nos montagnes, qui s'élèvent en gradins et qui sont une suite de bassins superposés, pour rétablir les anciennes chaussées naturelles emportées par les eaux, ce qu'on pourrait faire en barrant les étranglements des ravins et en fortifiant ces barrages avec de gros blocs de rochers qui se trouvent à portée Il en résulterait des lacs artificiels qui offriraient une assez grande surface pour recevoir toutes les eaux pluviales des écoulements supérieurs, et ces lacs, saignés dans les temps de sécheresse, abreuveraient et fertiliseraient les terrains inférieurs, qui d'ailleurs ne seraient plus exposés aux ravages des torrents, et dont l'excédant pourrait être encore déversé dans la rivière pour en augmenter le volume d'eau.

Il serait encore possible, au moyen des procédés de l'hydrographie souterraine, de rencontrer, dans les montagnes voisines, des réservoirs souterrains d'eau que l'on déverserait encore dans la rivière, ce qui serait beaucoup plus facile et moins dispendieux que le procédé des barrages dans les montagnes qui rendraient néanmoins d'importants services à l'agriculture. Nous le répétons, l'exécution est plus facile qu'on ne le pense, et nous espérons pouvoir bientôt en donner des preuves convaincantes.

Composition de l'eau de l'Arc à son entrée dans le terroir de Trets.

Composition de l'eau du béal alimenté par le ruisseau de Rousset, de celui fourni par le Bayon à Beaurecueil, de celui fourni par le Tholonet et celui de Pinchinat, qui traverse le terroir d'Aix du Nord au Sud et se jette dans l'Arc tout près des Infirmeries.

Composition de l'eau du béal de Farges et celui de Va braillant.

Composition de l'eau du grand béal qui a sa prise d'eau vis-à-vis la Fare et se rend à Berre.

Troisième canal d'écoulement des eaux du département : La Touloubre.

Cette rivière prend sa source dans le département, à peu de distance de Venelle. Ce n'est qu'au pont de l'Éricart, sur la route d'Aix à Rognes, qu'elle conserve quelque peu d'eau après la saison des pluies. Ce n'est même qu'au-dessous du pont qui est sur la grande route de Lambesc que la Touloubre a assez d'eau pour faire tourner un moulin. Au-dessous de la Barben, la Touloubre reçoit la Concernade, qui est un canal d'arrosage venant de Beaulieu, et à peu près le seul qui fertilise le terroir de Lambesc. La Touloubre, après avoir reçu ce canal, contient à peu près 5 mètres cubes d'eau ; elle arrive ainsi à Pélissanne, où elle reçoit une branche du canal de Craponne, qui vient de Salon, mais qui en sort aussitôt pour se diriger au Sud, du côté de Cornillon. La Touloubre continue son cours à l'Ouest jusqu'à Grans, d'où elle se recourbe vers le Sud-Est ; pour venir se jeter un peu au-dessous du pont Flavien, à la branche de Craponne dont nous venons de parler, et avec laquelle elle se confond au-dessous de Cornillon.

Dans tout ce trajet, la Touloubre n'est proprement qu'un canal alimenté par les écoulements des arrosages de Craponne, et perdant par de fréquentes saignées toutes les eaux qu'il reçoit. En général, on peut estimer que de Pélissanne au-dessus du pont Flavien, le volume moyen des eaux de la Touloubre est de 10 mètres cubes. Un grand canal qui va se rendre à la poudrerie de Saint-Chamas et un autre qui arrose une partie du terroir de cette ville en absorbent à peu près 7, et le reste se verse dans l'étang de Berre.

Cette rivière doit être regardée comme un canal qui était originairement composé de plusieurs ravins séparés, que la main de l'homme a réunis pour en former un seul fossé d'écoulement où se rendent toutes les eaux de Craponne que l'arrosage n'a pas consommées. La Touloubre ne reçoit pas d'affluents, mais son lit devient le réservoir de plusieurs canaux et se confond avec eux, donnant et recevant tour à tour, selon les besoins de l'agriculture et de l'industrie. Il est très-difficile de pouvoir estimer la quantité d'eau de cette rivière d'une manière exacte, parce que cette quantité est très-variable ; mais en prenant des termes moyens, nous croyons pouvoir établir les proportions suivantes qui ne s'éloignent pas trop de la vérité et qui sont suffisants pour l'usage que nous voulons en faire.

La Touloubre roule au-dessous de Péricard environ..........................	3 m. cub.
Elle reçoit par la Concernade, au-dessous de la Barben......	2 »
Et par le canal de Craponne, au-dessous de Pélissanne, en totalité....................	5 »
Total........	10 m. cub.
dont l'agriculture de St-Chamas consomme...................	7 »

Reste du volume d'eau porté à l'étang de Berre............. 3 m. cub.

La source de la Touloubre est à 300 mètres de hauteur au-dessus du niveau de la mer ; son cours est de 45,000 mètres, et sa pente moyenne de 6 mill. 66 par mètre. Son lit est presque partout creusé dans le roc, et souvent à une profondeur de plus de 20 mètres. Les bords sont taillés à pic, et le lit a en général une grande largeur. Il résulte de cette disposition que lors des grandes pluies, la rivière ne cause aucun dommage, parce qu'elle est encaissée et qu'elle a une assez grande pente pour rouler une masse d'eau considérable. Lorsque cette augmentation accidentelle a fini, le courant de la rivière n'occupe que le milieu de son lit, et le reste de ce lit présente une belle prairie coupée de saules et d'autres arbres qui croissent sur le bord des eaux.

Composition de l'eau de la source de la Touloubre.

Composition de l'eau de la Touloubre au-dessous du pont qui est sur la grande route de Lambesc.

Composition de l'eau de la Touloubre au-dessous de la Barben, avant de recevoir la Concernade.

Composition de l'eau de la Concernade.

Composition de l'eau de la Touloubre après avoir reçu la Concernade, avant d'arriver à Pélissanne.

Composition de l'eau de la Touloubre après
avoir reçu une branche du canal de Craponne,
au-dessous de Pélissanne.

Composition de l'eau qui va se rendre à la
poudrerie de St-Chamas.

Composition de l'eau du canal qui arrose
une partie du terroir de cette ville.

*Quatrième canal d'écoulement des eaux du
département : Le canal de Craponne.*

Nous considérons ce canal comme une rivière par plusieurs raisons : d'abord, parce
que son cours est celui qu'avait la Durance
anciennement ; ensuite, parce que ce canal a
une assez grande pente et un cours fort long,
et enfin, parce que ce courant d'eau a une
importance beaucoup plus grande que celle
des trois rivières dont nous avons déjà parlé.
Nous ne nous occuperons ici que du cours et
de la direction de ce canal, de sa pente
moyenne, de la quantité d'eau qu'il contient,
qu'il livre à l'agriculture et qu'il perd à ses
principales embouchures.

La prise d'eau de Craponne, située entre
Saint-Etienne-le-Janson et la Roque-d'Antheron, n'est élevée que de 150 mètres au-
dessus du niveau de la mer. De cette prise à
Lamanon, où le canal se divise en deux
branches principales, la longueur du cours
est de 35,000 mètres ; or, Lamanon étant à
peu près à 90 mètres au-dessus du niveau de
la mer, il s'en suit que la différence du niveau de la prise d'eau à Lamanon est de 60 mèt.,
ce qui donne pour la pente moyenne 2 mill.
57 dans cette partie du cours du canal de
Craponne. De Lamanon, une branche qui
conserve le nom de Craponne se dirige à
Salon, arrive à Pélissanne, où une partie se

confond avec la Touloubre et l'autre partie
passe dans les terroirs de Lançon et de Cornillon, d'où elle se jette dans l'étang de Berre
par plusieurs embouchures aux environs de
Saint-Chamas. Cette branche a, dans sa plus
grande longueur, 45,000 mètres et 90 mètres
de pente moyenne, par mètre 2 mill. La seconde branche, connue sous le nom d'*OEuvre d'Arles*, traverse la Crau de l'Est à
l'Ouest et va se jeter dans le Rhône un peu
au-dessous d'Arles, après un cours de
60,000 mètres. Le point où ce canal débouque
dans le Rhône est élevé de 2 mètres au-dessus
du niveau de la mer, ce qui fixe la pente
moyenne de l'OEuvre d'Arles à 1 mill. 46 par
mètre. Enfin, de l'OEuvre d'Arles il se déta-
che un bras au-dessous d'Eyguières qui court
droit au Sud et va se rendre à l'étang de
Berre, auprès d'Istres. Ce bras a de longueur
45,000 mètres. L'eau du canal d'Istres fait
une chute de 20 mètres dans l'étang de Berre,
de sorte que la différence de niveau entre
l'embouchure du canal et sa prise d'eau n'est
que de 70 mètres. Ainsi, la pente moyenne de
ce canal est de 1 mill. 55 par mètre.

Si nous considérons le canal dans sa plus
grande longueur, nous la mesurerons de la
prise d'eau jusqu'à l'embouchure du canal
dans le Rhône, et nous trouverons 95,000 m.
La différence de niveau est de 148 mètres, et
la pente de 1 mill. 55 par mètre.

Examinons maintenant les quantités d'eau
que fournit ce beau canal. A la Roque-d'Antheron, le canal a environ 8 mètres de largeur et 2 de profondeur. Sa vitesse moyenne
est de 1 m. 50 par seconde ; la masse d'eau
est donc de 24 m. cubes. La branche de Salon
a 3 m. de largeur moyenne, 2 de profondeur,
et sa vitesse est de 2 m., ce qui donne 12 m.
cubes. La branche d'Arles a 5 m. de largeur,
1 m. de profondeur, et sa vitesse est de 1 m.
60, ce qui fournit 8 m. cubes. Enfin, le canal
d'Istres a 2 m. de largeur, 1 m. de profon-

deur, et sa vitesse est de 2 m. comme la branche de Salon, ce qui représente une masse de 4 m. cubes.

La branche de Salon verse à l'étang de Berre, par la Touloubre, 3 m. cubes dont il ne faut pas tenir compte ici, puisque nous avons affecté cette perte à cette rivière, mais la même branche verse à l'étang de Saint-Chamas, par plusieurs canaux, environ 5 m. cubes, desorte que l'agriculture en consomme environ 7. La branche d'Istres n'en verse qu'un mètre cube, et le sol en consomme 3. La branche d'Arles forme un canal bi n encaissé et entr tenu avec beaucoup de soin. La masse d eau a 3 mètres de largeur et 1 m. de profondeur ; sa vitesse moyenne est d'un mètre. Ainsi, on ne s'écartera pas trop de la vérité en admettant q e le sol a consommé 4 m. cubes, et que les 4 autres sont versés dans le Rhône. Il résulte de ces données que des 24 mètres cubes d'eau que fournit le canal de Craponne, il y en a 14 absorbés par le sol et 10 versés à l'étang de Berre ou au Rhône.

Composition de l'eau du canal à la Roque-d'Antheron :

Dans la branche de Salon ;
Dans la branche d'Arles ;
Dans le canal d'Istres.

Cinquième canal d'écoulement des eaux du département : La Durance.

La Durance fait son entrée dans le département à Cadarache, après avoir reçu le Verdon. Le cours de la Durance dans le département est de 9 myriamètres et demi, la distance de Cante-Perdrix à la prise d'eau de Craponne 22,413 m. 52, la pente 72 m. 76, ce qui donne pour la pente moyenne 3 mill. 25

par mètre. Nous ne nous occuperons ici que du volume de ses eaux, tout en tenant compte des quantités qu'elle reçoit et qu'elle perd.

La Durance a été cubée à Cante-Perdrix, qui est le point le plus resserré de son cours, et par conséquent le plus favorable pour ces sortes d'opérations. On a observé que la largeur du lit allait en diminuant progressivement des deux côtés , à mesure qu'on descendait plus bas , de telle sorte que la plus grande profondeur de la rivère peut être considé ée comme le sommet d'un triangle dont la base, qui est la largeur de la rivière à la surface, est de 40 m. en nombre rond. La plus grande profondeur est de 10 m. et la vitesse moyenne de 2 m. par seconde. Or,

$$\frac{40 \times 10 = 20 \times 2 = 400}{2} \text{ m. cubes pour le}$$

volume entier des eaux de la Durance à Cante-Perdrix.

La Durance, au dessous de Cante-Perdrix, reçoit de la rive gauche un grand nombre de ruisseaux dont les plus considérables sont : le *Riaou*, qui vient de Jouques ; la *Vaubrières* , le ruisseau de *Saint-Canadet*, les *Carias*, *Ribière* les ruisseaux de *Rognes*, de *Maison Basse* et d'*Orgon*. Toute cette rive gauche fournit aussi grand nombre de sources abondantes. Nous avons estimé approximativement la quantité d'eau fournie par tous ces écoulements de la rive gauche à 15 mètres cubes.

La rive droite, outre les ruisseaux et les sources, dirige vers la Durance quelques rivières assez grandes, telles que l'*Eze* à Pertuis, le *Jabron* à Cadenet, le *Caulon* à Cavaillon, etc. Nous pensons donc que les écoulements de la rive droite ne peuvent être portés à moins de 25 m. cubes.

En ajoutant ces deux nombres à celui de la masse d'eau que roule la Durance à Cante-Perdrix, nous aurons, pour le volume de toutes les eaux de cette rivière, 440 mètres cubes.

La Durance mesurée au terroir de Barbentane, au point où elle se resserre pour se diviser presque aussitôt en trois bras qui se versent dans le Rhône, présente la forme d'un trapèze dont le plus grand côté a 100 m. et le plus petit 20 m.; la plus grande profondeur est de 3 m. et la vitesse moyenne de 2 m. par seconde, ce qui donne l'équation suivante :

$$\frac{100 \times 20}{2} = 60 \times 180 \times 2 = 360.$$

Ainsi, la Durance verse dans le Rhône 360 m. cubes d'eau au lieu de 440 qu'elle en contenait. Elle a donc perdu 80 m. cubes depuis Cante-Perdrix jusqu'au confluent, et voici comment cette perte peut être trouvée :

Rive gauche.			
Canal de Peyrolles ...	4m c		
Du Puy Ste-Réparade.	3		Total 80 m. cub. d'eau consommés pour l'agriculture ou versés dans la mer, dans le Rhône, etc.
De Craponne	24		
De Boisgelin	18		
De Cabannes	3		
De Pertuis	8		
De Cavaillon	10		
De Bompas, etc.	10		

Le canal de Boisgelin qui, après celui de Craponne, est la plus forte dérivation de la Durance, se lie aux différents fossés d'arrosage et de dessèchement du bassin de Saint-Rémy qui se réunissent tous dans le canal du Réal, qui prend ensuite les noms de *Grande-Roubine* et de *Canal du Vigueirat*. La réunion de toutes ces eaux se fait près de St-Gabriel. Le Vigueirat se rend ensuite dans les marais de la Péluque, aux environs d'Arles, d'où part aussi un autre canal appelé le *Canal des Vidanges*. Ces deux canaux coulent lentement et parallèlement à une très-petite distance l'un de l'autre, sur la rive gauche du Rhône, et vont se rendre à la mer de Fos par les étangs de Ligagnan et du Galéjon.

La Durance ne fournit à ces canaux qu'environ 6 m. cubes par une communication du canal de Saint-Andiol, qui est une branche de celui de Boisgelin. avec celui de Noves qui vient des paluns de Saint-Remy. Ces paluns donnent 50 m. cubes au canal de Noves et 8 au canal de St-Remy, dont la réunion forme le Réal, qui devrait avoir par conséquent 24 m. cubes, mais qui n'en a réellement que 10, parce que le surplus a été consommé par les arrosages. A l'auberge de Laurade, sur la route de Saint-Remy à Tarascon, le Réal a reçu les écoulements de Maillane et de Graveson, et il prend alors le nom de *Grande-Roubine*. Son volume est alors de 12 mètres cubes. A Saint-Gabriel, la Grande-Roubine reçoit un canal de Tarascon et prend le nom de *Canal du Vigueirat*, qui peut avoir 16 m. cubes. Son volume va toujours en s'augmentant dans la suite par les fossés de dessèchement des marais d'Arles qui, outre ce qu'ils fournissent au Vigueirat, forment aussi le canal des Vidanges. Ces deux canaux ont une largeur considérable, mais peu de profondeur, et coulent très lentement. On peut évaluer la quantité d'eau qu'ils versent à la mer à 50 m. cubes environ.

Composition de l'eau dans le canal de St-Andiol et dans celui de Noves.

Composition de l'eau du Réal quand il a reçu les écoulements de Maillane et de Graveson et qu'il prend le nom de Grande-Roubine.

Composition de l'eau de la Grande-Roubine après avoir reçu un canal de Tarascou et qu'il prend le nom de canal de Vigueirat.

Composition de l'eau du canal des Vidanges.

Sixième canal d'écoulement des eaux du département : Le Rhône.

Nous avons considéré le Rhône comme la suite de la vallée de la Durance quant à ce qui concerne le nivellement et la pente moyenne. Il nous reste à évaluer le volume de ses eaux.

Le Rhône, au-dessous d'Avignon, a 250 m. de largeur. Sa profondeur très variable peut être évaluée à 6 mètres, terme moyen, et sa vitesse moyenne à 1 mètre 20, ce qui donne . . . . 1,800 m. cub.

La Durance lui apporte.   360   »
Les autres écoulements, au plus   40   »

Total. . . 2,200 m. cub.

Ce résultat est confirmé par les mesures exactes qui ont été prises par M. Poulle, ingénieur du 3ᵉ arrondissement, au pont de bateaux, à Arles. Ces mesures donnent : largeur. 149 m. 75 ; profondeur, 16 m. 50 ; vitesse moyenne, 0 m. 72.

Ce qui porte le volume des eaux à . . . . 1,779 m. cub.

A reporter. . . 1,779 m. cub.

Report..... 1 779 m. cub.

Le volume d's eaux du petit
Rhône est de ....:   421   »

Total ..... 2,200 m. cub.

On peut estimer toutes les
eaux tirées du Rhône pour les
Roubines de la Camargue à...   200   »
environ.

D'où il suit que le Rhône
verse à la mer .... 2.000 m. cub.
d'eau, dont le quart par le petit Rhône et les
trois autres quarts par le grand Rhône.

On sent que tous ces calculs ne peuvent
être d'une exactitude rigoureuse, d'un côté
parce que nous n'avons pu obtenir toutes les
mesures que nous employons d'une manière
approximative, et que de l'autre côté les
variations dans les eaux courantes sont très-
nombreuses et très-considérables. Mais
comme nous avons eu des moyens de comparaison très-multipliés, et que nous avons
rapporté toutes nos observations à la saison
du printemps, où le volume des eaux varie
assez peu et peut être regardé comme le
terme moyen entre la saison des pluies et les
temps de sécheresse, nous pensons que nos
résultats ne s'écartent pas trop du degré de
probabilité qu'on peut raisonnablement exiger
dans un travail de ce genre.

Composition de l'eau du Rhône à Avignon,
à Tarascon à Arles, à l'embouchure du grand
Rhône et du petit Rhône.

Septième canal d'écoulement des eaux du département : le canal de Marseille.

La prise d'eau du canal de Marseille, d'abord
placée en aval du pont de Pertuis, l'est aujourd'hui en amont. Elle est un peu moins

élevée au-dessus du niveau de la mer
(145 m. 30 c) que le canal de Craponne, qui en
est distant de 15 kilomètres et qui a 150 m.
d'altitude. La ville de Marseille a été autorisée à emprunter 5 m. 75 d'eau de la Durance; il n amène cependant 9 mètres.

Le canal de Marseille mesure 89,748 m. 90,
dont 82,654 m. 50 forment la longueur de la
branche mère, et 7,094 m. celle de la rigole
de distribution pour les eaux destinées à
l'alimentation de la ville. Cette rigole sort de la
dérivation sur Châtea -Gombert et se dirige
sur Longchamp, dont l'altitude est de 72 m.,
ce qui permet aux eaux du canal de desservir
toutes nos constructions , voire même la
colline de Bonaparte, élevée seulement de
59 m.

Sur la longueur du canal que nous avons
dit être de 89 748 m. 90 , 67 020 m. sont à
ciel ouvert, 721 m. 55 en passerelles ou
aqueducs, 15,787 mètres en trente-huit souterrains.

Pour embrasser dans le territoire de Marseille la plus grande surface possible de terrains, on a établi les branches suivantes:

1° La partie orientale de la dérivation principale partant de Saint Antoine, arrivant à
Montredon et se jetant à la mer;

2° La partie occidentale de la dérivation
principale partant de St-Antoine, arrivant à
l'Estaque et se jetant aussi à la mer;

3° La dérivation secondaire de St-Henri,
arrivant à St-Louis et se terminant à la mer,
près du cap Janet;

4° La dérivation secondaire de Longchamp
établie sur la dérivation principale de Château Gombert et arrivant à l'entrée de la ville
de Marseille, près de l'extrémité du boulevard
Longchamp ; c'est la dérivation qui amène
les eaux destinées à la ville de Marseille;

5° La dérivation secondaire de St-Barnabé
établie sur la dérivation principale (partie
orienta e) au sortir du souterrain de la Ma-

rionne, passant au-dessous de St-Julien et se jetant dans le ruisseau de Jarret;

6° La dérivation secondaire des Camoins prenant naissance au même point que le précédent, passant au village des Camoins et se jetant dans l'Huveaune un peu au-dessous du village de la Penne.

Au moyen de ce système de dérivation, on a pu embrasser dans le territoire de Marseille la plus grande surface possible de terrains. On a partagé ensuite tout le territoire en sections de peu d'étendue comprenant le versant de chaque petit vallon secondaire. Ces vallons, ayant tous pour origine soit la dérivation principale, soit l'une des dérivations secondaires, sont desservis par de petites rigoles particulières alimentées par la dérivation où le vallon prend son origine. On a pu ainsi faire parvenir les eaux sur tous les points du territoire, soit pour l'arrosage, soit pour le service des maisons et usines.

La dérivation principale du canal de Marseille part de la route impériale n° 8 de Paris à Toulon, près le village de St-Antoine, et franchit le ravin de ce nom sur un pont aqueduc composé de deux arches de 6 mèt. d'ouverture et de 18 de largeur entre les têtes. L'une de ces arches sert à l'écoulement des eaux du ravin, et l'autre au passage de l'ancienne route royale de Lyon à Marseille. Elle se développe ensuite au-dessus du village des Aygalades, du château de Fontainieu et au-dessous du hameau des Bessons; vient passer derrière le village de Château-Gombert et pénètre dans la commune d'Allauch pour franchir sur un pont aqueduc le ruisseau de Jarret; passe au-dessus du hameau des Olives et traverse le contre-fort sur lequel sont situés les villages de St-Julien et de St-Barnabé, au moyen du souterrain de la Marionne, de 1135 m. 10 de longueur, établi à une profondeur moyenne de 18 m. 50 au-dessous du sol.

La dérivation de Longchamp, qui s'opère sur la dérivation principale, au quartier de Sainte-Marthe, présente une longueur d'environ 6 kilomètres et emprunte à la dérivation principale 2 mèt. cubes d'eau, dont 0 m. 50 sont destinés à l'irrigation des terrains qui se trouvent au-dessous de son parcours, et 5 m. 50 sont destinés exclusivement à l'usage de la ville de Marseille, où ils arrivent par le pont-aqueduc et le bassin de Longchamp, qui sont : l'un, le dernier pas des eaux du canal dans la dérivation, et l'autre leur premier pas dans la distribution de ces mêmes eaux dans tous les quartiers de Marseille, avec une altitude de 72 mètres.

Ce fut le 19 novembre 1849 qu'eut lieu l'inauguration de l'entrée des eaux sur le pont-aqueduc de Longchamp et dans la ville de Marseille. Cette solennité, qui marquera à jamais dans les fastes marseillais, fut présidée par M. Max-Consolat, ancien maire de Marseille, en reconnaissance de l'intelligente et courageuse initiative de ce magistrat à qui la cité de Marseille est redevable de la réalisation du canal, commencé et achevé par l'illustre M. de Montricher.

Composition de l'eau de la Durance à son entrée dans le canal..., après le souterrain des Taillades..., au pont-aqueduc de Roquefavour..., après le souterrain de Notre-Dame..., à l'entrée de la dérivation principale et de chacune des autres dérivations secondaires, au commencement, au milieu et à la fin de leurs cours.

Résultats généraux.

Après avoir examiné en particulier chacun des canaux, fleuves ou rivières du département, et en avoir déterminé tous les éléments essentiels , nous avons cru utile de rassembler ces mêmes éléments dans un seul tab'eau, afin de pouvoir les comparer et tirer de cette comparaison la connaissance du système hydrographique dont nous nous occupons. Nous ferons ensuite quelques réflexions sur les faits les plus importants que nous avons rassemblés dans ce tableau.

Enfin , pour rendre le travail de la statistique plus utile et nous conformer au désir de M le ministre du commerce et des travaux publics , nous réunirons dans un second tableau les analyses de toutes les eaux du département des Bouches-du-Rhône.

TABLEAU

DU SYSTÈME HYDROGRAPHIQUE DU DÉPARTEMENT DES BOUCHES-DU-RHONE.

NOMS des FLEUVES, RIVIÈRES OU CANAUX.	Hauteur au-dessus du niveau de la mer. (Mètres.)	Longueur totale du cours. (Mètres.)	Pente moyenne par mètre. (Mill.)	Volume du courant d'eau. (Mét. c.)	Quantité fournie par les affluents. (Mét. c.)	Quantité totale (Mét. c.)	Quantité dérivée par les canaux. (Mét. c.)	QUANTITÉ VERSÉE A L'EMBOUCHURE. (Mét. cub.)
Huveaune	285	36000	7 91	5	18	23	20	Au golfe de Marseille 3
Arc	290	50000	5 80	3	6	9	5	A l'étang de Berre 4
Touloubre	300	45000	6 66	3	7	10	7	» 3
Craponne	150	95000	1 55	24	de gauche 19	24	14	A l'étang et au Rhône ... 10
Durance	300	69480	4 13	400	de droite	432	89	Dans le Rhône ... 351 / A la mer de Fos ... 25 / » 25
Vigueirat	80	80000	1 00	24	25	60	35	A la mer par le gr. Rhône. 1500 } 2000
Vidanges	42	45000	0 26	35	36	45	20	» par le petit » 300 }
Rhône	13	7348	0 17	1800	10	2200	200	» 2000
Canal de Marseille	145 90	89748	0 30	9	»	9	8	A la mer environ ....

Totalité des eaux courantes du département...... 2811

Quantité d'eau consommée par l'agriculture......... 389

Quantité d'eau versée à la mer......... 2431

RELATIONS DES ANFRACTUOSITÉS INTÉRIEURES
DU SOL AVEC L'HYDROGRAPHIE SOUTERRAINE.

Dans notre premier mémoire sur le moyen
de remplacer les eaux boueuses et insalubres
du canal par les eaux saines et limpides des
sources , nous avons dit , avec le savant
M. Marcel de Serres , que la nature nous re-
fuse bien rarement l'eau dont nous avons
besoin, mais que nous ne savons pas toujours
tirer parti de celle dont elle dispose en notre
faveur. C'est surtout, dit l'éminent professeur
de Montpellier, ce qui arrive dans les contrées
méridionales de la France , où les grandes
sources sont considérables , mais peu fréquentes. Il existe, dit-il, dans l'intérieur du
Globe , et plus ou moins rapprochées les
unes des autres , deux sortes de sources
d'eau. Les premières ou les plus superficielles, uniquement alimentées par les eaux
pluviales, cessent du moment que les pluies
ne sont pas assez abondantes pour leur entretien ; c'est ce qui est arrivé en 1839, dans le
Midi de la France, à toutes les sources de ce
genre : elles ont généralement tari et n'ont
reparu qu'après les pluies de la fin de l'année.
La seconde espèce de sources, ou les eaux
profondes et toujours pérennes, ne cessent
jamais entièrement ; seulement, ces sources
ont deux sortes de niveau : l'un factice ou
variable, produit par l'accumulation des eaux
pluviales dans le sein de la terre, et qui l'est
d'autant plus que ces eaux ont été plus abondantes. Aussi les voit-on souvent perdre leur
élévation la plus ordinaire, lorsque la sécheresse devient si grande qu'elle ne peut plus
se maintenir à la même hauteur.
Il en est donc de ce niveau comme de celui
des sources superficielles. La cause qui fait

tarir celles-ci diminue ou même change entièrement la hauteur variable des eaux profondes, pour les réduire au niveau qu'on ne
leur voit jamais perdre. En effet, les sources
profondes ont un niveau constant tout à fait
indépendant des pluies, ainsi que des autres
causes accidentelles. Il ne paraît pas, du
moins, en être affecté, même pendant la plus
grande sécheresse, comme, par exemple,
celle des premiers mois de l'année 1839, une
des plus extraordinaires qu'on ait éprouvé
dans le Midi de la France. Aussi, plus les
sources sont enfoncées dans l'intérieur du
sol, plus elles sont abondantes, et l'on peut
même ajouter : plus leur température est
élevée. Cette abondance et cette chaleur an-
noncent assez la grandeur et l'importance
des bassins souterrains qui les fournissent et
les alimentent.

Les eaux que ces bassins entretiennent
sont de véritables lacs ou fleuves placés
aussi bien dans l'intérieur du Globe qu'à sa
surface. En s'épanchant au dehors, ces
grandes sources d'eau prouvent combien
sont intarissables les réservoirs qui les alimentent et dont elles proviennent.

Ces sources inépuisables pourraient facilement devenir l'élément constant de la fertilité de nos champs, même lorsqu'elles ont
perdu leur niveau variable, qui nécessairement est le plus élevé. Nous citerons plus
tard comment on pourrait les utiliser.

Pourquoi donc ne pas profiter d'une ressource aussi précieuse ? Pourquoi ne pas
l'appliquer à Marseille, pour en tirer une
eau qui viendrait remplacer celle du canal et
permettrait d'alimenter en toute saison la
ville d'eau véritablement potable ? Pourquoi,
enfin, Montpellier, dont les campagnes manquent d'eau, n'utiliserait-il pas les sources
profondes qui sont à ses portes, telles que
celles de Saint-Clément et du Lez ? On peut
encore se demander pourquoi on n'en ferait

pas de même ailleurs, surtout dans le Midi de la France, où, par suite de la nature du sol, les sources sont considérables, découlant pour la plupart des eaux profondes, restes peut-être de celles qui ont tenu en suspension ou en dissolution les matériaux de sédiment dont la surface du Globe est composée.

Nous creusons à grands frais des canaux, nous allons prendre, à de grandes distances, des eaux pour les alimenter, et nous n'en ferions pas de même pour utiliser celles qui sont à notre portée, afin de fertiliser nos campagnes et d'arroser tant de lieux qui ne sont incultes que par suite de la privation d'eau! On a dit, et avec raison, que le trident de Neptune était le sceptre du monde; eh bien! ce trident, caché dans l'intérieur de la terre, peut devenir, avec un peu d'industrie, la source de la fécondité et de la richesse.

L'exécution du canal de Marseille a révélé sur plusieurs points de son parcours, au souterrain des Taillades, à celui de l'Assassin et de Notre-Dame, que d'énormes sources profondes existaient sur ces points, puisqu'elles ont failli arrêter l'entreprise et que ce n'est que par des efforts surhumains que l'on est parvenu à les détourner et à les comprimer. Or, nous allons démontrer que de pareils bassins ou réservoirs d'eau souterraine peuvent parfaitement se trouver également dans les autres montagnes calcaires du département, mais auparavant, nous allons exposer les causes merveilleuses qui ont préparé à ces eaux souterraines les immenses bassins qui les renferment et où elles attendent la main de l'homme pour se produire au grand jour.

ACTIONS DES EAUX PLUVIALES SUR LES TERRAINS
TERTIAIRES ET EFFETS PRODUITS SUR CES
MÊMES EAUX.

*Altération des calcaires silicieux ou dolomi-
tiques.— Leur division en colonnes et aiguilles.*
Ces calcaires, formés de grains agglutinés
par un ciment calcaire, sont pénétrés par les
eaux comme des éponges ; ils sont ordinairement recouverts de mousses qui rendent
leur aspect grisâtre, bien distinct de la couleur blanche des calcaires compactes qui les
accompagnent. Le ciment calcaire posé entre
leurs particules se dissout bientôt, la cavité
commencée s'agrandit, parce que l'eau s'y
réunit plus facilement qu'ailleurs ; bientôt
ces grandes masses sont découpées en colonnades et en aiguilles, rappelant tantôt
l'aspect des ruines amoncelées , tantôt les
flèches multipliées des cathédrales gothiques,
tandis que le sol est jonché de débris sableux.
Tels sont, aux environs de Toulon, les flancs
septentrionaux de la montagne de Faron, sur
le ruisseau de Dardenne ; la vallée de Val-
belle, entre le plateau d'Orves et Belgentier ;
l'amphithéâtre de la Table , entre Signe et le
Latay ; auprès de Brignoles, les dentelures
des montagnes de Roquebrussanne et d'En-
gardin, les marnes pittoresques des environs
de Château-Double, le plateau sableux qui
précède la descente de Flayose , au vallon
de Salernes ; les environs de Tourtour,
d'Aups et d'Ampus.
Les calcaires qui , par leur pureté, s'éloignent le plus de la nature des marnes ont un
autre genre d'altération. Ils renferment toujours des pyrites , au moins à l'état de pail-
lettes imperceptibles. Dans les parties où

l'eau séjourne , ces pyrites se décomposent.
De là naît un dépôt ferrugineux , tandis que
l'acide sulfurique, attaquant le carbonate de
chaux , forme du carbonate soluble par un
excès d'acide et de sulfate de chaux.

C'est dans les fonds d'entonnoirs que cette
attaque se montre surtout active , parce que
les eaux pluviales se réunissent là en plus
grand nombre. Dans les calcaires n'ayant
qu'un pour cent d'argile , à mesure que le
trou s'excave, il s'y accumule , à proportion
de 1|100, du calcaire enlevé , le résidu inso-
luble de l'attaque. Ce résidu argilo-ferrugi-
neux est de plus en plus exempt de carbonate
de chaux. Le résidu ferrugineux forme donc
ainsi, à la longue, une terre végétale qui
semble remplir un fond d'entonnoir, et dont
la couleur rouge foncé et la nature argilo-
ferrugineuse paraissent tout à fait étrangères
à la nature du calcaire dont la décomposition
l'a engendré.

C'est ainsi que , sur le grand plateau calcaire de Cangeux, près d'Aiguines ou de
Malasauque, près de Quinson, de Favas, au-
dessus de Bargemont, de Plan-de-Noves et
de St-Vallier, près de Vence et de Grasse, etc.,
l'on rencontre à chaque pas ces petits fonds
d'entonnoirs pleins de terre végétale argilo-
ferrugineuse, tandis que le calcaire blanc
corrodé élève ses bancs au-dessus de ces
espèces de bassins. Aussi les grands plateaux
calcaires sont-ils la partie la plus nue, la
plus stérile du département.

Les eaux corrosives, donnant très-peu de
résidu, ont fini par *élargir* toutes les fissures,
au lieu de les combler ; elles s'échappent en
toute liberté par les issues qu'elles ont
agrandies et auxquelles les Provençaux ont
donné le nom de *ragagés*. Il n'y a , sur ces
blanches étendues calcaires, que peu de terre
et point d'eau.

Formation des cavernes. — Les eaux qui se
réunissent par ces fissures multipliées, par

ces entonnoirs partant de la surface, atta-
quent alors les calcaires avec une énergie
augmentée par la masse de toute l'eau circu-
lante. Ainsi se forme une vaste excavation à
travers la masse du calcaire compacte ; ce
sont précisément les parties les plus dures
des couches qui sont plus ravagées, parce
que le calcaire en est plus pur. Il se forme
alors des cavernes. Lorsque la caverne est à
un niveau élevé, et que l'écoulement de l'eau
affluente a lieu en toute liberté, l'érosion est
de plus en plus active, la caverne s'agrandit,
tandis que la partie argilo-ferrugineuse insoluble, délayée à l'état de dépôt rougeâtre,
tapisse le fond de l'excavation.

Ainsi, le limon ferrugineux des cavernes
représente encore ici la partie insoluble du
calcaire. L'origine du limon des cavernes est
exactement la même que celle de la terre
rougeâtre des plateaux calcaires sous lesquels
les cavernes se creusent.

Les cheminées qui laissent fuir l'eau de la
superficie dans les cavernes correspondent
aux fonds de chaudon corrodés à la surface
des plateaux. Ce sont les puisards des cavernes.

Les eaux, en s'accumulant dans les cavernes comme dans un bassin, donnent un
volume d'autant plus grand que le volume
d'eau pluviale est plus considérable. De là ces
belles et limpides sources qui se montrent
dans les découpures et les escarpements qui
terminent les grands plateaux calcaires, eaux
dont la limpidité n'est presque jamais altérée
et dont le débit est d'autant plus régulier
que l'issue d'écoulement est moins largement
ouverte.

D'après tout ce qui précède, les eaux des
cavernes doivent être seulement chargées de
carbonate de chaux dissous par un excès
d'acide carbonique et de sulfate de chaux.
Elles doivent être plâtreuses et tufeuses,
mais presque jamais les fortes pluies ne les

rendent bourbeuses, parce qu'elles se décantent avant de s'écouler. Exemples : celles de la Foux de Grasse, de Fontaine-l'Evêque, de Cotignac, de l'Argens, de Siagne. Lorsque l'ouverture des cavernes est située à un niveau élevé, et que leurs eaux intérieures peuvent s'échapper en toute liberté, le bassin intérieur peut se vider rapidement, dès que la saison pluvieuse cesse ; l'intérieur reste à sec.

Grottes à stalactites.—Alors le rôle change ; la caverne n'est plus un lac intérieur. Les eaux qui s'infiltrent après la saison des pluies trouvent une large superficie vide où les issues, à différents niveaux, renouvellent tous les phénomènes d'une active circulation d'air ; elles y éprouvent une vaporisation qui élimine immédiatement l'excès d'acide carbonique dont elles sont chargées. Dès lors , elles laissent déposer les particules de carbonate de chaux dont elles étaient chargées, des stalactites s'allongent à la voûte de la grotte, des stalagmites s'accumulent sur le sol, des colonnades , des espèces de statues et mille formes bizarres excitent la surprise des visiteurs de ces curieuses excavations.

Les grottes se retrouvent à chaque pas sur les flancs élevés des escarpements calcaires du département du Var, auprès de Grasse, sous le plateau de St-Vallier, près de Toulon, sous l'escarpement du plateau d'Orves. Les plus renommées sont celles de la Ste-Baume, dans les flancs de la montagne de ce nom ; de Barjols, sous le plateau qui va vers Rognète ; de Mons , sous le plateau calcaire du Gaud , sur la rive droite de la Siagne d'Escragnolles.

En résumant les caractères des grottes, en observant que leur direction est en harmonie avec celle des bancs du terrain qui les encaisse, et qu'elles ne se sont développées que là où les couches ont gardé une direction voisine de la position horizontale ; que des masses de tufs modernes se trouvent encore

dans leur voisinage et sont évidemment dues
à la déjection des eaux de ces grottes, on
demeure convaincu que ces grottes ne sont
que le résultat des érosions prolongées jusqu'à nos jours , et qu'elles peuvent avoir été
commencées à une époque antérieure à l'âge
actuel , mais qu'elles ont pris leurs derniers
agrandissements dans la période actuelle.
Seulement , elles sont en voie d'agrandissement , parce que les eaux qui les parcourent
sans cesse corrodent et ne peuvent pas déposer ; ce sont les grottes à sources; les
autres qui sont en voie de comblement ,
parce que les eaux ventilées sont forcées de
laisser le carbonate de chaux qu'elles avaient
dissous ; ces dernières sont les grottes proprement dites.

Ragages, gouffres, crevasses.— Les ragages,
les gouffres et les crevasses sont des excavations verticales présentant cette analogie,
avec les grottes et les cavernes, qu'elles sont
toujours dues à des érosions à travers le
même système jurassique qui forme les plateaux élevés.

Le gouffre de la *Tourne*, à la Sainte-Baume,
dans lequel vont se précipiter toutes les
eaux de la haute plaine du Plan - d'Aups, et
que les habitants disent en communication
avec la source de l'Huveaune, est le plus célèbre des gouffres du département du Var.
Après celui-là , il faut placer le gouffre de
Cossol , qui absorbe toutes les eaux d'un
plateau élevé.

Mais il existe d'autres gouffres qui paraissent déboucher dans la mer les eaux qu'ils
ont prises à la superficie. Ainsi, le gouffre de
Cuges, qui reçoit toutes les eaux de ce bassin,
ne paraît les restituer que dans le sein des
flots. Ainsi, les calcaires poreux et siliceux
du plateau de Roquefort, à Biot, ne peuvent
se décharger de leurs eaux que dans le golfe
d'Antibes. A Cannes, on trouve, en face du
calcaire conchylien, des eaux surgissantes du

fond, qui paraissent sortir du calcaire conchylien plongeant dans la mer à l'est de
Cannes. De St-Nazaire à Bandol et au golfe
de Leques (la source du port Miou), des phénomènes analogues se présentent. Nous verrons plus tard comment on pourrait arrêter
ces eaux et les utiliser pour l'agriculture.

Décomposition des poudingues. — Les poudingues tertiaires supérieurs forment la
roche la plus altérable peut-être de toutes
celles qui viennent d'être passées en revue.
Le grès, empâtant les noyaux, est lui-même
formé de sable réuni par une très-petite
quantité de ciment calcaire. Les eaux pluviales, en dissolvant le sel calcaire par l'influence de l'acide carbonique qu'elles puisent
dans l'atmosphère, désagrègent bientôt de
grandes étendues de roches ; alors les noyaux
glissent et roulent les uns sur les autres,
formant dans les ravins de véritables ava-
lanches qui exhaussent sans cesse leur lit et
rendent les eaux toujours menaçantes pour
les plaines environnantes.

En résumant ce qui précède, on voit que
les moins altérables de tous les terrains sont
les calcaires purs et compactes ; puis viennent les granites et les gneiss, les schistes
micacés, les schistes talqueux, les grès, les
marnes et les poudingues à gros noyaux.

IMPORTANCE DES CAVITÉS CAVERNEUSES QUI FORMENT L'EMMAGASINEMENT DES SOURCES.

Ces cavités ont une importance frappante ;
chaque mètre carré de sol perméable doit
offrir un approvisionnement annuel de 328
millimètres d'eau. Il est nécessaire qu'un
pareil approvisionnement existe, puisque les
grandes sources ne tarissent pas, même

après l'absence des grandes pluies prolongée
pendant une année. Le vide total dans les
masses calcaires se compose non-seulement
du volume du magasin de réception , mais
encore du vide exigé par les canaux ulté-
rieurs amenant la filtration dans les grands
bassins. On ne peut donc évaluer le vide total
à moins du double du bassin d'approvisionnement , c'est-à-dire à des excavations qui
représentent 66 centimètres de hauteur par
mètre carré de surface absorbante. L'ensemble de ces vides , de ces érosions intérieures explique les grandes formations de
tufs, les masses de calcaires d'eau douce et
des gypses tertiaires déposés à l'issue des
sources entre Vaucluse, Fontaine-l'Evêque,
etc., etc...

Dans le département des Bouches-du -
Rhône , les eaux de ces grandes sources
émergent du calcaire jurassique moyen ,
comme à Gémenos et à Meyrargues; du calcaire jurassique supérieur ou calcaire à
chaux, comme la Durançole, près la Fare, ou
Traconade, près Jouque, ou enfin du bassin
de l'Huveaune et du bassin de l'Arc. On
trouve des tufs non-seulement au nord de
Marseille, formant le pittoresque ermitage
des Aygalades, mais encore à l'est, dans le
défilé entre Auriol et Roquevaire et aux
abords de la source de Gémenos.

Des percements judicieux, établis en mettant à profit des fonds de vallons les plus
voisins des grands réservoirs souterrains,
peuvent devenir le procédé le plus profitable
pour dériver les grandes sources aux niveaux
les plus élevés. Ne devrait-on pas chercher à
retenir, au-dessus du niveau des terres cultivées, la masse d'eau déversée à la mer par
la belle source sous-marine de Port-Miou,
comme on fait déverser dans le canal la
source rencontrée dans le percement des
Taillades?

Les travaux à exécuter pour saigner les

grands bassins intérieurs exigent la connaissance du niveau général de l'amas d'eau
sur les points où l'on peut l'attaquer. Ce
niveau est nécessairement inférieur à l'altitude des puits absorbants et des fissures
d'alimentation. Ainsi, la source de Port-
Miou, devant recevoir les produits des puits
absorbants des paluns d'Aubagne et de Gémenos, ne peut pas avoir son niveau général
au-dessus de 120 mètres d'altitude.

Atteindre les sources au-dessous de leur
émergence actuelle et les dériver dans un
cours d'eau avant son embouchure n'est pas
le seul résulat que l'on doive chercher à atteindre. On peut encore améliorer le régime
des sources et le rendre plus régulier ; des
sources temporaires peuvent même devenir
constantes... Il suffit d'accroître les moyens
d'alimentation ou de diminuer l'émission des
hautes eaux. Ce dernier procédé est ordinairement le plus économique. L'orifice d'é-
vacuation peut être diminué de manière à ne
permettre qu'un débit restreint. On établit
ainsi un véritable barrage souterrain ; la
hauteur de ce barrage ne doit pas être telle
que les parois encaissantes du bassin soient
soumises à un effort supérieur à celui qu'elles
avaient à subir dans les hautes eaux. Ordinairement, les sources intérieures ont plusieurs issues d'évacuation situées à des
niveaux différents. Il suffit que le rétrécisse-
ment ou la fermeture des issues inférieures
ne fasse jaillir que les orifices supérieurs,
avec la force ordinaire pendant les grandes
eaux, pour qu'on soit à l'abri de toute chance
de rupture des parois du bassin. Ce système
de travaux a été appliqué, sur une petite
échelle, à la source du château de Roquefort,
mais on peut en faire usage sur les grandes
sources qui, comme Vaucluse, la Siagne, Gémenos, ont des évacuations à des niveaux
différents. On ne fait progressivement croître
le débit de l'ouverture inférieure que lorsque

l'évacuation par les émissions supérieures
est devenue insuffisante. Sur presque toutes
les sources de cavernes à issues très appa-
rentes, cette amélioration de régime peut-
être introduite avec le secours fourni par les
ciments et les mortiers hydrauliques actuellement mis à la portée des constructeurs.

Ensemble des sources du département du Var,
par M. Bosc.

		Litres par seconde à l'étiage moyen
Massif de la montagne.	Fontaine-l'Evêque et source d'Artignose, et sources en aval de ce point	6000
	Argens, 14 affluents	12688
	Siagne, 3 »	4721
	Riou de Bargemont, affluent de l'Argens	128
	Riou de Seillens, affluent de la Siagne	73
	Camandre à Fayence, affluent de la Siagne	89
	Camiolle à Callian, affluent de la Siagne	64
	La Brague	266
	Loup	1667
	Artuby	454
	Cagne	440
	Estéron, 4 affluents	1743
	L'Arc	94
Massif de la Ste-Baume	L'Huveaune	666
	La Reppe	106
	Dardenne	146
	Gapeau et Réal-Martin	1718

$$31060$$

Outre ces sources intérieures au département du Var, il y a les ressources que

peuvent offrir ses dérivations sur deux cours d'eau qui coulent sur la frontière du département.

Le Var donne à l'étiage 28000

Le Verdon donnant, avant son entrée dans le département........ 4000

L'étendue totale du terrain perméable du Var, 4,484 kil. carrés. Ce terrain, pour produire une source donnant 1 mètre cube à son étiage, demande 144,4 kil. carrés. Mais il y a des sources sous-marines qui enlèvent une partie des filtrations entre Cannes et Nice, à l'Est, et entre Toulon et le golfe des Lignes, à l'Occident du département. Plusieurs autres sources analogues existent dans le Golfe-Jouan, près d'Antibes, et dans le golfe de l'embouchure du Var. Idem de Nice à Gênes, au sud de Menton, et dans le golfe de la Spezzia.

A la partie occidentale du Var, les sources sous-marines se montrent encore à St-Nazaire et à Bandol ; près de la plage de Portissol, à l'ouest de St-Nazaire, la *pointe de la source* ; au nord de Bandole, eaux très-abondantes à la Cadière.

Vers la Ciotat, sources sous-marines aux *Capucines*, près de la Ciotat ; à Cassis, Port-Miou émergeant par une ouverture de 2 mèt. carrés.

La source du Verdon offre 10 mèt. c. à l'étiage moyen, mesuré vers Gréoulx.

Dans les parties plus septentrionales de la Provence, sur le massif de Ventoux, l'ensemble des terrains perméables est formé de calcaire à chaux : 1620 kil. car.; terrain calcaire perméable vers Apt et vers Bédouin, 291 ; total : 1911.

Le débit des sources dépendant de ce système est formé: 1° par Vaucluse, étiage 13 m.; par les sources de Malaucène, du Largué et de la Laye, étiage : 1 m. 10; total : 14 mèt. 10. — 136 kil car. et demi, par un mèt. cube d'étiage.

Ensemble des terrains perméables des Bouches-du-Rhône :

Calcaire à Chama et terrain du Jura moyen........................ 1455

Terrain tertiaire 1100

―――――

2555

Les sources principales sont :

La Durançole, près St-Chamas ;

Les Aygalades, près Marseille ;

Gémenos ;

Albertas et Château-Bas ;

Jouques, Meyrargues, Saint-Paul-lès-Durance ;

Font-Marignane.

Toutes ces sources restent inférieures à un étiage de 2 m. c. 5. Cette anomalie est expliquée par les sources sous-marines. Les eaux livrées soit à la mer, soit au Rhône, s'élèvent à 15 m. c. 36 par seconde à l'étiage.

Dans le département du Var, la plus grande partie des sources émerge sur terre ; dans celui des Bouches-du-Rhône, la grande majorité des sources est sous-marine ; aussi ce dernier renferme-t-il plus d'eaux souterraines que l'autre.

Dans le département de Vaucluse, outre le système de Ventoux, l'ensemble du terrain perméable est formé du Liberon et d'une montagne calcaire vers Châteauneuf - du - Pape, calcaire à Chama : 396 ; — terrain tertiaire perméable autre que Bédoin et environs d'Apt : 309. Total : 705.

Ce système absorbant n'est représenté que par des sources de 1 mètre cube d'étiage émergeant près d'Apt, de Lourmarin, de Cucuron, Ansouis et la Tour-d'Aigues. L'ensemble des eaux versées dans le lit du Rhône et de la Durance s'élève à 4 mètres cubes à la seconde.

Les sources du Var offrent, relativement à leur distribution sur les divers terrains perméables, des résultats non moins intéressants. L'étiage des sources émanées du terrain perméable du Muschelkak sont :

	Débit par seconde.
Le canal de Lorgues et les Salettes, étiage	48 litres.
Sources de Draguignan et de Trans	2260 »
Source de Pennafort	118 »
Source du font Burone	60 »
Source du Mouans ou Mousanchone	212 »
Sources de Cabasse et Flassans	146 »
Sources de Gonfaron, Pignans, Carnoules, le Puget	361 »
Sources de Riotort et des Carmes	224 »
	3429 litres.

Ce terrain, étant évalué à 490 kil. car., suppose pour 1 mèt. cube d'eau, 142.kil. 8.

Les autres sources du Var ont toutes leurs émergences dans le terrain marneux placé à la base du Jura moyen. Cette dernière classe embrasse les huit neuvièmes des eaux de source du département du Var ; elle correspond à un étiage de 27 mèt. cub. 931 litres, absorbés sur une étendue perméable de 3,994 kil. car., formée de 3,157 kil. car. de calcaire jurassique et de calcaire à Chama, de 752 kil. car. de craie ; le reste, de terrains tertiaires et d'alluvion.

La quantité d'eau pluviale annuellement absorbée par les terrains perméables du Var est la fraction 272 millim. de la nappe de 600 millim. que l'atmosphère déverse chaque année sur le sol.

Dans les terrains imperméables, l'écoulement torrentiel, c'est-à-dire l'écoulement à la surface des sols imperméables, est supérieur à la filtration, puisque le débit total des grands cours d'eau, comme le Var et la Durance, représente presque toute la masse d'eau tombée à la surface du bassin des rivières. Dans le Var, la fraction de l'eau pluviale enlevée par l'évaporation ou utilisée par la végétation est une nappe de 272 mill. Dans le bassin de la Seine, c'est une nappe de 474 millim.

Cette différence fait sentir vivement le besoin d'utiliser complètement les grands magasins d'eaux souterraines providentiellement aménagés dans les cavités calcaires de la Provence.

RELATION DES ANFRACTUOSITÉS INTÉRIEURES DU SOL AVEC L'HYDROGRAPHIE SOUTERRAINE.

Nous avons déjà rapporté, à la page 109 de cet ouvrage, les raisons qui nous font croire, avec une sorte de conviction, que nos chaînes de montagnes calcaires contiennent, dans leurs vastes flancs, d'énormes masses d'eaux renfermées dans d'immenses réservoirs. Nous espérons que le public partagera notre avis après avoir lu l'article qui va suivre du savant M Desnoyer, qui s'est aidé lui-même, dans son intéressant aperçu, des travaux géologiques de MM. Boblaye et Virlet, dans l'expédition scientifique de la Morée.

« L'un des faits les plus ordinaires, les plus évidents que présentent, dans l'histoire physique du Globe, les cavités naturelles de son écorce solide, est la circulation souterraine des eaux ; comme agent et comme résultat, ce phénomène se rattache intimément à l'existence des cavernes. C'est ce que l'antiquité avait bien vu, lorsqu'elle plaçait dans les grottes le séjour des Nymphes, personnification poétique d'un fait naturel, dont l'observation s'offrait surtout aux Grecs , avec des circonstances dignes de tout l'intérêt de la géologie moderne.

« La portion des eaux pluviales qui ne retournent pas, presque immédiatement, dans
l'atmosphère par une évaporation superfi-
cie.le, s'infiltre dans le sol par les innombrables fissures qui traversent les roches et par
les interstices de stratification qui les sépa-
rent. Le plus souvent , ces eaux pénètrent
dans les couches poreuses qu'elles imbibent ;
elles s'étendent , à niveaux différents , en
nappes souterraines qui suivent à leur contact
les ondulations des couches alternativement
poreuses et non poreuses , pour ressortir sur
les flancs ou au pied des collines , à l'affleurement des couches imperméables. C'est, en
général, à cette propriété diverse des lits
alternatifs des terrains que sont dues la
plupart des sources , des veines et filets
d'eau ordinaires , et même les eaux ascen-
dantes des puits forés, résultant d'une imbibition lente et successive dans les couches poreuses, bien plutôt que d'amas d'eau contenus
dans des réservoirs caverneux. Leur degré
d'ascension si variable résulte, comme on
sait, des niveaux différents où s'opère plus
abondamment l'infiltration des eaux superficielles. Mais il s'en faut bien que toutes les
eaux pluviales soient ainsi lentement absorbées ; il en est une grande partie qui,
après avoir circulé à l'extérieur sous forme
de ruisseaux et de torrents, après avoir même
formé des lacs souvent considérables, s'é-
panchent ensuite, en grandes masses et à de
grandes profondeurs, dans les anfractuosités
du sol, et y reproduisent souterrainement,
dans de vastes réservoirs, les mêmes phénomènes qu'à la surface , sous forme de ruisseaux, de rivières, de cascades dont on entend
le bruit au dehors, de bassins successifs et
même de véritables lacs , pour ressortir ensuite impétueusement au jour, sous la même
forme de torrents ou de sources très-abondantes. Entre les sources produites par l'infiltration dans les couches perméables et les

amas ou cours d'eau concentrés dans des
cavités intérieures, on observe de nombreux
passages , suivant les dimensions et les
formes des cavités , suivant la réunion fré-
quente du double phénomène de la porosité
des couches et des interstices caverneux,
suivant la facilité offerte à l'écoulement des
eaux et tous les autres accidents d'une circulation aussi compliquée.

« Fréquemment, la manifestation extérieure
de ces masses d'eaux souterraines est un
indice certain de l'existence de cavernes où
l'on ne pénètrera peut-être jamais, et qu'on
ne connaît point encore autrement. Les nombreuses crevasses, les entonnoirs, les gouffres ou puisards naturels, les débouchés de
canaux intérieurs, que nous signalons comme
un des caractères les plus habituels de la
physionomie des contrées calcaires, caverneuses, en sont un autre indice non moins
certain, et en même temps la voie de communication la plus naturelle des eaux de la
surface à l'intérieur, et réciproquement.

« Ce phénomène se manifeste de plusieurs
manières différentes.

« Tantôt, on voit les eaux passagèrement
torrentielles de toute une région se réunir,
pour pénétrer brusquement ensemble dans
des gouffres, d'où elles ne ressortent qu'après
des trajets plus ou moins longs et un séjour
plus ou moins prolongé à travers des canaux
sinueux. (Franche-Comté, Quercy, Carniole,
Morée...)

« Tantôt, cette déperdition, cette absorption de cours d'eau superficiels, constants, se
fait plus lentement par des entonnoirs disposés sur leur trajet , le plus souvent alors
à travers des lits de sable et de graviers
poreux, comme sont ces puisards nommés
Bétoires en Normandie, dans lesquels se perdent en partie l'Iton, la Rille et plusieurs
autres rivières , pour reparaître un peu plus
loin et disparaître de nouveau. On trouve,

dans le cours de presque toutes les rivières, des sortes de remous, des eaux mortes qui tournoient sensiblement et rapidement, rendent la navigation dangereuse, absorbent les corps étrangers entraînés par le courant, et sont dus à autant de petits gouffres, de cavités cylindroïques, autour desquels l'eau tourbillonne avant de s'y introduire. Mises à sec, les places de ces remous offriraient sans nul doute la plus grande analogie avec ces puits de graviers que l'on rencontre souvent au sein des roches.

« Tantôt, des torrents, souvent considérables pendant les saisons pluvieuses ou pendant les temps d'orage, sillonnent le sol des ravins, qui, pendant la saison sèche, n'offrent pas une goutte d'eau, et ces eaux sauvages sont absorbées dans leur trajet à travers les vallées, avec les alluvions qu'elles transportent, avant même de parvenir à des rivières, à des lacs ou à la mer.

« Tantôt, les cirques intérieurs des chaînes calcaires se convertissent momentanément en lacs profonds, quelquefois de plus de 100 mètres, dont l'écoulement s'opère ensuite par des gouffres ouverts à différents nivaux. (Morée.)

« Tantôt, on voit jaillir en bouillonnant avec violence, hors des fissures latérales et quelquefois même verticales des montagnes calcaires, des ruisseaux assez abondants pour faire mouvoir des usines dès leur sortie de terre, et devenir de véritables rivières navigables à très-peu de distance de leur source. (Fontaine de Vaucluse, source de Sassenage, en Dauphiné, source de la Loue, du Dessoubre et du Lison... dans la Franche-Comté.) Ces déjections sont plus souvent périodiques que continues, et très-variables dans le volume de leurs eaux, qui est proportionné à l'abondance des pluies. C'est ce qui rend les sources des régions calcaires rares, mais très-abondantes, et ces régions calcaires généralement sèches. Ces masses d'eau s'échappent parfois si violemment, qu'on en a vu occasionner des affaissements notables dans les cavités qu'elles occupaient auparavant.

« C'est souvent jusque dans la mer et assez loin des rivages que sourdent ces torrents d'eau douce, pouvant ainsi donner lieu, quand les eaux marines pénètrent à leur tour dans ces gouffres alternativement vomissants et absorbants, à des dépôts terrestres et marins mélangés.

« Les fontaines intermittentes sont un autre témoignage de la présence des eaux dans les cavités, et même de la disposition irrégulière des canaux qu'elles parcourent. Leur écoulement et leur interruption réglés et périodiques prouvent l'existence de bassins que les eaux remplissent, et d'où elles s'échappent successivement par des syphons dont la forme et les dispositions sont telles qu'il en sort une quantité différente de celle qui est introduite, et dans un intervalle de temps différent. Il est telle de ces fontaines dont l'intervalle constant et régulier d'écoulement et de repos est de plusieurs minutes, telle de plusieurs jours, telle de plusieurs mois.

« Une fontaine coule et s'interrompt deux fois dans vingt-quatre heures, une autre ne coule que dans la saison pluvieuse, une autre seulement dans la saison sèche. Les anciens voyaient et les habitants des campagnes voient encore, dans cette périodicité, des signes de fertilité ou de disette qui ne sont peut-être pas toujours le résultat d'une croyance superstitieuse, et dont on peut rechercher les rapports avec les phénomènes météorologiques.

« Il serait facile de multiplier à l'infini les exemples des différentes sortes de faits de l'hydrographie souterraine. On indique ordinairement la perte du Rhône et de quelques autres grands cours d'eau isolés dans des cavernes, mais il nous a semblé plus utile de choisir quelques exemples de contrées offrant l'ensemble du système de l'hydro-graphie souterraine, tel que nous venons de l'esquisser.

Nulle part peut-être, mieux qu'en Morée, cette étude ne se présente avec des circons-tances plus instructives pour l'application qu'on en peut faire à l'histoire des cavernes ; nulle part ils n'ont été mieux observés sous ce point de vue, grâce aux travaux des géo-logues qui faisaient partie de l'expédition scientifique de Morée, MM. Boblaye et Virlet. C'est à leurs descriptions comparées que nous empruntons en partie les détails sui-vants :

« Un des faits les plus remarquables de la configuration topographique de la portion de la Morée, occupée par les calcaires secon-daires probablement de l'âge du terrain cré-tacé, est sa distribution en bassins indépen-dants ; la plupart sont entièrement fermés, à bords presque verticaux, ou n'ont de com-munication de l'un à l'autre, ou avec les vallées inférieures, que par ces étroites gorges, l'un des traits les plus singuliers de l'orographie des chaines calcaires, particu-lièrement du midi de l'Europe, aussi bien que de la structure intérieure des grandes cavernes. Les dislocations et le bouleverse-ment des couches qui ont déterminé cette forme générale ont produit, dans cette partie des montagnes de la Morée, des anfractuo-sités intérieures et des crevassements très-nombreux. L'existence de ces cavernes y a cependant été moins constatée par l'observa-tion directe que par l'étude des phénomènes hydrographiques qui rendent ce fait incon-testable.

« Ces bassins limités n'offrent point de cours d'eau ou d'amas permanents et réguliers, mais l'année se partageant, en Morée comme sur une grande partie du littoral de la Méditerranée et comme sous les tropiques, en deux saisons bien distinctes, alternativement sèche et pluvieuse, la quantité de pluie qui tombe pendant près de cinq mois représente une masse d'eau énorme qu'on n'a pas estimée à moins d'un mètre. Ces eaux se divisent : une partie est entraînée directement à la mer par les gorges et les ravins superficiels; une autre pénètre immédiatement dans les crevasses des calcaires ; une autre enfin se rassemble dans les hauts bassins de l'intérieur de la chaîne et ne contribue pas moins à alimenter les fleuves souterrains. En effet, dans chacun de ces nombreux bassins, dont quelques-uns des plus célèbres sont ceux de Mantinée, d'Orchomène, de Stymphale..., existent à différents niveaux, soit dans leurs fonds, soit sur leurs bords, des gouffres qui servent de dégorgeoirs aux lacs passagèrement formés ou aux torrents.

« Ces gouffres, désignés par les Grecs modernes sous le nom de *Katavothra*, ont été connus des anciens sous celui de *Chasma* et de *Zerethra* ; Strabon, Pausanias, Diodore de Sicile en ont signalé l'existence, aussi bien que différents autres faits relatifs à cette hydrographie souterraine de la Grèce.

« Quand ces gouffres sont situés dans le fond des bassins, ils s'opposent d'abord à la formation des lacs, en absorbant toutes les eaux. Mais leurs conduits ou leurs orifices ne tardent pas à s'obstruer, du moins passagèrement, par les limons et les graviers que les torrents entraînent dans leurs anfractuosités ou déposent à l'extérieur ; alors les eaux, ne pouvant plus pénétrer intégralement dans les cavités de la chaîne, montent souvent à des niveaux très-élevés ; on en a vu des traces laissées par des dépôts limoneux, jusqu'à 100 et 200 mètres. Tantôt, alors, elles s'échappent par d'autres crevasses latérales; tantôt, les gouffres du fond se vident par la pression d'une telle masse d'eau et deviennent de nouveau absorbants ; tantôt, enfin, les torrents sont refoulés d'une partie du bassin dans l'autre et y trouvent de nouvelles bouches d'écoulement.

« Pendant l'été , ces lacs sont plus ou moins entièrement mis à sec ; c'est alors qu'on peut observer les circonstances les plus propres à éclairer sur l'histoire des cavernes. Si l'on pénètre peu profondément, il est vrai , dans l'intérieur de quelques-uns de ces gouffres, on y voit la double trace de l'action des eaux par l'érosion des parois et par les dépôts d'alluvions, surtout de limons et de graviers rouges, de sables, d'ossements d'animaux et de débris de végétaux. En dehors, on voit ces mêmes gouffres s'entourer d'une végétation vigoureuse et servir de retraite aux chacals et aux renards , qui y entraînent leur proie. Rien n'est plus propre que la réunion de semblables circonstances, qui se reproduisent encore aujourd'hui dans beaucoup d'autres lieux, à éclairer sur l'origine des matériaux qu'on trouve amoncelés dans les cavernes , sans qu'on puisse constater, autrement que par des analogies , les causes immédiates de leur dépôt.

« Il ne paraît pas qu'on ait pu suivre en Morée, comme en d'autres pays, les courants souterrains, dans les cavernes elles-mêmes qu'ils traversent ; mais on reconnaît très-bien leurs issues : elles ont même reçu le nom particulier de Kephalovrysi. Elles se manifestent, soit sur les pentes et les revers des chaînes calcaires, par la voie d'autres crevasses latérales ; soit sur le littoral, où elles sourdent souvent entre des amas de brèches ferrugineuses qu'elles ont peut-être contribué à former à des époques antérieures; soit, enfin, au-dessous du niveau de la mer, à plusieurs centaines de mètres du rivage. Elles sortent généralement très-pures, preuve nouvelle des sédiments qu'elles ont laissés dans les anfractuosités de leur cours souterrain. On cite, au pied des rivages abruptes de l'Argolide, de la Laconie, de l'Archaïe, un grand nombre de ces abondantes sources, qui ne sont que le débouché des eaux des bassins intérieurs. Elles sont si nombreuses autour des plaines d'Argos, qu'elles ont occasionné ces marais pestilentiels que l'antiquité paraît avoir personnifiés dans la fable de l'hydre de Lerne.

« Rien ne manque donc, en Morée, à l'histoire des cours d'eau souterrains : leur engouffrement, leur circulation intérieure, leurs débouchés, leurs dépôts ; c'est une de ces nombreuses et heureuses applications de l'étude des phénomènes actuels de la nature à l'explication des résultats des époques géologiques antérieures. Les uns sont si intimement liés aux autres, qu'ici encore on peut constater la justesse d'une théorie dont on reconnaît de plus en plus la vérité, et à la défense de laquelle un de nos premiers géologues, M. Constant Prévost, consacre depuis nombre d'années, dans ses cours et dans ses écrits, sa longue expérience et ses profondes convictions.

« Il est plusieurs autres contrées où l'ensemble de ces phénomènes se montre encore sur une assez grande échelle.

« Les Alpes calcaires de la Carniole et de la Dalmatie sont tellement crevassées et perforées de cavernes, qu'on a pu comparer leur structure à un tissu cellulaire offrant aussi, dans de grandes proportions, le développement des faits les plus remarquables des eaux souterraines. Ces eaux y sont bien plus abondantes que les cours d'eau superficiels ; mais dès qu'elles trouvent une issue extérieure, elles jaillissent impétueusement du sol sous forme de ruisseaux et de petites rivières qui forment passagèrement des cascades tumultueuses contrastant avec l'aridité générale de la contrée. La caverne de Lueg ou de la Jamma, à 7 milles de Laybach et à 5 de Trieste , est partagée en plusieurs étages se communiquant par d'étroites crevasses dont l'étage inférieur est constamment rempli des eaux du torrent. Tout récemment, M. de Wegmann a fait connaitre qu'on avait cherché à utiliser, pour la ville de Trieste, le cours d'eau souterrain d'une immense caverne creusée dans les calcaires voisins de cette ville.

« La Turquie d'Europe présente aussi , comme la Carniole et la Dalmatie , dans plusieurs de ses vastes provinces, la Bosnie, la Croatie, l'Herzegovine, l'Epire, l'Albanie, la Servie, d'instructifs exemples de l'hydrographie souterraine. M. Boué, qui a rassemblé dans ses nombreux écrits tant de faits utiles à la géologie, les a signalés avec détails dans son intéressant voyage en ces pays, et nous nous bornerons à en rappeler ici quelques-uns.

« Les chaines de calcaire secondaire de ces vastes contrées, offrant une constitution à peu près analogue à celles de la Morée, c'est-à-dire étant singulièrement démantelées et crevassées à l'extérieur comme à l'intérieur, donnent tout naturellement naissance aux mêmes phénomènes. On y reconnaît une circulation des eaux tout à fait analogue dans les mêmes cirques de hautes chaines, communiquant entre eux ou avec les régions inférieures par des aqueducs souterrains ou des crevasses superficielles si étroites et si profondes , qu'on les prendrait pour des galeries de cavernes, si le soleil ne les éclairait quelquefois. Les gouffres ou *Katavothra* des Grecs sont représentés par les *Ponor* des Slaves , et ceux-ci servent de même à l'écoulement des nombreux lacs temporaires formés par les torrents qui viennent aboutir de toutes parts à tous les bassins circulaires de l'Herzegovine, du Monte-Négro occidental, de la Croatie turque et de la Bosnie.

« Ces entonnoirs des plateaux calcaires de la Bosnie, au fond de cirques analogues aussi aux *Combes* du Jura, sont quelquefois si profonds et si multipliés, qu'on croirait voir des cratères d'un terrain volcanique. L'érosion successive de ces torrents jaillissant de crevasses pour pénétrer peu à peu dans d'autres crevasses, ainsi que les écroulements des parois et des voûtes des canaux, en modifient fréquemment les formes. L'un de ces nombreux torrents, le Mouschitza-Ricka, sort en masse volumineuse d'un plateau calcaire, puis, après un cours superficiel d'environ trois lieues, se perd de nouveau dans un abîme, d'où il ne ressort que trois lieues plus loin, après avoir laissé dans ses anfractuosités les sédiments abondants qu'il transportait dans son cours. Il en est de même d'une foule d'autres torrents à cours alternativement superficiels et souterrains.

« Les bords des bassins montrent aussi, dans les corrosions des roches et dans les sédiments vaseux ou graveleux, des indices incontestables de l'action violente des eaux, tout à fait identique, mais pour des temps antérieurs, à celle qui s'opère aujourd'hui. Il est toutefois bien évident que ces dépôts anciens, comme ceux qui se forment encore actuellement, aussi bien à l'intérieur qu'à l'extérieur du sol, ne résultent que de l'action d'eaux passagères changeant souvent de direction ou de bassins, et non de courants continus suivant, comme dans nos grandes plaines de l'Europe occidentale, un cours constant et régulier. Plus d'un fait géologique important doit trouver son explication dans l'étude attentive des effets de cette action alternative, toute naturelle, des eaux entièrement subordonnées à la configuration variable du sol, et certainement on n'en a pas assez tenu compte.

« Une autre région géologique non moins remarquable que la Morée, la Dalmatie, la Carniole et la Bosnie, par son hydrogaphie souterraine subordonnée à sa constitution caverneuse, est le Jura français, comprenant surtout son extension naturelle en Franche-Comté ou dans les départements du Doubs, de la Haute-Saône et de Saône-et-Loire en partie. Gouffres à entonnoirs absorbant, ruisseaux, lacs souterrains, sources rares, mais très-abondantes, à écoulements torrentiels ou intermittents, puits d'éjection passagère, glacières naturelles, toutes les circonstances que nous venons de décrire y sont réunies et font évidemment partie d'un même système de circulation des eaux dans les anfractuosités des bancs calcaires.

« Citons quelques exemples : Dans le département du Jura, plusieurs des nombreuses cavernes ouvertes au pied de la montagne servent de débouché aux eaux courantes qui circulent dans ses cavités intérieures, et leurs bords sont profondément ravinés par le mouvement longtemps répété des eaux.

« La Cuisance sort ainsi de la grotte de Planche-sur-Arbois; la Sêne a l'une de ses sources les plus fortes dans les fentes de la montagne qui domine Foncine-le-Haut; la Seille sort des grottes de Baume-les-Messieurs, dans lesquelles existe un lac, comme dans la caverne des Foules, près St-Claude; un ruisseau s'échappe de la Balme-d'Epy, et sa source, jadis vénérée des Gaulois, est encore aujourd'hui l'objet d'un culte religieux. Un village des environs de St-Claude rappelle la source de Vaucluse, dont il porte le nom, donnant aussi naissance à une petite rivière qui s'échappe d'un abîme, comme la Sorgue, en Provence. Dans la montagne de Chatagna, un canal étroit vomit de l'eau en hiver et de l'air frais en été.

« Plusieurs sources intermittentes, d'autres

sources bouillonnantes résultent aussi de
cette même irrégularité des aqueducs intérieurs ; le Drouvenent , qui sort habituellement des roches calcaires, au pied du chaînon
de la Baume, se fait une autre issue lorsque
ses eaux arrivent en trop grande abondance,
et jaillit par un siphon naturel qui perce verticalement la montagne dans une grande
épaisseur.

« Si l'on cherche l'origine de ce courant
souterrain, on peut remonter en partie jusqu'aux petits lacs des chaînons du Jura, qui
se vident, pour la plupart , dans les anfractuosités de leurs bords. On voit le trop plein
de celui de la Combe-du-Lac s'engouffrer
sous la roue d'un moulin qu'il fait tourner,
et former, probablement après une lieue et
demie de cours souterrain, l'un des nombreux
affluents de la Bienne. Les eaux du plus
grand des lacs de Grand-Vaux se dégorgent
dans une caverne dont les conduits paraissent alimenter les sources de Molinges, à 20
kilomètres vers l'Est. Les lacs des Brenets,
d'Antre, du Vernois et d'autres ne se vident
aussi que par des couloirs souterrains.

« Les mêmes phénomènes se continuent
dans le département du Doubs, dont la position en amphithéâtre, s'abaissant du Jura
vers l'Océan, présente la même liaison de
l'hydrographie souterraine avec les cavernes,
et où les cours d'eau superficiels, conduisant
l'ensemble des eaux vers le bassin du Rhône,
suivent une direction générale à peu près
identique avec celle du plus grand nombre
des canaux intérieurs qu'une partie d'entre
eux s'est creusés. Les eaux pluviales, les
sources et les ruisseaux qui s'engouffrent
dans les entonnoirs et les crevasses des plateaux supérieurs sont conduites par des
aqueducs souterrains vers les régions moyen-
nes et inférieures, dont elles entretiennent
les sources et où elles donnent naissance à la
plupart des rivières du département , après

une circulation souterraine qui se prolonge souvent pendant plusieurs lieues , avec les mêmes accidents que nous venons de signaler. Parmi les sources les plus remarquables jaillissant ainsi violemment, les unes en jets hauts de plusieurs mètres, les autres en cascades tumultueuses, du sein des roches calcaires, ou naissant de véritables cavernes, on indique celles de Néron, d'Acier, du Verneau, de la Mouillière du Bief-Sarrasin, de Bonnevaux, de Gian, de Badevel. Plusieurs des nombreuses cavernes de ce département, qui ne sont plus traversées par des cours d'eau, en représentent les traces les plus manifestes, soit dans leurs galeries, soit à leur ouverture. Plusieurs des ruisseaux du vallon de la Loue sont incrustants et déposent à l'extérieur des tufs calcaires analogues aux stalagmites formées dans les cavernes environnantes.

« Plusieurs faits, qu'on a souvent cités comme des curiosités naturelles dans cette partie du Jura, ne sont que les conséquences de cette circulation des eaux intérieures.

« Le Sud-Ouest de la France offre une autre région où les cours d'eau souterrains ne sont ni moins abondants, ni moins subordonnés à l'existence de vastes et nombreuses cavernes; c'est la région des calcaires secondaires (crétassés et jurassiques) de la Saintonge, de l'Angoumois , du Périgord et du Quercy. Dans le département du Lot en particulier , qui correspond à cette dernière province, où l'on connaît déjà un si grand nombre de cavernes, on retrouve une partie des phénomènes de la Morée. Les plateaux calcaires y présentent ces mêmes bassins en formes de cirques, où les eaux n'ont souvent d'autres issues que des gouffres absorbants entretenant, par des conduits intérieurs, de gros ruisseaux ou des espèces de lacs souterrains dont les eaux reparaissent sur les versants des chaînes par d'autres gouffres d'éjection, sous forme de sources à jets abondants et tumultueux ou de sources intermittentes. Parmi ces dernières, il en est peu de plus remarquables que celles du Gourg et du Bouley, près de Souillac, qui ont entr'elles une communication si intime , que l'une n'augmente et même ne coule que lorsque l'autre décroît ou disparaît , phénomène commun à plusieurs autres sources, et qui tient surtout à la position inégale du niveau des tuyaux d'écoulement dans le bassin d'alimentation.

« Dans le département de la Dordogne, où l'on compte plus de 600 ruisseaux, les sources de Salibournes, de Bourdeilles, du Toulgou, et surtout celle de Sourzac, sont de véritables ruisseaux sortant de plusieurs des nombreuses cavernes creusées dans des calcaires ; quelques autres sont intermittentes (celles de Marsac, de Trémoldat). La fontaine de Ladoux (canton de Lacassagne) est l'un de ces dégorgeoirs les plus abondants, puisque, dès sa sortie de terre . elle peut faire tourner plusieurs moulins. La décharge des parties souterraines des nombreux étangs de ce département paraît être l'origine de la plupart de ces eaux.

« La source de Sassenage, en Dauphiné, vers l'extrémité de la vallée de Graisivaudan, partage presque la célébrité de celle de Vaucluse; elle sort comme elle, et même plus impétueusement, de cavernes creusées aussi dans le calcaire , et dans lesquelles on peut même plus aisément pénétrer : l'action destructive des eaux continue d'y être plus évidente encore. Une autre grotte du Dauphiné, celle de la Balme, est traversée par un cours d'eau souterrain qu'on suit pendant l'espace d'environ une lieue.

« Dans les calcaires crevassés et disloqués de la Provence, les mêmes phénomènes n'y sont pas moins communs. La fontaine de Vaucluse, qui, au fond d'une gorge profonde

14

entourée de murailles calcaires escarpées,
donne naissance à la rivière de la Sorgue,
offre le fait de ce genre le plus célèbre, à
cause des souvenirs poétiques qui l'embellis-
sent, quoiqu'ele n'ait rien de bien plus remarquable, si ce n'est son abondance, que
beaucoup d'autres rivières sortant impétueusement, comme elle, par des voûtes naturelles, des crevasses d'un sol également dé-
chiré et caverneux. On a supposé que celle-ci
pouvait provenir des eaux qui s'engouffrent
dans les abîmes nombreux et fréquents de la
chaîne du mont Ventoux, dont plusieurs sont
éloignés de neuf et même de douze lieues de
la fontaine.

« Des faits analogues s'observent encore
dans d'autres parties de la France, dont le
sol est bien moins tourmenté que celui des
chaînes calcaires. La Drôme et l'Aure se
perdent aux environs de Bayeux (Calvados),
dans un gouffre nommé Fosse-du-Soucy,
creusé au milieu du terrain jurassique ; ces
deux petites rivières reparaissent sur la plage
voisine et sont visibles à marée basse.

« Les environs de Paris, où les terrains ont
été en général si peu démantelés, présentent
cependant plusieurs exemples de cette hydrographie souterraine dont les puits naturels,
si nombreux, offrent sans doute les anciennes
traces. Tel est le gouffre du trou de Tonnerre,
au centre de la forêt de Montmorency, ouvert
dans le gypse, au fond d'un vaste cirque
creusé dans les sables marins supérieurs ;
ce gouffre absorbe toutes les eaux torrentielles des gorges environnantes. Tels sont
encore les gouffres absorbants de Larchant
(canton de Nemours), de Tournan (canton du
Châtelet), de Pontigneau (canton de Liverdy),
creusés au milieu des calcaires siliceux de la
Brie, à la surface desquels se perdent aussi
plusieurs petites rivières, pendant une partie
de leur cours.

« Il n'est pas de pays à cavernes où ne se

présentent, en même temps, ou isolés ou réunis, la plupart des phénomènes que nous avons signalés de l'hydrographie souterraine, encore si imparfaitement étudiée. Il serait facile de multiplier à l'infini les exemples d'un phénomène aussi important, et qui a joué un si grand rôle dans l'histoire de la constitution physique du Globe.

« La circulation des eaux souterraines, sans nul doute, a subi les plus grandes modifications depuis l'origine des cavernes, et si les eaux qu'on voit encore s'en échapper aujourd'hui représentent celles qui y ont introduit la plus grande partie des dépôts que nous y trouvons, souvent leur cours a été complètement changé. Combien de fois même n'a-t-il pas varié pendant une même période géologique ! De nos jours, les tremblements de terre exercent l'influence la plus sensible sur les courants souterrains et jusque sur les sources dont elles font varier, plus qu'aucune autre cause, la direction, l'issue et la quantité. Les cavernes ont été obstruées soit par les matériaux transportés, soit par les éboulements et les dislocations postérieures des strates. Les changements de niveau du sol extérieur ont aussi fortement modifié le cours de ces eaux souterraines. Les unes ont apporté des sédiments, les autres en ont détruit et en ont transversé dans des bassins inférieurs, comme ont fait les eaux superficielles dans les vallées et les bassins extérieurs de la surface du sol. Mais le géologue observateur qui tient compte de ces changements n'en est pas moins disposé à reconnaître, sur les parois des cavernes et dans les dépôts de leurs anfractuosités, des traces multipliées et incontestables du passage et de l'action des eaux, et de l'utilité qu'on en pourrait encore retirer en les déversant à propos pour féconder les terres qui les avoisinent et qui sont assez souvent condamnées à la stérilité la plus complète. »

EAUX SOUTERRAINES.

LEUR EMPLOI POUR LES DISTRIBUTIONS D'EAU,
LEUR MOUVEMENT, LEUR MARCHE DANS LES
COUCHES PERMÉABLES SUPERFICIELLES, LEUR
SITUATION DANS LES COUCHES IMPERMÉABLES,
LES MOYENS DE LES DÉCOUVRIR ET DE LES
UTILISER.

Nous avons déjà signalé, dans un article
précédent, les abondantes eaux souterraines
du département, dont presque toutes les
sources sont sous-marines, c'est-à-dire émergeant dans les grands cours d'eau ou dans la
mer. Les sources, au contraire, du département du Var, limitrophe avec le nôtre, déversent presque toutes sur le sol. Notre
département, moins riche, par conséquent,
en eaux superficielles que le Var, l'est beaucoup plus en eaux souterraines, qu'il serait
facile d'utiliser en faveur de l'agriculture et
pour la distribution d'eau aux grandes villes
et en particulier à Marseille, si heureusement
située pour en profiter. Il est certain, comme
nous avons eu occasion de le dire bien souvent, qu'au lieu de recourir aux cours d'eau
apparents, souvent de mauvaise qualité et à
des distances très-grandes qui occasionnent
d'énormes frais, on pourrait utiliser les
nappes souterraines dans le sol environnant,

pour les faire servir aux mêmes usages, avec des frais beaucoup moins considérables. Nous savons tout ce qu'il nous en a coûté et ce qu'il nous en coûtera encore pour être allé prendre à la Durance les eaux du canal, qui sont cependant si défectueuses, que depuis dix ans on cherche en vain à les clarifier, au lieu de capter les eaux souterraines que nous avons sous la main et qui sont toutes très-propres aux usages domestiques et aux besoins de l'industrie.

Les eaux souterraines, comme les eaux superficielles, n'ont pas d'autre origine, comme le dit M. Dupuit, que la pluie qui tombe à la surface, dont la plus grande partie est absorbée par les terrains perméables dans lesquels elle s'infiltre lentement et verticalement jusqu'à ce qu'elle rencontre un terrain imperméable. Elle en suit alors les pentes, pour reparaître sur les points où ces terrains viennent affleurer le sol. Souvent cet affleurement n'a lieu que dans les cours d'eau ou dans la mer elle-même. C'est cet égouttement continuel des terrains perméables qui alimente les cours d'eau superficiels pendant la sécheresse et maintient, dans la plupart d'entre eux, une certaine hauteur d'eau à toutes les époques de l'année.

Dans la deuxième partie de cet ouvrage, nous traiterons particulièrement de la science de l'eau et de sa formation, des sources naturelles de l'eau, de son mouvement et de sa marche à travers les terrains perméables, action incessante qui en modifie la constitution sur plusieurs points, soit en dissolvant les éléments qui la composent, soit en les entraînant mécaniquement. Nous étudierons ensuite l'eau de la pluie infiltrée à travers le sol jusqu'à la première couche imperméable et se rendant dans les cours d'eau superficiels ou dans la mer, tantôt directement par le mouvement lent, qui est le propre des terrains perméables, tantôt par un mouvement plus rapide., au moyen des canaux naturels, creusés par le passage continu du courant. Dans ces circonstances la surface supérieure de l'eau est toujours l bre ; mais lorsque l'eau tombe sur des couches perméables comprises entre des couches imperméables qui viennent affleurer le sol sur des coteaux élevés, elle descend dans ces espèces de siphons, dont elle presse les deux parois avec une force mesurée par la hauteur de son point de départ, diminuée de la perte de charge que lui fait éprouver son mouvement à travers la masse perméable. Si, à l'aide de la sonde, l'on donne à ces eaux forées une issue dans un tube d'une hauteur indéfinie, elles s'y élèveront à une hauteur déterminée par leur pression, et qui peut dépasser de beaucoup le niveau du sol. Si l'on coupe le tube au-dessous de cette hauteur, on obtient un débit d'autant plus considérable que le déversement se fait plus bas ; c'est ce qu'on appelle un puits artésien.

Nous verrons, dans les masses artésiennes, des sources ou drains naturels, comme dans les nappes supérieures ; mais il y en a probablement moins que dans les nappes libres, parce que pour se frayer des passages débarrassés de matières solides, les eaux n'ont guère pu agir que chimiquement. Quoi qu'il en soit, on voit qu'on peut rencontrer sous le sol les mouvements à surface libre et à surface forcée, comme dans les cours d'eau et conduites ordinaires, et les mêmes mouvements à travers les terrains perméables.

Il est clair, en même temps, que les ondulations des terrains imperméables et l'irrégularité de leurs limites doivent produire, sous certains points du sol, des espèces d'étangs ou de lacs où les ea x sont à peu près stagnantes. A la superficie, la vitesse des eaux a régularisé et nivelé le lit des cours d'eau, et les cataractes se sont peu à peu effacées ; sous le sol, si on excepte les petits

courants dont nous avons parlé, la première
couche imperméable a conservé sa forme
originelle, de sorte que les étangs et les lacs
souterrains doivent être beaucoup plus nombreux que ceux de la superficie.

Pour mieux nous rendre compte de la
marche des premières nappes souterraines,
enlevons par la pensée le terrain perméable,
et supposons que la pluie tombe directement
sur la couche imperméab'e; cette eau se pré-
cipitera , par les lignes de plus grandes
pentes, dans les thalwegs secondaires , puis
dans les thalwegs principaux , comme le fait
à la surface du sol celle qui n'est pas absorbée, de sorte que, peu de temps après la
pluie, l'eau sera complètement écoulée. Le
sol perméable n'a d'autre effet que de ralentir
ce mouvement, qui, de très-rapide qu'il eût
été, devient extrêmement lent. Les terrains
perméables deviennent ainsi des espèces de
réservoirs qui alimentent les cours d'eau
pendant l'été. Aussi, quand ces réservoirs
manquent d'étendue et que leur égouttement
peut se faire en peu de temps, ces cours d'eau
restent à sec une partie de l'année.

Il résulte de ces considérations générales,
que nous exposons ici pour donner une idée
de l'étendue de notre plan, que si, dans un
terrain perméable, on creuse un puits et
qu'on descende jusqu'au terrain imperméable, on rencontrera nécessairement, à la
partie inférieure, une couche acquifère dont
les suintements lui fourniront une quantité
d'eau variable jour par jour, mais qui pourra
être nulle pendant une partie plus ou moins
longue de l'année; que si l'on descend le
sondage plus bas, on rencontrera peut-être
une ou plusieurs couches aquifères comprises
entre deux terrains imperméables. L'eau de
ces couches sera toujours jaillissante, c'est à-
dire qu'elle s'élèvera, au-dessus du point où
la sonde l'aura rencontrée , à un niveau qui
pourra être au-dessus ou au-dessous du sol.

Nous dirons les motifs pour lesquels le produit de ce puits sera beaucoup moins variable que celui du premier. Il est facile d'entrevoir que nous nous proposons de traiter de ces deux espèces d'eaux souterraines qui peuvent servir à une distribution, celle des puits ordinaires et celle des puits artésiens.

Pour écarter les doutes que l'on pourrait avoir sur la limpidité et la bonne constitution des eaux souterraines qui, en s'enfonçant, à la suite des pluies, à des profondeurs plus ou moins grandes, ont dû se modifier par le contact de corps étrangers, nous ferons remarquer qu'une sage Providence y a pourvu, en établissant dans le sous-sol de nombreuses couches d'argile qui enveloppent le globe pour retenir les eaux et les purifier, car, comme l'a constaté le professeur Way, l'argile n'agit pas sur l'eau à la manière d'un filtre, mais elle absorbe, en proportions diverses, les différents sels calcaires et terreux contenus dans l'eau dont le sol est imprégné, de sorte que celle-ci se purifie à mesure qu'elle pénètre le terrain et qu'elle repose surtout sur des couches souterraines d'argile. Voilà pourquoi l'eau du puits de Grenelle est de beaucoup la plus pure de toutes les eaux de Paris.

Enfin, nous indiquerons les moyens d'apprécier le mouvement et la marche des eaux souterraines, de reconnaître leur abondance plus ou moins grande et les travaux à exécuter pour les recueillir. Mais auparavant, nous allons nous occuper des eaux de Marseille et examiner et discuter les divers projets présentés à la commission municipale, pour clarifier les eaux du canal ou les remplacer par d'autres eaux plus limpides et plus salubres. Puis, nous aborderons ensuite la grande question des eaux industrielles et des divers météores aqueux, avant d'exposer notre traité d'hydrographie souterraine.

EAUX DE MARSEILLE.

Maintenant que nous avons établi, d'une manière précise, les véritables caractères des bonnes eaux potables, nous allons faire connaître les eaux qui alimentent Marseille, et apprécier ensuite chacune d'elles d'après les principes que nous avons posés et que nous croyons être les véritables qui régissent la matière. Nous citerons quelques passages du beau travail de M. le docteur Morin, sur *les Eaux potables de Marseille*, ouvrage fait en collaboration de M. Roussin, pharmacien de la ville. Nous donnerons les analyses qualitatives et quantitatives de ces messieurs, sans en garantir complètement l'exactitude, car tout le monde sait que l'analyse chimique des eaux est un travail tellement délicat et qui demande des instruments de précision d'un prix si élevé, qu'il n'y a guère que les grandes Facultés qui puissent se les procurer. Ce qui fait qu'aujourd'hui même nous ne connaissons guère que deux savants distingués, MM. Ossian Henry et M. Poggiale, dont les analyses puissent défier toute critique. Ce qui ne veut pas dire que nous mettions en doute les analyses de MM. Morin et Roussin; on doit même leur savoir bon gré d'avoir entrepris, avec leurs simples ressources, une œuvre aussi délicate. Nous présentons avec modestie nos analyses hydrotimétriques, beaucoup plus faciles que les précédentes, en priant les personnes plus exercées que nous aux analyses chimi-

ques, par la méthode des volumes, de vouloir
bien redresser les erreurs que nous pourrions
avoir commises.

Mais avant d'exposer les eaux actuelles de
Marseille et de les étudier, nous croyons
devoir, auparavant, jeter un coup d'œil rapide
sur l'état du service des eaux à Marseille, il
y a vingt ans, afin de mieux apprécier la situation actuelle depuis l'établissement du
canal. Pour ce travail, nous profiterons, avec
reconnaissance, des détails que nous rencon-
trons dans l'excellent ouvrage de M. de Saint-
féréol, qui a lui-même coopéré à la magnifique entreprise du canal.

Le projet de canal de M. Bazin, honorable
négociant de Marseille, ayant échoué, en
1834, par le refus de concours du Conseil
Général, et la sécheresse de cette même
année ayant été toute exceptionnelle, Marseille se trouva cruellement éprouvée; malgré
les puits artésiens que l'on perça à cette
époque. Ce fut alors que le Conseil municipal,
ému par les souffrances de la ville, prit cette
décision énergique : « L'exécution du canal
est une résolution irrévocable; quoi qu'il ad-
vienne, quoi qu'il en coûte, le canal s'exécu-
tera. » Un nouvel appel à la science et à
l'industrie amena la production de quatre
nouveaux projets et d'offres à forfait, mais
le Conseil municipal reconnut qu'une œuvre
aussi importante, une œuvre qui touchait de
si près aux plus précieux intérêts de la ville
de Marseille ne pouvait pas être l'objet
d'une spéculation industrielle, mais devait
rester une œuvre municipale. En conséquence, le Conseil municipal chargea deux
ingénieurs des Ponts-et-Chaussées, MM. Ker-
mengant et de Montricher, d'examiner tous
les projets présentés et de rechercher eux-
mêmes s'il n'existait pas un tracé meilleur
que tous ceux étudiés jusqu'à ce jour. Le résultat de cet examen et de ces études fut le
canal que nous possédons aujourd'hui, que

la loi du 4 juillet 1839 autorisa, en permettant à la ville de Marseille de dériver 5 mètres 75 centimètres cubes de la Durance. Le Conseil municipal s'empressa alors de voter les voies et les moyens dont il crut pouvoir disposer pour payer les dépenses, et les travaux furent mis en train sur le tracé général présenté par M. de Montricher.

Pour faire mieux comprendre la satisfaction générale des habitants de Marseille, à la suite de cette détermination du Conseil municipal, nous allons jeter un coup-d'œil rapide sur l'état du service des eaux de cette ville, tel qu'il existait en 1846.

A cette époque, la ville de Marseille était alimentée par les eaux :

1° De la rivière de l'Huveaune et du ruisseau du Jarret, donnant par 24 heures 1017 deniers (1), équivalant à 10,170,000 lit.;

2° De la source du Grand-Puits, donnant par 24 heures 20 deniers, équivalant à 200,000 litres ;

3° De trois puits artésiens, donnant par 24 heures 2 deniers, équivalant à 20,000 lit. ;

4° De la source de la Rose, donnant par 24 heures 60 deniers, équivalant à 600,000 litres ;

5° De la source de Malpassé, donnant au plus, par 24 heures, 9 deniers, équivalant à 90,000 litres ;

6° Des puits de douze cents maisons, fournissant ensemble environ 600,000 litres.

En comptant le denier à 10,000 litres en 24 h.; on obtient un volume de 11,680,000 lit., et en y ajoutant 600,000 litres extraits des puits, on arrive à un total de 12,280,000 lit. En élevant, pour 1846, la population de Marseille à 160,000 âmes ; on verra que la con-

_____

(1) On évalue le denier de Marseille à 0 litre 115 par seconde, ce qui correspond à 10,000 litres par 24 heures, un peu plus fort donc que le module.

sommation habituelle et journalière était, à cette époque, de 77 litres par habitant. Mais, comme le débit de l'aqueduc et celui des autres sources sont comptés ci-dessus au maximum, ils se trouvaient quelquefois réduits, en été, au cinquième. Quand la sécheresse se prolongeait, presque tous les puits tarissaient, et la disette d'eau devenait telle, alors, que la consommation, dans la ville, était réduite à 12 litres par habitant en 24 heures, et encore, dans ce faible chiffre, comprenait-on l'eau destinée aux fontaines publiques, au lavage des rues et au service des fabriques. A ces époques calamiteuses, la ville de Marseille supprimait tous les arrosages dans son territoire et se trouvait souvent obligée d'échelonner des troupes tout le long de la rivière de l'Huveaune, pour empêcher que les riverains ne détournassent le mince filet d'eau coulant jusqu'à la prise de la Pomme.

Quand on considère cette triste situation de la ville de Marseille, il y a seulement vingt ans, et qu'on la compare à celle d'aujourd'hui, on ne peut s'empêcher d'admettre que la création du canal, dans son état même défectueux, a été un immense bienfait, et que sans lui, Marseille ne serait pas ce qu'elle est aujourd'hui et encore moins de qu'elle est appelée à devenir bientôt. Car, il faut bien le reconnaître avec M. Grimaud, l'accroissement d'une ville et sa prospérité sont limités par la quantité d'eau que cette ville peut se procurer. La plupart des travaux publics entrepris pour en rendre le séjour commode, agréable et salubre, tels que l'élargissement des rues, le pavage, l'éclairage, etc., sont des travaux accessoires et les indices d'une civilisation et d'une prospérité plus ou moins avancées; une seule chose est essentielle, parce que, sans elle, il ne peut y avoir, dans une ville, ni agrément, ni commodité, ni salubrité; et cette chose est une large dis-

tribution d'eau propre à tous les usages
domestiques et à tous les besoins de l'industrie. La santé publique, surtout, y est intéressée. Une substance malsaine prise chaque
jour, quoiqu'en petite quantité, suffit pour
constituer la cause des différences de salubrité qui se remarquent dans les divers pays;
on ne doit donc pas s'étonner que la moindre
amélioration dans le régime des eaux d'une
population ait toujours eu pour conséquence
une diminution dans le chiffre de la mor-
talité.

Concluons donc que la création du canal de
Marseille est un immense bienfait dont nous
ne saurions être trop reconnaissants envers
l'administration qui en formula la décision,
et envers l'homme qui, par son audace, son
talent, sa persévérance et son énergique volonté, en assura l'exécution. Sa grande
œuvre, il est vrai, n'est pas entièrement
complète — c'eût été peut-être une gloire
trop grande pour un homme, — mais, enfin,
M. de Montricher a fait la chose essentielle,
la chose dont on avait le plus impérieux
besoin; il a conduit à Marseille l'eau de la
Durance et sauvé cette ville, condamnée à
périr faute d'eau. S'il y a quelque reproche à
lui adresser sur la qualité physique de l'eau
qui coule trop souvent, aujourd'hui, dans le
canal, à l'état de boue liquide, pour n'avoir
pas pris certaines précautions dont on reconnaît aujourd'hui la nécessité, il faut avouer
que la grande œuvre du canal, en elle-même,
est parfaite.

Pour ce qui est de la clarification des eaux
de la Durance amenées par le canal, il est
probable que celui qui avait déjà vaincu des
obstacles bien autrement formidables aurait
également vaincu celui-ci, si la mort n'était
venue terminer trop tôt cette brillante carrière, que des fatigues inouïes, des soucis et
des peines sans mesure ont sans doute
abrégée. Car on ne peut pas dissimuler que

M. de Montricher, bien que puissamment appuyé à Paris par le conseil des Ponts-et-
Chaussées, rencontra à Marseille une opposition incroyable de la part de quelques-uns de
ses collègues, qui auraient dû, au contraire,
le soutenir, ne fût-ce que pour l'honneur du
corps qu'il représentait déjà si dignement.

M. Le Grand, directeur général des Ponts-
et-Chaussées, avait une estime et une confiance si pleines en ce jeune ingénieur, qui
avait à peine alors 27 ans, qu'il n'hésita pas
à le désigner avec M. Kermingant, ingénieur
distingué par son expérience et ses mérites,
pour exécuter la gigantesque entreprise du
canal de Marseille. M. Kermingant avait lui-
même une si haute idée du talent et de la capacité de son jeune collègue, qu'il écrivit à
Paris qu'il fallait confier cette entreprise à
M. de Montricher seul, si l'on voulait qu'elle
réussît.

Messieurs les ingénieurs ne furent pas tous
aussi généreux que M. Kermingant; plusieurs
agirent contre l'élu du gouvernement et de la
ville. Ils firent si bien, qu'il vint comme de
mode, à Marseille, de déblatérer contre le
canal en cours d'exécution. L'entreprise,
disait-on, était inutile, impossible et, dans
tous les cas, ruineuse. Inutile! on avait déjà
oublié la désastreuse disette d'eau de 1834.
Impossible! des ingénieurs l'avaient déclaré,
et la foule le répétait après eux. Les galeries
ouvertes à travers les collines ne pourront
pas se rencontrer, disait l'ingénieur en chef,
M. de Montluisant; les assises inférieures de
Roquefavour devaient s'écraser sous le poids
du monument, disait M. Henri de Villeneuve,
l'ingénieur du projet Bazin; l'eau de la Durance, disait un autre prophète de malheur,
serait absorbée en route, se perdrait par les
fissures et n'arriverait peut-être jamais à
Marseille, etc., etc. Aucune de ces sinistres
prédictions ne se réalisa : l'eau de la Durance

était providentiellement appelée à vivifier
Marseille et son territoire.

Cette opposition si peu généreuse ne ra-
lentit pas le zèle et l'ardeur de l'habile ingénieur; cependant, sa nature si bonne et si
candide était, par moment, déconcertée de
tant d'animosité, et, plusieurs fois, il eut renoncé à l'entreprise et donné sa démission,
si des amis dévoués n'avaient soutenu son
courage ébranlé. A l'un de ces amis qui vit
encore, il disait souvent, après le succès :
c'est bien à vous que l'on doit le canal ; si
vous ne m'aviez soutenu, j'aurais lâché pied.
Cet homme si persécuté, si contrarié, était
d'une nature, d'un caractère si généreux,
que jamais ses amis n'ont entendu sortir de
sa bouche une parole de blâme ou de dépré-
ciation contre ceux qui l'attaquaient si injus-
tement. Ceux qui ont servi sous ses ordres
avaient pour lui une si grande affection,
qu'ils auraient tous fait l'impossible pour le
voir réussir. En plusieurs occasions, ils lui
ont témoigné leur dévouement, notamment
dans le percement du souterrain des Taillades,
où les difficultés furent telles, que M. de Montricher crut l'entreprise perdue, quand un de
ses chefs de division lui suggéra le seul
moyen à prendre pour détourner les eaux.
L'habile ingénieur goûta l'idée, l'appliqua et,
dans son rapport, en fit honneur à son su-
bordonné.

Nous ne sommes pas seulement redevables
de la grande et belle œuvre du canal à M. de
Montricher, qui a eu le talent de l'exécuter ;
nous la devons encore tout particulièrement
à M. Consolat, alors maire de Marseille, qui,
comprenant que les destinées de la ville dé-
pendaient de cette entreprise, eut le courage
de la commencer et l'énergique volonté de la
poursuivre jusqu'au bout. Pour comprendre
ce que l'on doit à l'un et à l'autre de ces deux
grands hommes, qui attendent dans la tombe
un témoignage de reconnaissance si juste-

ment mérité, il n'y a qu'à jeter les yeux sur
ce magnifique canal creusé sur les flancs es-
carpés des collines et pénétrant les galeries
souterraines des Taillades, de l'Assassin et
de Notre-Dame, pour reparaître suspendu en
aqueducs aériens, au-dessus des vallées de
l'Arc et de la Touloubre. Quelle transformation
de territoire, quel accroissement de valeur !
Partout des ombrages, de la verdure et les
fleurs. L'eau pénètre, par mille canaux, dans
toutes les propriétés, jusque sur les hauteurs
d'Endoume, tantôt s'élançant en jets vigou-
reux, tantôt tombant en cascades sonores
sur de rustiques rocailles, ou se répandant
en nappe dormante dans les bassins souvent
lilliputiens dont chaque propriétaire aspire
maintenant à décorer sa bastide.

Aux abords de la ville, que d'usines de
toute espèce : tanneries, minoteries, raffi-
neries, huileries, dont l'eau est le moteur ou
l'élément indispensable, doivent l'existence
à ce canal, qu'on disait être inutile ! Que d'é-
tablissements de bains et de lavoirs, si nécessaires à l'hygiène publique, n'auraient pu se
former faute d'eau, si, au milieu du dénigre-
ment général, l'administration municipale
eut manqué de foi dans le but qu'elle s'était
proposé, ou de courage et de persévérance
pour l'atteindre ! Aujourd'hui, le mouvement
industriel de Marseille est presque au niveau
de son immense commerce, et, cependant,
nous sommes loin d'avoir obtenu tous les
résultats que nous garde l'avenir ; c'est à
peine si nous pouvons en apprécier la grandeur et l'importance.

Avant la création du canal, qu'elle était la
situation de Marseille ? En été, souvent elle
avait assez d'eau à répartir entre les hôpitaux
et les casernes ; il ne restait aux particuliers
que l'eau malsaine des puits. Un certain
nombre de fabriques de savon et quelques
tanneries étaient les seuls établissements industriels connus à Marseille. Il ne pouvait

pas s'en créer d'autres : l'eau manquait même pour les lavoirs et les bains.

Sans la création du canal, la population de Marseille, alors de 150,000 âmes, fut allée en diminuant, son commerce aurait diminué, une autre localité plus favorisée aurait pu lui arracher son sceptre, et Marseille devenir une ville de troisième ou de quatrième ordre.

En toute sincérité, le canal de Marseille, en lui-même, est un véritable chef-d'œuvre ; bénissons le ciel de nous l'avoir donné, et soyons reconnaissants envers les deux hommes qui l'ont exécuté, l'un par son talent, l'autre par sa ferme volonté. Le grave inconvénient de l'eau boueuse qu'il amène aujourd'hui n'est pas de son fait, mais de celui de la Durance. Si l'eau qu'on lui confie était limpide, elle arriverait à Marseille dans le même état de pureté. Ne soyons donc ni injustes ni précipités dans nos blâmes sur le fonctionnement du canal. Si la mort n'avait pas surpris si tôt M. de Montricher, sans nul doute il aurait remédié à ce grave inconvénient, non pas en établissant le bassin de Réaltort, comme on le croit communément, mais en établissant un système d'épuration qui aurait clarifié les eaux de la Durance avant de les introduire dans le canal. Le dessein de l'habile architecte était purement et simplement d'accumuler, dans ce vaste réservoir, un volume d'eau considérable, suffisant pour desservir le territoire de Marseille pendant trois ou quatre jours et la ville pendant près d'un mois, afin de pouvoir, sans inconvénient pour le service, suspendre le service des eaux à la prise et exécuter, quand cela serait nécessaire, les réparations urgentes sur tout le parcours du canal. Le bassin de Réaltort était une heureuse idée qui donnait le plus sûr moyen de prévenir des dégradations qui deviennent considérables et coûteuses quand on ne peut pas les réparer à temps. Son génie, après cela, eût

trouvé le moyen d'épurer l'eau de la Durance
sur le bord même de la rivière, où il eut
substitué à l'eau de la Durance les abondantes eaux de la chaîne de la Trévaresse, et
son œuvre eut par là été complète. Ceux
donc qui, aujourd'hui, veulent transformer
Réaltort en bassin d'épuration, sortent des
plans de M. de Montricher, qui n'aurait
jamais commis une pareille faute si opposée
au bon sens, à l'hygiène et à la salubrité générale. Ne cherchons donc pas à substituer
nos maladroites et mesquines idées à la place
de celles de ce génie éminent. Qu'y avons-
nous gagné jusqu'ici ? Au lieu d'achever
l'œuvre de M. de Montricher, nous l'avons
défigurée, à ce point que la Durance coula-t-
elle désormais des eaux limpides, ces dernières nous arriveraient boueuses pendant
longtemps, tant le canal est envasé sur tout
son parcours. N'est-il pas vrai que l'eau nous
arrive plus défectueuse, aujourd'hui, à la
sortie du canal qu'à son entrée ? On dirait
qu'un mauvais génie a résolu de paralyser,
en l'enfouissant dans le limon, l'œuvre im-
mortelle à laquelle Marseille est redevable de
son salut et de sa prospérité.

Nous allons maintenant parler de chacune
des eaux qui alimentent la ville, empruntant,
à MM. Maurin et Roussin, quelques-unes des
pages de leur excellent travail sur les eaux
de Marseille.

« Marseille, située au centre d'un bassin
appartenant aux terrains de sédiments supérieurs, est alimentée par des eaux de sources
locales, des eaux amenées des environs et
des eaux dérivées de la Durance.

Des eaux de sources locales.

« La géognosie de la contrée permet d'acquérir de précieuses notions sur les sources

locales, leur provenance, leur position et le volume de leurs eaux.

« On distingue, dans le bassin de Marseille, des formations tertiaires de transport fort peu inclinées, et des formations crayeuses ou de calcaires compact·s inclinées, par contre. de 45°. Ces dernières forment les montagn s, les collines, et plongent sous les terrains de transport qui nivellent les ravins, les anfractuosités, et les convertissent en buttes, vallées ou plaines

« Les eaux pluviales (il en tombe annuellement 19 à 20 pouces) glissent sur les calcaires compactes ou filtrent à travers les terrains perméables, et se colligent dans les sables, au-dessus des couches argileuses que l'eau ne peut pénétrer. Ces réservoirs souterrains sont l'origine des sources locales.

« Or, les forages démontrent que sur l'emplacement où la ville est bâtie, on trouve quatre couches aquifères superposées. Nous allons décrire la position et l'importance de chacune d'elles.

« 1re *couche aquifère.*—A la base des monticules, il existe des sources provenant de la filtration des eaux épanchées à la surface du sol du monticule. Ces eaux traversent la terre végétale, le poudingue, le safre, s'arrêtent sur un banc d'argile rougeâtre, et viennent parfois couler sous forme de source, comme à la rue Mazagran, n° 4, au boulevard du Nord et au boulevard de la Gare, au pied du mur de soutènement, etc. Cette couche aquifère mérite notre attention, plutôt à cause des qualités que du volume de l'eau ; elle subit plus que toute autre l'influence de la sécheresse. Durant les chaleurs, le débit diminue considérablement ; il était souvent même réduit à zéro, avant l'arrivée des eaux du canal dans notre ville.

« La source de la rue Mazagran, n° 4, qui est commune à trois maisons du boulevard du Musée, sera seule l'objet d'une mention spéciale ; elle débite environ 5 litres d'eau à la minute.

« 2° *couche aquifère.*— Les eaux épanchées sur le sol traversent quelquefois :

« *Sur les points culminants :* terre végétale, graviers, terre argileuse roussâtre, poudingue à ciment rouge, sable, argile schisteuse, grès de plomb ;

« *Dans les plaines :* terre végétale, poudingue à ciment jaune, safre, argile bleue ;

« *Dans les vallées :* terre végétale, couche d'argile limoneuse, couches alternes irrégulières de safre, de limon durci, de poudingue, dans lequel la pâte est tantôt une argile grise schisteuse, mêlée de sable calcaire et agglutinant une multitude de graviers quartzeux, tantôt un grès quartzeux mêlé d'argile renfermant des grès calcaires ; argile limoneuse noire contenant des grains de fer sulfuré radié, des bois charbonnés et des graviers. Ces eaux vont former un vaste réservoir qui fournit à l'alimentation de tous les puits de la ville.

« Cette deuxième couche aquifère se trouve à une profondeur moyenne de 8 mètres, et remonte habituellement de 3 mètres au-dessus du point où elle a été rencontrée. Son volume a augmenté depuis l'arrivée des eaux de la Durance, mais pas en proportion de celui de la première couche aquifère. Son débit est considérable ; car il existe à Marseille environ 17,000 puits ; admettons une consommation moyenne de cinq seaux d'eau de 10 litres chacun, par maison et par jour, le chiffre de 850,000 litres exprimera la quantité d'eau donnée en 24 heures, par cette source souterraine. On ne s'étonnera pas, dès lors, qu'elle tarisse presque complètement, après de longues sécheresses.

« 3° *couche aquifère.*—L'existence de cette couche a été démontrée par le forage des puits artésiens de la place de St-Ferréol, de la place de Rome et de la place Noailles. Elle

a sa raison d'être dans la disposition géogno-
sique différente que nous avons signalée,
des terrains de transport et des assises calcaires. Ces dernières, formant la crête, la
partie supérieure de nos montagnes dé--
nudées, ne peuvent pomper l'eau ; elles la
laissent glisser à leur surface. Cette eau suit
la pente du rocher jusqu'à ce qu'elle rencontre un terrain perméable ; elle se collige
au-dessous d'un sable marneux micacé, d'un
sable ferrugineux et d'un grès marneux très-
poreux ; au-dessus, d'une marne grise très-
compacte, à une profondeur de 38 mètres, à
la place Noailles, où elle est peu importante,
de 93 mètres à la place de Rome et de 95 m.
à la place Saint-Ferréol, où elle a été captée
le 17 juillet 1828. Par des opérations que
nous n'avons pas à décrire, on a amené
jusqu'à 3 mètres au-dessus du sol 4 litres et
demi, par minute, d'eau provenant de cette
nappe. Elle sert à alimenter la borne-fontaine nord-ouest de la place St-Ferréol.

« 4° *couche aquifère*. —Une partie des eaux
pluviales qui tombent sur les crêtes dénudées
de nos montagnes calcaires suit la pente du
rocher jusqu'au fond du ravin, où elle forme
un quatrième réservoir qui a été rencontré à
139 m. 50 de profondeur à la place Noailles,
et à 143 m. 25 à la place de Rome.

« Le forage du puits artésien de la place
Noailles a permis de conduire à la surface du
sol 3 litres trois-quarts d'eau qui servaient
autrefois à alimenter la fontaine de la rue
Bon-Juan.

« Le forage du puits artésien de la place de
Rome, entrepris le 5 juillet 1834 , a été le
sujet d'une intéressante observation : à 93 m.
on a pénétré dans la troisième couche aquifère ; aussitôt, la fontaine nord-ouest de la
place Saint-Ferréol a cessé de couler. Pour
éviter de perdre le bénéfice du premier forage , on a dû enfoncer la sonde jusqu'à
143 mètres 25, et l'on a rencontré la qua-

trième couche aquifère , dont le débit est de 3 litres 80 par minute, au niveau du sol. A l'aide de cette eau, on alimente la borne-fontaine nord-est de la place St-Ferréol.

« Il est des sources locales plus importantes, moins sujettes à tarir, dont la provenance plus hypothétique s'explique mieux par les accidents que présentent les roches de sédiments : ainsi, au milieu des montagnes calcaires, on voit souvent d'immenses grottes, quelquefois des failles profondes ; c'est par ces failles que passent et s'écoulent des eaux très-limpides, venues de fort loin, et très-abondantes.

« Peut-être les sources du Grand-Puits et de la Frâche ont-elles cette origine. Il arrive aussi que ces sources se perdent avec une grande facilité , à la suite d'ébranlements causés par des travaux exécutés dans leur voisinage ; c'est ce qui est cause, probablement, de la disparition de la source considérable, très-estimée, connue autrefois sous le nom de Puits-Fourniguier, et que l'on n'a plus pu retrouver de nos jours.

Source du Grand-Puits.

« La source du Grand-Puits est captée vers le haut des Allées, près de l'église des Réformés; elle coulait dans une galerie construite en maçonnerie ou creusée dans le roc, longue de 858 mètres, passant par les allées des Capucines, la place du même nom, la rue du Petit-Saint-Jean, le Cours, la Grand'Rue, se coudant au niveau de la place du Grand-Puits, pour se diriger vers le Port vieux.

« Le débit de la source du Grand-Puits était de 20 deniers par jour, dont quatre alimentaient les pompes dites françaises, sur la place du Grand-Puits, et les 16 autres des-

servaient des fontaines très - estimées disposées sur les quais de l'ancien Port (côté de
la mairie). Les équipages s'y approvisionnaient
de préférence.

« On s'aperçut, il y a quelques années, d'une
diminution considérable dans le débit de
cette source, et des travaux furent entrepris
pour obtenir un captage plus complet. On
est parvenu à grand'peine à recueillir un volume d'eau de 20 litres à la minute, qui,
conduit dans une galerie jusqu'à la hauteur
du Cours, passe dans une ventouse , et s'en-
gageant ensuite dans des tuyaux de poterie,
de fonte et de plomb , vient couler à une
borne-fontaine établie à la place du Grand-
Puits. Jusque là, des précautions sont prises
pour que l'eau ne reçoive aucun mélange ;
mais dans le parcours de la place du Grand-
Puits aux fontaines du Port, la galerie est
disposée pour recevoir, au contraire, toutes
les infiltrations du canal et des autres sources
qui se trouvent sur son passage.

Source de la Frâche.

« Enfin, la source de la Frâche, captée vers
le haut de la rue des Petites Maries, passe
dans la rue des Dominicaines, en face de l'é-
glise Saint-Théodore, prend la rue d'Aix et
coule dans des tubes bien ajustés, et alimente
une borne-fontaine située dans la rue de la
Traverse-du-Mont-de-Piété. Son débit est de
15 litres à la minute. La source fournit encore
un volume d'eau assez considérable à une
surverse établie sur la place du Mont-de-
Piété, à l'angle des rues Magenta et du Mont-
de-Piété.

Des eaux dérivées des environs.

« Les eaux de l'Huveaune, de Jarret et de la Rose, autrefois celles de Malpassé, ont été dérivées soit par la ville, soit par des compagnies, pour subvenir aux besoins de la population.

1° *Eaux de l'Huveaune et de Jarret.*

« Les eaux de l'Huveaune et de Jarret servant à l'alimentation de Marseille y sont amenées par un aqueduc qui commence un peu au-dessus du village de la Pomme, à une hauteur de 41 mètres 81 au-dessus du niveau de la mer. La longueur de l'aqueduc est de 7,328 mètres. Quelques parties sont creusées dans le roc ou construites en pierres sèches et recouvertes d'un enduit sélénito-calcaire déposé par les eaux ; d'autres sont voûtées et faites en briques ou en moellons plats.

« L'aqueduc amène en ville 1,000 deniers d'eau au maximum et 200 à l'étiage ; durant les trente premières années de ce siècle, ce dernier cas s'est présenté seize fois. Il est destiné à alimenter 20 fontaines, 145 bornes-fontaines, 26 lavoirs publics et un grand nombre d'établissements particuliers, et ne peut fournir qu'aux points situés à moins de 27 mètres au-dessus du niveau de la mer. »

2° *Eaux de la Rose.*

« C'est pour parer à ce dernier inconvénient que la compagnie Blondel devint acquéreur d'une belle source située dans la propriété de M. Goudard, au quartier de la Rose, dont elle porte le nom, et débitant 60 deniers d'eau par jour; cette eau est limpide, fraîche et fort estimée. La Compagnie a employé, pour conduire l'eau de cette source à Marseille, 16,750 mètres de conduite de divers diamètres, dont 12,250 en fonte, 1,000 mètres en tolle galvanisée, 2,000 mètres en plomb et 1500 mètres en poterie. L'eau arrive en ville à une hauteur de 47 mètres au-dessus du niveau de la mer, avec une pente moyenne de 0^m,0016 par mètre.

« Le 4 novembre 1842, la Compagnie s'engagea, par-devant le Conseil municipal, à fournir 5 deniers d'eau pour l'alimentation du quartier de la Plaine, « peuplé, dit le rapport conservé aux archives, d'environ 8 à 10,000 personnes qui n'ont d'autre eau que celle fournie par les puits, de mauvaise qualité, impropre aux besoins domestiques et insuffisante pour le service de la voirie. »

« La compagnie Blondel desservait en outre, en 1847, environ 400 maisons. Il est à regretter que, depuis la création du canal, les sociétaires des eaux de la Rose aient aliéné certaines de leurs branches de distribution ou mêlé à leurs eaux celles du canal, car, dans bien des maisons, il serait utile d'avoir des eaux de source qui pussent servir durant le chômage ou lorsque les eaux de la Durance sont trop chargées de limon.

3° Eaux de Malpassé.

« Une Compagnie particulière distribuait, en 1846, dans la ville de Marseille, les eaux d'une source située au hameau de Malpassé, sur les bords du ruisseau du Jarret. Ces eaux, élevées au moyen d'une machine à vapeur, étaient amenées dans la ville à la cote de 60 mètres au-dessus de la mer, et desservaient 150 maisons. Le volume total de ces eaux était évalué, par la Compagnie, à 200 deniers, mais le volume placé par elle en 1846 était, au plus, de 60 deniers.

« Toutes les concessions d'eau, ainsi que le matériel d'exploitation et de distribution des eaux, à l'exception de la machine élévatoire, ont été cédés en 1852, par la compagnie de Malpassé, à la ville de Marseille, au prix de 120,000 francs. Nous n'avons parlé de cette source que pour mémoire.

Des eaux dérivées de la Durance.

« Les eaux de la Durance nous arrivent par un canal de 89,748 mètres 90 centimètres (1), dont 82,654 mètres 50 centim. forment la longueur de la branche mère, et 7,094 mèt. 40 centimètres celle de la rigole de distribution pour les eaux destinées à l'alimentation de Marseille. Cette rigole sort de la dérivation sur Château-Gombert, en suivant le faîte de Saint-Just.

« L'altitude du départ des eaux de la rigole est de 145 mètres 90 centimètres au-dessus du niveau de la mer ; l'altitude d'arrivée au plateau de Longchamp est de 72 mètres. Dans les conduites, l'eau subit une perte de forces équivalente à 2 ou 4 mètres. La hauteur d'une maison étant, au maximum, entablement compris, de 17 mètres 54 centimètres, soit 15 mètres 50 centimèt. sous les combles,

---

(1) Sur cette longueur, 67,020 mètres sont à ciel découvert, 724 mètres 49 en passerelles ou aqueducs, 15,787 mètres en 38 souterrains.

les eaux du canal arrivent jusqu'au 4me étage des maisons situées à une hauteur de moins de 52 mètres 50 centimèt.; elles couleraient au rez-de-chaussée d'une maison bâtie à 67 mètres au-dessus du niveau de la mer. Or, le point le plus culminant de Marseille, après le plateau de Longchamp est le plateau de la colline Bonaparte, élevé de 59 mètres seulement. C'est dire que les eaux du canal peuvent desservir toutes nos constructions (1).

« La ville de Marseille avait été autorisée à emprunter 5 mètres 75 centimètres d'eau de la Durance ; des expériences faites lors du projet d'étude permirent de constater que le régime de cette rivière était des plus irréguliers, des plus capricieux, et variait de 60 à 2,000 mètres. Des observations répétées trois fois par jour, pendant quatre années, ont aussi démontré que le niveau des eaux s'abaisse à peine 48 heures dans quatre ans, jusqu'à l'étiage, et qu'il se tient presque constamment à 30 ou 40 centimètres au-dessus. C'est pourquoi, bien que le canal ne doive amener sur notre territoire que 5 mèt. 75 centimèt. d'eau par seconde, il en amène 9 mètres, et la ville dispose, sur le volume, de 1,200 litres d'eau par seconde pour l'alimentation de ses habitants.

« Les eaux de la Durance étant toujours limoneuses, on a cru devoir, pour remédier à cet inconvénient, ménager, sur le parcours du canal, quatre grands bassins d'épuration où, la pente étant insignifiante, l'eau s'écoule lentement et se débarrasse de la majeure partie du limon. Le premier de ces bassins, établi à Ponserot, a une contenance de

---

(1) Exception faite des maisons bâties sur la colline de Notre-Dame-de-la-Garde à partir du premier oratoire, qui est élevé de 74 mètres au-dessus du niveau de la mer.

120,000 mètres ; le deuxième, à Valloubier, et le troisième, à la Garenne, près Roquefavour , ont chacun une contenance de 300,000 m.; le quatrième, en construction à Réaltort, occupe un espace de 75 hectares ; sa profondeur moyenne étant de 5 mètres, il pourra contenir 3,750,000 mètres d'eau. Il est effrayant de penser que ces 75 hectares de terrain vont supporter un poids de 3,750 millions de kilogrammes. Des accidents déjà survenus, lorsqu'on a voulu remplir à moitié ce vaste bassin, ont fait voir ce dont est capable une pareille pression.

« On se propose de diviser une partie de ce bassin en quantités de réservoirs à plans inclinés. Le canal circulera sur la hauteur, l'eau s'écoulera lentement, le limon se déposera sur les plans inclinés, et le liquide doucement décanté se rendra dans la deuxième partie. Lorsque les plans inclinés seront chargés de limon, on bouchera les ouvertures de communication des deux parties, on fera arriver dans les réservoirs un grand volume d'eau qui, par le seul fait de la pression, détachera les boues accumulées. Une rigole entraînera ces eaux sales hors du canal.

« Un cinquième bassin existe dans la banlieue de Marseille, au quartier de Ste-Marthe; il occupe une superficie de 8 hectares. Sa profondeur moyenne est de 4 mètres ; il contient 321,000 litres d'eau provenant de la rigole de dérivation de la ville. Dans ce bassin seulement, il se dépose par jour une couche de limon dont le volume est de 10 mètr. 50, et déjà il est à peu près comblé, comme ceux de Valloubier et de la Garenne.

« Enfin, au plateau de Longchamp, sur une superficie d'un hectare, on a disposé un filtre partagé en deux par un mur , afin que l'on puisse nettoyer alternativement l'une ou l'autre partie, sans interrompre la distribution des eaux. Dans le sens de la hauteur, ce filtre est divisé en deux étages par un rang de voûtes que soutiennent des piliers; ces voûtes sont percées d'environ 4,500 trous, dans lesquels sont placés des tuyaux de drainage de 4 centimètres de diamètre; elles supportent cinq ou six couches composées, en allant de la surface au fond, de sable fin, de sable grossier, de graviers, de cailloux; ces couches réunies ont 1 mètre d'épaisseur. L'eau traverse cette masse, se débarrasse des matières en suspension et arrive ou devrait arriver parfaitement filtrée à l'étage inférieur, d'où elle se rend dans les bassins de distribution. Mais le débit du filtre de Longchamp n'est que de 500 litres par seconde, départis seulement à quelques quartiers privilégiés. Restent 700 litres d'eau par seconde, déversés dans les conduites de la ville, tels qu'ils sortent du bassin d'épuration.

« Or, pendant les jours d'orages, de pluies, de tempêtes, non-seulement l'eau n'abandonne pas, dans les bassins d'épuration, les matières en suspension, mais encore, en traversant ces bassins, elle se charge d'une plus forte quantité de limon, de sorte que sur les 103,680,000 litres qui représentent la consommation quotidienne d'eau du canal à Marseille, nous en recevons 60,480,000 de plus limoneuse même qu'à la prise.

« Les eaux sont amenées de Longchamp par huit conduites en fonte, dans cinq bassins établis sur les points les plus culminants de la ville (plateaux de Longchamp, des Moulins, de la colline Bonaparte, de la rue Montebello, de la rue Vincent); enfin, elles sortent de ces bassins par des tuyaux secondaires qui se ramifient suivant les exigences du service et les conduisent à 4,500 réservoirs placés dans des maisons particulières, à 103 bornes-fontaines, à 37 fontaines monumentales et à 1513 bouches d'arrosage.

« En résumé, Marseille peut être alimentée par les eaux provenant :

1° De la première couche aquifère, débitant en 24 heures.......................... 7,200 litres.
(source de la rue Mazagran).

2° De la deuxième couche aquifère (environ 17,000 puits)............ 850,000 »

3° De la troisième couche aquifère, puits artésien fournissant à la borne-fontaine sud-est de la place St-Ferréol.......................... 6,121 »

4° De la quatrième couche aquifère, puits artésien fournissant à la borne-fontaine de la rue Bon-Juan 5,520 »

Puits artésien fournissant à la borne-fontaine sud-ouest de la place Saint-Ferréol .... 5,516 »

5° De la source du Grand-Puits .... 190,000 »

6° De l'aquèduc de dérivation de l'Huveaune et de Jarret .... 9,500,000 »

7° De la source de la Rose........... 750,000 »

8° Du canal de la Durance.......... 103,680,000 »

Total ..... 114,994,716 litres.

« La population fixe étant d'environ 270,000 âmes, chaque habitant pourrait donc disposer de 425 litres d'eau par jour, au maximum, si toutes ces ressources étaient employées. »

Nous allons maintenant, nous appuyant toujours sur l'excellent travail de MM. Maurin et Roussin, exposer les propriétés organoleptiques et chimiques de ces eaux, l'influence qu'elles exercent sur la santé de ceux qui en font usage, tout en soumettant nos propres analyses et les observations que nous avons faites sur l'état actuel des eaux de Marseille.

PROPRIÉTÉS

ORGANOLEPTIQUES ET CHIMIQUES

des Eaux de Marseille.

1° Source de la rue Mazagran.

« La limpidité de l'eau de cette source est souvent troublée par des flocons d'hydrate de peroxyde de fer qui nagent dans le liquide, dont la saveur est styptique. Sa température n'excède pas 12°, elle marque 11° à l'hydrotimètre, selon MM. Maurin et Roussin.

« Le 2 novembre 1863, l'eau fournie par cette source était louche et tenait en suspension une quantité assez considérable de peroxyde de fer ; 0 gr. 1091 de protoxyde de fer y étaient combinées à l'état de bi-carbonate.

« On conçoit qu'une pareille eau qui mériterait l'épithète de minérale, produise des effets d'excitation, et que des personnes atteintes d'anémie, de chlorose, d'atonie des organes digestifs, aient retrouvé la santé par son usage, tandis que d'autres, prédisposées aux indispositions gastro-intestinales, aient dû renoncer à en boire, à cause de la constipation, des douleurs épigastriques et des aphtes qu'elle leur procurait.

« Voici la composition de cette eau, examinée d'après la méthode hydrotimétrique :

SOURCE DE LA RUE MAZAGRAN.

Degrés hydrotimétriques..............	110°
Température ordinaire.............	12°
Carbonate de chaux................	87°
Carbonate de magnésie.............	28°
Bi-carbonate de fer..............	9°
Acide carbonique.................	26°

Un litre de cette eau, avant d'être utile au blanchissage, neutralise d'abord 110 décigrammes ou 11 grammes de savon ; et 1 mèt. cube ou 1,000 litres : 11 kilogrammes 100 gr.

« *Nota.* — Dans l'intérêt du public, nous ferons connaître le degré de neutralisation sur le savon de chacune des eaux de Marseille, afin de fixer le choix sur celles qui, dans le blanchissage, offrent le plus d'économie, en neutralisant moins de savon.

2° *Puits de Marseille.*

« L'eau des puits de Marseille est limpide quand elle n'est pas altérée par des infiltrations d'égoûts, du canal ou de diverses usines ; elle est inodore ou sent légèrement l'argile ; sa saveur indique presque sûrement ses qualités ou ses défauts ; agréable lorsque l'eau cuit les légumes et prend le savon, elle devient fade, salée, douceâtre, saumâtre, nauséeuse, lorsque l'eau ne peut servir aux usages domestiques ; enfin, sa température varie entre 12° et 13° en été, et 11° et 12° en hiver. »

MM. Maurin et Roussin, ayant essayé, par la méthode hydrotimétrique, l'eau de plus de 300 puits pris dans les divers quartiers de la ville, sont arrivés à ces conclusions :

« 1° Le degré hydrotimétrique de l'eau des puits de Marseille varie de 42° à 202° ;

« 2° Le degré hydrotimétrique étant toujours en rapport avec les qualités hygiéniques de l'eau, celle qui marque moins de 58° est propre à tous les usages domestiques ;

« 3° En moyenne, l'eau des puits marquant 73° est tout à fait impropre à l'alimentation ;

« 4° Les sels de chaux, et principalement le sulfate, saturent l'eau des puits et la rendent mauvaise ;

« 5° Enfin, les sels de magnésie concourent pour 1|4 au degré hydrotimétrique. »

Donc, l'eau des puits de Marseille, variant de 42° à 200° hydrotimétrique, elle neutralise, dans le blanchissage, de 4 grammes 20 à 20 gr. 20 de savon par litre ; et par mètre cube ou 1,000 litres : 2 kil. 20 gr. à 20 kil. 200 grammes.

Le tableau, enfin, que donnent ces messieurs, indiquant le degré hydrotimétrique de divers points de Marseille, démontre combien les bons puits y sont rares.

Nous n'avons trouvé, dans ce tableau, que 14 puits dont l'eau soit véritablement potable ; nous en citerons quelques-uns dont l'eau est éminemment bonne, à en juger par leur degré hydrotimétrique. Ainsi, le puits du n° 64 de la rue Jacquand, 22° ; ceux de la rue d'Alger, n° 5, 22° ; ceux de la rue d'Aubagne, n° 4, 22° ; ceux de la rue Paradis, n° 39, 38° ; ceux de la rue des Ferrats, n° 9, 38° ; celui de la rue Sylvabelle, n° 39, 38° ; ceux de la rue St-Ferréol, n° 78, 39°. — 38 autres ont une eau douteuse ; enfin, les 56 autres du tableau sont tout à fait impropres à l'alimentation.

Nous ferons en outre remarquer ici que le degré hydrotimétrique peu élevé d'une eau ne suffit pas pour justifier absolument de sa qualité hygiénique, car un centigramme par litre de matière organique suffit pour altérer une eau et la rendre mauvaise, malgré la faible quantité de sels qui s'y trouve contenue. De même, les eaux de puits contenant, en quantité dominante, du nitrate et du sulfate, peuvent encore être pernicieuses, quoique le degré hydrotimétrique soit peu élevé ; mais ce dernier cas est beaucoup plus rare que le précédent, qui est commun dans les grandes villes comme Marseille et Paris, où les infiltrations de matières organiques sont abondantes.

Ainsi, une foule d'établissements, brasseries, buanderies, chapelleries, amidonneries, vacheries, etc., produisent à Marseille de fâcheuses infiltrations, dont les effets sont délétères sur les eaux des puits environnants, quand on n'a pas soin de ménager aux eaux de service un écoulement facile. Nous avons remarqué nous-mêmes plusieurs vacheries dont le sol est plus bas que le pavé de la rue et donnent forcément, alors, des infiltrations.

Les savonneries, dont le nombre est considérable à Marseille, ne sont pas moins insalubres par leur situation au milieu de quartiers populeux, car les résidus liquides produisent au loin des infiltrations qui vicient les terrains à de grandes distances. Les eaux des puits de la rue Sainte, par exemple, et des rues adjacentes, contiennent des sels de soude, des sulfures, etc., qui les rendent impropres aux usages domestiques. Une seule fabrique ayant été établie à la partie haute de la rue Montaux, une expertise a démontré au Conseil d'hygiène « que les terrains étaient, sur un rayon très étendu, imprégnés de sels calcaires provenant de la savonnerie, et que les eaux étaient sensiblement viciées. »

On nous a dernièrement apporté d'un pensionnat une bouteille d'eau, avec prière de l'analyser ; elle était styptique, jaunâtre, visqueuse, saumâtre, nauseuse, à tel point qu'elle nous inspira les plus graves inquiétudes, et bien qu'elle ne donnât que 66° à l'hydrotimètre, dont la moitié de sels de magnésie, nous n'hésitâmes pas à la déclarer complètement altérée par des matières organiques. En effet, l'inspection des lieux confirma notre jugement : A environ 150 mètres, nous avons trouvé, sur un terrain en pente inclinée, une écurie contenant cheval, vaches, chèvres, sans issue pour les urines qui, par infiltration, arrivaient jusqu'à l'eau que nous venions d'analyser.

Ce cas doit se répéter fréquemment à Marseille, et beaucoup de personnes, en faisant usage de l'eau de leurs puits pour ne pas boire celle du canal, tombent dans un inconvénient beaucoup plus grand.

3° *Fontaine de l'angle nord-ouest de la place Saint-Ferréol.*

« L'eau que débite cette borne-fontaine est limpide, inodore, d'une saveur agréable et sans arrière-goût ; sa température moyenne est de 10° 6 ; elle marque 33° hydrotimétriques, selon MM. Maurin et Roussin. »

Examinée d'après la méthode hydrotimétrique, elle nous a présenté la composition suivante :

Degrés hydrotimétriques	33°
Température	10° 6
Carbonate de chaux	12°
Carbonate de magnésie...........	10°
Sels divers	3°
Acide carbonique	10°

L'eau de cette borne-fontaine neutralise, dans le blanchissage, 3 gr. 30 de savon par litre, et par mètre cube ou 1,000 litres : 3 kil. 300 grammes.

Le 24 février 1863, elle a présenté la composition suivante à MM. Maurin et Roussin :

Eau. — 1 litre.

Azote	14 90
Oxygène	1 90
Acide carbonique libre	0,2102
» » combiné.....	0,0728
» sulfurique	0,0340
Chlore	0,0061
Chaux............................	0,0420
Magnésie	0,0097
Protoxyde de fer	0,0087
Sodium (correspondant au chlore)	0,0039
Soude (restant)	0,0010
Potasse	0,0001
Silice	0,0075

« Ces divers éléments peuvent se grouper ainsi :

Air dissous	16 80
Acide carbonique libre	0,2102
Bi-carbonate de chaux...........	0,0493
» de magnésie.......	0,0310
» de fer	0,0193
» de potasse	0,0007
Chlorure de sodium	0,0100
Sulfate de soude	0,0023
» de chaux............	0,0555
» de silice..............	0,0075

« C'est la meilleure eau de Marseille, disent ces messieurs. Le peuple la recherche avec juste raison ; pourvue d'une quantité assez notable d'acide carbonique , elle facilite les fonctions digestives par une légère excitation.

« Cette eau, étant la plus pure, doit mieux conserver l'arôme aux décoctions; nous connaissons même une dame qui distingue, avec un tact exquis , le café préparé avec toute autre eau que celle-là. Mais nous cherchons en vain ce qui lui vaut sa notoriété pour les maladies des yeux.

4° Fontaine de l'angle nord-est de la place Saint-Ferréol.

« L'eau de cette fontaine , limpide d'ailleurs, charrie souvent, et en plus ou moins grande proportion, des flocons d'hydroxide de fer ; elle est inodore, d'une saveur agréable, avec un arrière-goût légèrement styptique. Elle marque 27° à l'hydrotimètre, et sa température moyenne est de 11° 5. »

Examinée d'après la méthode hydrotimétrique, elle a présenté la composition suivante :

Degrés hydrotimétriques..........	27°
Température moyenne	11° 5
Carbonate de chaux.	10°
Carbonate de magnésie...........	7°
Sels divers et sulfate	2°
Acide carbonique.................	8°

L'eau de cette borne-fontaine neutralise, dans le blanchissage, 2 gr. 70 de savon par litre, et par mètre cube ou 1,000 litres : 2 kil: 700.

« Voici les résultats de l'analyse faite le 21 janvier 1863, par MM Maurin et Roussin :

Eau. — 1 litre.

Azote	20	49
Oxygène.........................	2	15
Acide carbonique libre	0,1952	
» carbonique combiné	0,0724	
» sulfurique...............	0,0251	
Chlore	0,0291	
Chaux	0,0348	
Magnésie	0,0054	
Protoxyde de fer...............	0,0225	
Sodium (correspondant au chlore)	0,0188	
Soude (restant)	0,0009	
Potasse.........................	0,0004	
Silice...........................	0,0069	

« Ces divers corps, résidu d'environ 0 gr. 22, peuvent être combinés dans l'ordre suivant :

Air dissous	22	64
Acide carbonique libre	0,1953	
Bi-carbonate de chaux...........	0,0460	
» de magnésie	0,0172	
» de fer...............	0,0588	
» de potasse	0,0007	
Chlorure de sodium.............	0,0479	
Sulfate de soude	0,0020	
» de chaux	0,0408	
Silice...........................	0,0069	

« Moins pure que l'eau précédente, elle n'est pas moins d'excellente qualité ; mais ses propriétés toniques la font spécialement rechercher pour les gens atteints de pâles couleurs, et la quantité de bi-carbonate de fer (0,0588 par litre) qu'elle contient justifie la faveur populaire dont elle jouit.

5° Grand-Puits.

« L'eau du Grand-Puits, limpide, inodore, d'une saveur agréable, mais un peu âpre, a une température moyenne d'environ 12° 5, et marque 86° à l'hydrotimètre. »

Examinée d'après la méthode hydrotimétrique, elle nous a donné la composition suivante :

Degrés hydrotimétriques	86°
Température moyenne	12° 5
Carbonate de chaux	84°
Carbonate de magnésie	25°
Sulfate et autres sels	4°
Acide carbonique	22°

L'eau du Grand-Puits neutralise, dans le blanchissage, 8 gr. 60 de savon par litre, et par mètre cube ou 1,000 litres : 8 kil. 600.

« Le 16 mars 1863, elle présentait la composition suivante à MM. Maurin et Roussin :

Air dissous	24 45
Acide carbonique libre	0,1708
» carbonique combiné	0,2208
» sulfurique	0,3008
Chlore	0,0120
Chaux	0,2870
Magnésie	0,0287
Protoxyde de fer	0,0180
Sodium (correspondant au chlore)	0,0077
Soude (restant)	0,0102
Potasse	0,0013
Silice	0,0097
Matières organiques	traces

« Ce qui forme un résidu d'environ 1 gr. 04

que l'on peut représenter par les combinaisons suivantes :

Air dissous	24 45
Acide carbonique libre	0,1708
Bi-carbonate de chaux..........	0,2201
» de magnésie	0,0918
» de potasse	0,0025
» de fer...............	0,0400
Chlorure de sodium.............	0,0197
Sulfate de chaux	0,4891
Sulfate de soude	0,0233
Silice	0,1395

« Cette eau n'a une réputation de bonté qu'à cause de sa limpidité, de sa fraîcheur et du débit considérable de la source même pendant les sécheresses, mais elle est évidemment trop chargée en matières salines et surtout en sulfate de chaux et en silice : elle est lourde, et si elle ne trouble pas les digestions, c'est grâce à la quantité remarquable d'acide carbonique qu'elle contient.

6° *Eaux de l'Huveaune.*

« L'eau de l'Huveaune est limpide, quelquefois louche, d'une saveur agréable, inodore ; sa température est voisine de celle de l'atmosphère. Essayée par la méthode hydrotimétrique, elle a 86°. »

Examinée d'après la méthode hydrotimétrique, elle nous a donné la composition suivante :

Degrés hydrotimétriques..	86°
Température presque atmosphérique.	
Carbonate de chaux	38°
Carbonate de magnésie	29°
Sulfate et sels divers	5°
Acide carbonique	15°

L'eau de l'Huveaune neutralise, dans le blanchissage, 8 gr. 60 de savon par litre, et par mètre cube ou 1,000 litres : 8 kilogr. 600 grammes.

« Analysée le 28 mars 1863, pendant le chômage du canal, elle a présenté, aux messieurs Maurin et Roussin, la composition suivante :

Air dissous..........................	22 80
Acide carbonique libre	0,1543
» carbonique combiné......	0,1060
» sulfurique...................	0,1207
Chlore	0,0042
Chaux :..............................	0,1250
Magnésie	0,0143
Protoxyde de fer	0,0074
Sodium (correspondant au chlore)	0,0027
Soude (restant)	0,0021
Potasse..............................	0,0003
Silice.................................	0,0097
Matières organiques	traces

« C'est-à-dire environ 0 gr. 40 de résidu salin, dont les divers éléments peuvent être ainsi combinés :

Air dissous......................	22 80
Acide carbonique libre	0,1543
Bi-carbonate de chaux.........	0,1090
» de magnésie.......	0,0457
» de fer............	0,0164
» de potasse	0,0006
Chlorure de sodium............	0,0069
Sulfate de chaux...............	0,2006
» de soude	0,0048
Silice............................	0,0097
Matières organiques	traces

« Cette eau, bien aérée, comme toutes celles de rivières, peut être classée dans les eaux potables de bonne qualité ; elle serait excellente, si le sulfate de chaux s'y trouvait en moindre quantité, d'autant plus que ce sulfate de chaux, en présence de matières organiques, est décomposé ; que l'acide sulphydrique qui se dégage communique au liquide des propriétés malfaisantes, et l'on risque, en faisant usage d'ancienne eau de l'Huveaune, d'être pris de diarrhée et de dévoiement.

« C'est pourquoi les marins préfèrent l'eau du Grand-Puits aux eaux de l'Huveaune, pour leur approvisionnement. »

7° *Eau de la Rose.*

L'eau de la Rose, examinée d'après la méthode hydrotimétrique, donne la composition suivante :

Degrés hydrotimétriques	50°
Température moyenne	11°
Carbonate de chaux	12°
Carbonate de magnésie	18°
Sulfate et sels divers	4°
Acide carbonique	16°

L'eau de la Rose neutralise, dans le blanchissage, 5 gram. de savon par litre , et par mètre ou 1,000 litres : 5 kil.

8° *Canal de la Durance.*

« L'eau du canal n'est presque jamais limpide ; dans ce dernier cas seulement, elle est inodore et d'une saveur agréable ; sa température varie de -|- 5° 66 à — 5° 34 en hiver ; elle s'élève jusqu'à 22° en été. Elle marque en moyenne 29° à l'hydrotimètre.

« Le défaut de limpidité provient :

« 1° De ce que, dans les canaux à fonds lisse , à pentes légères , les eaux déposent toutes les matières étrangères qu'elles tiennent en suspension, et qui sont de nouveau soulevées et entraînées durant les jours de pluie ou de vent. Dans ce cas, la couleur de l'eau varie de la teinte jaunâtre (argileuse) la plus foncée à la teinte café au lait (terreuse) ; son odeur rappelle l'argile ou la terre détrempée ; sa saveur est âpre, saumâtre, désagréable ; enfin, elle est onctueuse au toucher.

« 2° De ce que, sous l'influence de la chaleur

ou de l'abaissement de la pression atmosphérique, une partie de l'acide carbonique libre se dégage, et dès lors les sulfates, les phosphates et les carbonates neutres, dissous à la faveur de cet excès d'acide, se précipitent à l'état de division extrême et louchissent le liquide.

« On conçoit aisément que l'eau d'un canal se mette, mieux encore que l'eau d'une rivière, en équilibre avec la température de l'air : la fraîcheur manque donc, en été, aux eaux du canal de la Durance, tandis qu'elle est excessive en hiver.

« Les propriétés chimiques de l'eau du canal sont naturellement aussi peu stables que ses propriétés physiques; chaque jour apporte quelques modifications dans l'un de ses principes constituants. »

Examinée d'après la méthode hydrotimétrique, l'eau du canal filtrée nous a donné la compostion suivante :

Degrés hydrotimétriques (l'eau filtrée)	25°
Température de 5° à 25°.	
Carbonate de chaux................	12°
Carbonate de magnésie.............	11°
Sulfate et sels divers..............	1°
Acide carbonique libre.............	1°

L'eau de la Durance neutralise, dans le blanchissage, 2 gr. 50 de savon par litre, et par mètre cube ou 1,000 litres: 2 kil. 500 gr. Elle est donc, de nos eaux, celle qui économise le plus de savon.

« Voici la composition qu'a présentée à MM. Maurin et Roussin l'eau de la Durance, prise à une borne-fontaine de Marseille, le 12 avril 1862 :

Air dissous....................	18 24
Acide carbonique libre..........	0,1610
» carbonique combiné......	0,1094
» sulfurique.............	0,0744
Chlore......................	0,0126
Chaux......................	0,0891
Magnésie....................	0,0102
Protoxyde de fer..............	0,0059
Sodium (correspondant au chlore)	0,0081

```
Soude (restant) ...............   0,0032
Potasse.......................   0,0012
Silice '.. .....................   0,0049
Argile...........................   0,1571
Matières organiques ...........   traces
```

« Les éléments de ce résidu, du poids'
d'environ 0 gr. 50, peuvent être ainsi combinés :

```
Air dissous ....................   18   24
Acide carbonique libre ........   0,1610
Bi-carbonate de chaux..........   0,1208
     »       de magnésie ......   0,0326
     »       de fer............   0,0131
     »       de potasse........   0,0023
Carbonate neutre de chaux .....   0,0180
Chlorure de sodium ............   0,0207
Sulfate de chaux ..............   0.1195
Sulfate de soude ..............   0,0073
Silice ........................   0,0049
Argile.........................   0.1571
Matières organiques ...........   traces
```

« Pareille composition chimique démontre
que l'eau du canal est de bonne qualité. On
notera cependant le rôle nuisible que jouent
les matières organiques en présence des sulfates, rôle que nous avons déjà signalé comme
pouvant engendrer des maladies endémiques.

« Le défaut de fraîcheur de l'eau en été et
sa trop grande fraîcheur en hiver demandent
à être corrigés, car, en été, la chaleur amène
la paresse de l'estomac , que l'on ne détruit
que par des toniques, et l'eau froide est le
meilleur remède indiqué par la nature ; en
hiver, si une eau trop froide ne nuit pas au
corps, elle nuit au moins à la dentition.

« Mais le principal vice de l'eau du canal,
c'est la quantité considérable de matières
étrangères qu'elle tient en suspension. (La
Durance charrie 4 k. 179 de matières insolubles par mètre cube, pendant les grandes
crues ; en moyenne , elle charrie 0 k. 279.)
Il faut nécessairement filtrer cette eau, pour
la rendre potable. Or, filtrer une eau, c'est
l'altérer ; tous les hydrologistes sont d'accord
sur ce point, depuis Parmentier : le filtre
dépouille l'eau de l'air interposé et de l'acide

carbonique libre qui constituent sa saveur et
sa légèreté. En outre, les filtres destinés à
clarifier de grandes quantités d'eau n'ont pas
toujours le même pouvoir ; ainsi, pour ne
citer qu'un exemple pris dans la localité, le
filtre de Longchamp laissait passer au début
0,29 par seconde , à une sous-pression de
0,25, tandis qu'il n'en clarifie aujourd'hui, à
cette même sous-pression, que 0,13, et qu'il
faut une sous-pression de 0,65 pour qu'il
livre 0,30 d'eau. Aussi, doit-on voir avec
plaisir la ville adopter, comme moyen de
clarification, les bassins épurateurs ; et si
leur action était insuffisante, on obtiendrait
probablement de bons effets d'un radier cail-
louteux disposé le long du canal de distribution des eaux de la ville.

« Ces diverses conditions de fraîcheur modérée et de limpidité obtenues, l'eau du canal
de la Durance serait définitivement potable. »

Un autre grave inconvénient qu'offre encore l'eau du canal, résultant de l'énorme
quantité de vase et de limon qu'elle charrie,
c'est d'amonceler en peu de temps, dans les
caisses à eau des maisons de Marseille, de
grandes accumulations de ces matières, qui,
par leur séjour prolongé dans les caisses, al-
tirent la composition de l'eau reçue dans ces
caisses, qui sont, la plupart, difficiles à nettoyer. La santé publique en souffre , car on
ne saurait boire impunément une eau qui sé-
séjourne habituellement avec les matières
organiques qu'entraîne avec elle, dans les
caisses, le limon du canal. Pour apprécier ce
résultat funeste , il suffit de constater l'état
des caisses à eaux des boulangers, des bras-
seurs, etc., dont les produits sont naturellement altérés par le mauvais état de l'eau, qui
n'est jamais même pure et convenable.

A ce premier inconvénient vient se joindre
un autre, qui peut avoir des suites encore
plus funestes. A Marseille, les caisses qui
reçoivent l'eau du canal sont généralement

doublées de plomb à l'intérieur. Or, ce seul fait constitue un danger sérieux d'empoisonnement, que nous avons déjà signalé à l'attention publique. En effet, M. Payen, de l'Institut, dans son *Précis théorique et pratique des substances alimentaires*, constate que les eaux pluviales, comme celles de certaines rivières, ont sur le plomb métallique une action très-énergique, capable d'oxyder le métal superficiellement et en moins d'une minute, et de répandre de l'oxyde de plomb dans toute la masse du liquide. Cet effet se produit toujours quand on brosse ou qu'on frotte la surface du plomb métallique, quelle que soit la provenance de l'eau. Ajoutons que cette sorte d'action corrosive se continue lentement, sous l'influence de l'air, et produit un dépôt de plus en plus considérable.

À doses égales et même plus faibles, les oxydes et les sels de plomb sont plus dangereux que les composés de cuivre dans les eaux et les autres substances, parce qu'ils ont la funeste propriété de s'accumuler dans l'organisme. L'empoisonnement peut donc se faire d'une manière lente et d'autant plus dangereuse, que l'on ne sait à quoi l'attribuer quand il se manifeste. C'est à Guyton de Morveau que l'on doit la connaissance de ce fait de l'action corrosive de l'eau pure, aidée de l'air, sur le plomb et sur le zinc.

En face d'un danger aussi sérieux, il n'y aurait rien de mieux à faire pour les casernes, particulièrement, les hôpitaux, les communautés, les boulangeries et les brasseries qui ont besoin de quantités considérables d'eau saine, qu'à substituer à ces caisses en plomb d'autres caisses revêtues d'un métal qui ne produise pas les inconvénients que nous venons de signaler.

Pour éviter l'altération que font subir à l'eau les dépôts vaseux qui se forment dans les caisses actuelles, nous avons proposé au public un système de caisse à eau qui supprime facilement les dépôts vaseux, à l'aide d'une petite manivelle qui fait mouvoir un volant intérieur pour remuer la vase déposée au fond de la caisse et la laisser sortir par un robinet placé à la portée de la main. Un regard en verre blanc, établi dans la paroi de la caisse, laisse voir l'état de l'eau. En moins de cinq minutes, l'eau vaseuse est complètement évacuée et la caisse parfaitement nettoyée, sans fatigue ni ordure répandue à l'extérieur. Un flotteur ferme lui-même le robinet de prise, quand la caisse se trouve remplie, de sorte qu'il n'y a jamais de surverse et, par suite, plus d'infiltration ni d'humidité dans les murs. Enfin, nous avons remplacé le plomb des caisses par un zinc auquel nous avons appliqué un oxyde qui l'empêche de produire des sels de zinc qui se forment, par dessiccation, sur les parois de ce métal ; mais soit indifférence, soit préoccupation du système d'épuration qui doit nous donner de l'eau claire, les caisses à eau demeurent dans le même *statu quo*.

Cependant, la question des sels de plomb produits par le contact de l'eau distillée et même de l'eau naturelle de plusieurs rivières a trop d'importance pour que nous ne relations pas ici quelques renseignements précieux que nous avons reçus de Londres d'un ami, M. Hopes Scott, chargé, à la Chambre des Communes, de la plupart des affaires concernant les eaux privées et publiques. Il résulte donc des renseignements qui m'ont été fournis, que Louis-Philippe, il y a quelques années, ainsi que plusieurs personnes de sa maison, ont failli périr, à la résidence de Claremon, d'eau altérée par le contact du plomb. Les médecins du feu roi des Français ont été assez heureux pour reconnaître à temps la cause de l'empoisonnement et le combattre efficacement. Une autre victime royale, la reine Victoria, a failli, il y a quelque temps, périr par le même accident. L'opinion publique fut, à Londres, très-fortement émue, l'on se mit à étudier sérieusement cette grave question de l'altération de l'eau par le contact du plomb. Une Commission fut nommée en conséquence pour l'étudier à fond.

Tout le monde sait combien les Anglais sont amateurs du confortable. Or, nos bons amis d'Outre-Manche, pour avoir des eaux bien pures qui n'altérassent pas les aromes du thé et du café, avaient imaginé de drainer, dans leurs jardins et sur leurs plates-formes, les eaux pluviales, au moyen de canaux et de plaques métalliques de plomb; et c'est ainsi que les Anglais s'empoisonnaient, en voulant se procurer un excès de bien-être.

La question fut vivement débattue dans la Commission et complètement résolue par un procédé que présenta l'un des membres et que l'on mit à exécution. Ce fut de mettre trois eaux différentes et des plus pures dans trois vases de cristal, en contact avec du plomb métallique et l'atmosphère. Ces trois vases furent alors mis en séquestre par la Commission, pour un laps de trois semaines, en prenant soin de sceller le cabinet. Après ce temps, on se réunit de nouveau pour examiner l'eau, qui se trouva laiteuse et profondément empoisonnée dans les trois vases. L'hésitation n'était plus possible, et il fut admis en principe que l'eau peut s'altérer au contact du plomb et de l'air atmosphérique.

On constata, à la même occasion, qu'indépendamment des eaux pluviales, l'eau de certaines rivières déterminait aussi instantanément des oxydes et des sels de plomb, par le contact avec ce métal, mais que, pour produire cet effet funeste, il fallait pareillement le contact atmosphérique; que toute eau pluviale ou autre, complètement renfermée dans des tuyaux de plomb, sans contact avec l'air extérieur, était à l'abri de toute oxydation; donc, ce qui est un point capital, l'eau peut être amenée, sans danger aucun, dans des tuyaux fermés de plomb. Il a encore été reconnu, par les expériences, que les eaux limoneuses en contact avec le plomb étaient garanties de l'oxydation par la couche terreuse, dont elles revêtent ordinairement le plomb, mais que cette garantie n'était pas suffisante, attendu que le moindre frottement peut enlever cette couche terreuse, dénuder le plomb et déterminer alors l'oxydation.

A Paris, il est expressément défendu aux marchands de vin de recouvrir leurs comptoirs de plomb, mais bien d'étain ; comme il est également interdit de faire en plomb les ajustages d'appareils pour les eaux gazeuses. Il est à regretter que cette interdiction ne soit pas étendue aux mesures de vin et aux caisses à eau, dont le seul nettoyage peut déterminer des sels de plomb, toujours si funestes à la santé.

Avant d'exposer et de discuter consciencieusement les principaux projets qui ont été soumis à la ville pour la clarification des eaux du canal, et de faire connaître notre propre projet, nous allons, dans un chapitre spécial, traiter l'importante question de l'assainissement possible et facile de Marseille, par la circulation de l'eau. Par ce chapitre, on pourra apprécier déjà le but utile et grandiose que nous nous proposons et que notre projet peut atteindre parfaitement, avec le concours de nos honorables administrateurs et de nos ingénieurs si distingués. L'ouverture de l'isthme de Suez appelle Marseille à la transformation que nous indiquons, sous peine de se trouver au-dessous de ses destinées prochaines.

DE

L'ASSAINISSEMENT DE MARSEILLE

PAR LA CIRCULATION DE L'EAU (6)

« L'assainissement consiste, dit M. Ambroise Tardieu, dans la recherche et l'emploi méthodique des moyens propres à faire disparaître les causes d'insalubrité très diverses, qui peuvent exister, d'une manière fixe ou accidentelle, dans les différentes localités; en d'autres termes, l'assainissement est l'objet même de la salubrité, et, pour ainsi dire, la partie essentielle de l'hygiène publique. »

Nous ne chercherons pas à démontrer, dans ces quelques lignes, combien la ville de Marseille, l'une des cités les plus populeuses de la France, à qui l'avenir prépare encore de plus grandes destinées par la prochaine ouverture de l'isthme de Suez, a grandement besoin d'être assainie; tout le monde peut en juger pertinemment, *de visu, de gustu et de naso;* mais nous allons essayer de prouver que cette belle capitale du Midi aurait peu à faire, en raison de son climat et de sa situa-

---

(1) Nous nous sommes particulièrement aidé, pour ce modeste travail, du dictionnaire d'hygiène publique de M. Ambroise Tardieu et des admirables rapports de M. Mille sur le mode d'assainissement des villes en Angleterre et en Écosse.

17

tion, pour devenir l'une des plus belles, des plus riches et des plus salubres villes du monde entier.

L'air, les eaux, le sol, tels sont dans l'ordre éternellement vrai indiqué par le père de la médecine, les sources où l'homme puise la vie, et dont l'altération peut engendrer la maladie et la mort. C'est à entretenir leur pureté et à détruire les principes délétères qui peuvent s'y former ou s'en dégager, que doit tendre l'hygiéniste et que doivent concourir les méthodes rationnelles d'assainissement. Elles s'adressent dans ce cas aux conditions géographiques, géologiques et climatologiques d'un lieu, et peuvent consister dans ces grands travaux de colonisation, de défrichement, de dessèchement et de culture qui transforment peu à peu la face du globe, et marquent, en quelque sorte, dans chaque pays, les premiers pas de la civilisation.

A un point de vue non moins élevé, mais plus restreint, les causes d'insalubrité peuvent se montrer, dans les lieux habités, à l'extérieur ou à l'intérieur des habitations, et dépendre, soit de l'agglomération des hommes, soit de leurs travaux et de leur genre de vie ; d'où résulte la double nécessité de pourvoir à l'assainissement des villes au moyen d'une bonne voirie, et à celui des édifices tant publics que privés, par la surveillance active et l'amélioration constante de leurs dispositions et aménagements, aussi bien que des procédés industriels usités dans certaines professions plus ou moins incommodes ou insalubres.

Le savant M. Chevreul, dans une communication pleine d'intérêt faite à l'Académie des sciences le 15 novembre 1846, a parfaitement résumé les principes de l'assainissement des villes. Les moyens propres à y assurer la salubrité sont les uns préventifs, les autres curatifs. Les premiers consistent à diminuer la masse des matières

organiques qui pénètrent dans le sol : tels
sont l'établissement des sépultures et des
voiries hors des villes, la bonne construction des fosses d'aisance, le lavage des ruisseaux des rues par les fontaines, les multi-
plications des égouts dans lesquels devront
se trouver les conduites d'eau et celles du
gaz de l'éclairage. Les moyens curatifs sont
de trois ordres : par les un- , ont fait arriver
l'oxigè e atmosphérique et la lumière partout
où existent des matières organiques susceptibles de devenir insalubres par un commencement de décomposition. Par l'influence
réunie de ces deux agents, les matières dont il
s'agit se brûlent lentement et se transforment
en eau , en acide carbonique et en azote.
C'est à cet ordre de moyens qu'appartiennent
l'élargissement des rues, l'agrandissement
des cours, etc. Un second moyen d'assainissement est le percement de puits où l'eau se
renouvelle avec facilité et où l'on puise incessamment. En effet, cette eau reçoit directement l'action de l'oxigène atmosphérique :
toutefois l'efficacité de ces puits est fort li-
mitée, à raison des conditions qu'ils offrent
dans les cités populeuses do t le sol est infecté. Les plantations constituent un troisième moyen d'assainissement et de purifi-
fication du sol. Puisque les arbres ne peuvent s'accroître qu'en y puisant des matières
altérables, cause prochaine ou éloignée d'infection. Mais ces plantations doivent être
faites avec intelligence quand au nombre ,
à la répartition et même au choix des arbres.
Il importe, en effet, que les racines puissent,
tout en s'étendant assez, satisfaire aux besoins des espèces qu'on plante , sans jamais
être exposées à atteindre un sol infecté où
l'oxigène atmosphérique ne pourrait pas pénétrer.
. Dans l'intérieur des habitations, la capacité proportionnée au nombre des habitants,
le renouvellement de l'air confiné , l'absorp-

tion des principes étrangers qui peuvent s'y mêler, constituent les premières conditions de l'assainissement. La science possède les moyens de les remplir. Mais pour arriver sûrement à l'assainissement d'une ville, rien de plus efficace que la circulation d'une eau claire et salubre, combinée avec un système d'égouts habilement établis, de manière à se servir des eaux de la ville pour emporter les immondices qui seraient elles-mêmes utilisées, de manière à ce que leur rapport et celui des eaux livrées à l'industrie et maisons servissent à couvrir les frais de l'entreprise que Marseille confierait à une compagnie, pour le cas où elle n'aurait pas la facilité de le faire elle même. Nous allons, en quelques lignes, montrer la facilité et l'avantage de cette combinaison.

Le sous-sol de Marseille, depuis l'établissement du canal, est complétement pénétré d'eau qui se manifeste dans presque toutes les rues, à travers les fissures du pavé. Cette eau circule donc comme dans un filtre, minant les fondations des nombreuses maisons qui se trouvent sur son passage, se mêlant avec les nombreuses infiltrations des fosses d'aisance et des industries insalubres pour altérer les eaux des quatorze cents puits de la ville. Cet état de choses ne peut pas subsister sans faire courir de grands dangers à la sécurité des maisons et à la salubrité publique.

Il convient donc, pour faire disparaître ce grave inconvénient, de combiner le service des eaux de la ville avec un système d'égouts dont les lignes bien agencées, comme tracés et comme pentes, dans lesquels descendraient les boues des rues et les eaux infectes des habitations. Et au lieu de laisser ce courant abondant mais sale, tomber dans la darse pour l'infecter, on le recevrait dans un bassin collecteur pour le livrer au cultivateur qui le répandrait comme engrais liquide sur

ses champs et ses prairies. La terre qui a
donné l'eau pure en recevrait alors l'engrais.
N'y a-t-il pas , dans cette rotation, si con-
forme aux lois de la nature, une idée qui mériterait de préoccuper des hommes désireux
d'améliorations. Il est certain que , pour
beaucoup de petites agglomérations situés
au milieu de la campagne, le service combiné
des eaux pures et des eaux infectes est ap-
plicable et serait un bienfait.

Le projet de réunir toutes les eaux des
égouts dans un bassin collecteur pour les livrer en engrais liquides et en engrais solides serait à Marseille d'une exécution facile,
à l'aide du procédé qui consiste à précipiter
les matières organiques par la chaux , à reprendre le précipité par une vis d'Archi-
mède, à le dessécher par les turbines et à le
découper en mottes susceptibles d'être portées au loin. Toutes les eaux sales seraient
ainsi travaillées soit pour engrais, soit pour
produits chimiques et renvoyées pures à la
mer.

Avant d'exposer le système de cette vaste
exploitation qui procurerait tant de profits et
de bénéfices, aujourd'hui abandonnés , nous
allons rechercher si cette entreprise peut facilement s'appliquer à la ville de Marseille. Et
d'abord, nous avons déjà dit qu'il serait facile, vu la pente naturelle du terrain, de faire
converger sur un point central tout le produit des égouts qui s'écoulent aujourd'hui
naturellement vers la darse. Il ne reste donc
plus qu'à trouver l'emplacement le plus convenable. Deux endroits se présentent pour
cette entreprise : la partie de la darse située
en face de la Cannebière que le commerce
abandonnerait en partie pour se reporter vers
les ports nouveaux : déplacement qui doit
s'opérer naturellement dans un prochain avenir. Si des vues d'hygiène ou de quelque autre utilité s'opposaient, pour le moment, à ce
projet, il resterait à établir le bassin collec-

teur et l'usine, soit à la place du fort Saint-Nicolas, que l'on parle de raser, soit dans l'anse des Catalans en y menant la branche-mère des égouts par un conduit couvert. De cette façon, Marseille se verrait complétement débarrassée du produit des égouts qui sont, pour les habitants, une cause manifeste d'insalubrité.

Arrive maintenant la question de la dépense que néc. ssiterait ce projet aussi gigantesque qu'utile. Sans nul doute, une pareille entre-prise coûterait bien des millions, et les finances de la ville ne sont pas en mesure de faire une pareille dépense. Mais qui empê-cherait l'administration de céder à une Com-pagnie puissante le service des eaux de la ville et des égouts, en lui laissant les revenus des eaux et des engrais, avec la charge, pour ladite société, de fournir à la ville une quan-tité suffisante d'eau salubre, limpide, d'une température convenable, propre aux besoins domestiques et à ceux de l'industrie. Enfin, à passer avec cette Compagnie un contrat qui assurerait la salubrité et le service public des eaux, sans charges et embarras aucun pour la commune.

Par là, on arriverait à faire de Marseille la première ville du monde pour sa salubrité, la bonne composition et l'abondance de ses eaux potables, but qu'elle peut facilement atteindre par la ressource des terrains aqui-fères que possède le département, et qui per-mettent de remplacer les eaux bourbeuses et insalubres de la Durance par plus de vingt mètres cubes à la seconde d'eaux souter-raines, de composition limpide, salubres, avec une température convenable, comme nous nous efforçons de le démontrer dans le cours de cet ouvrage. Le but que nous nous sommes proposé, et nous ne craignons pas de le dire ici, parce qu'il est tout à fait réalisable, est de faire de Marseille ce que fut autrefois Vienne, ancienne capitale des Allobroges, qui , devenue , sous la domination des Romains, une de leurs villes les plus importantes au-deçà des Alpes, jouissait déjà, grâce à eux, d'une immense quantité d'eau potable amenée, par dérivation, avant la guerre de Jules César.

Voici, à ce sujet, une description précieuse de M. Mermet , qui se rapporte à ces temps reculés ; elle a été faite, sous le règne de Trajan, par le sénateur Trébonius Rufinus, décemvir de Vienne, où il était né et dont il a écrit l'histoire.

.... Quelques-uns des aqueducs sont enfouis sous terre, pour que les eaux conservent leur fraîcheur ; mais les eaux ne sont pas toutes de la même nature. Celles de la meilleure qualité sont conservées pour les usages domestiques , et sont considérées comme *sacrées*. D'autres sont destinées à imprimer les mouvements à des appareils qui broient le blé , et à des manufactures d'armes. D'autres, enfin , alimentent les bains publics et particuliers.... Il existe aussi, dans chaque rue, de vastes égouts dans lesquels viennent aboutir les eaux des maisons particulières. Des édiles spéciaux sont chargés de veiller à l'entretien des aqueducs et des égouts publics, et les frais que cet entretien nécessite sont payés par une rétribution assise sur chaque propriétaire de maison , à proportion du volume d'eau qui lui est concédé....

C'est ce même régime d'eau et cette combinaison que nous proposons à la ville de Marseille, avec d'autant plus de confiance que nos études spéciales en hydrologie nous ont donné la certitude que le département des Bouches-du-Rhône présente une quantité plus que suffisante d'eaux souterraines, salubres et limpides pour réaliser ce magnifique projet , qui ferait de Marseille la première ville du monde. Ces eaux souterraines existent ; plusieurs fois, elles ont donné des preuves de leur existence. Il suffit donc de leur donner le jour.

Mais cette vaste entreprise des eaux de source, combinée avec un habile système d'égoûts ne suffirait pas encore pour fournir à Marseille un complet et stable assainissement ; il faut, de plus, purger la ville de cette innombrable quantité d'établissements insalubres que l'industrie et le commerce y ont accumulés. Il faut, de toute nécessité, les mettre en dehors de la ville, si l'on veut garantir la santé publique : la raison et l'hygiène le proclament hautement.

Nous allons essayer de démontrer en peu de mots que cette seconde mesure, toute d'hygiène, n'est pas plus difficile à exécuter que celles des eaux de la ville, et que, tout en sauvegardant la santé publique, elle procurerait à l'industrie des bénéfices considérables. En effet, depuis que nous possédons, grâce à M. de Montricher, le canal de Marseille, nous pouvons substituer, avec avantage et économie, le cheval hydraulique au cheval vapeur, et établir la plupart des usines et une foule d'autres établissements dans le bassin de Marseille, sur les collines nombreuses qui le traversent et même dans la plaine, à l'aide de machines élévatoires, comme l'Angleterre le pratique aujourd'hui pour une foule d'usines qui n'ont, pour tout appareil à vapeur, qu'une machine de six à huit chevaux, l'eau étant le moteur principal. Le temps et la nécessité amèneront, sans tarder, cette importante modification. Et qu'on ne dise pas que ce serait encore là une dépense énorme pour la commune, car les industriels s'empresseront de la faire eux-mêmes, du moment qu'on leur fournira un moteur plus économique que celui de la vapeur.

Indépendamment de la ressource puissante que nous fournit le canal pour opérer ce déplacement des usines, nous pourrions.

encore nous créer de grands réservoirs dans nos montagnes et y établir une foule de petits lacs artificiels qui, tout en nous préservant des dégâts que nous font l'inondation des torrents, offriraient d'immenses ressources à l'agriculture et à l'industrie. En effet, dans notre pays montagneux, nous avons des coupures naturelles constituant de véritables petites vallées, où un simple barrage transversal pourrait économiquement créer d'immenses réservoirs d'eau, dont le débit pourrait en tout temps être réglé avec facilité. Ailleurs, on trouve des dépressions de sol où quelques terrassements suffiraient pour créer des retenues non moins précieuses que celles exécutées dans les vallées. C'est au point que si nous ne possédions pas le canal, nous pourrions nous procurer un volume d'eau aussi considérable, au moins, que celui que nous empruntons à la Durance, et avec beaucoup moins de frais et de dépenses.

Tel est le vaste projet que nous avons conçu dans l'espoir de le voir adopter par la ville de Marseille, parce qu'assainissant la cité, il procurera encore, à ses habitants, d'énormes bénéfices.

EXAMEN CRITIQUE

de

DIVERS PROJETS

présentés à la Commission Municipale

pour

LA CLARIFICATION DES EAUX DU CANAL

1865 - 1866.

Maintenant que nous avons établi, d'une manière claire et positive, les différents caractères des eaux potables pour les usages domestiques et les besoins de l'industrie ; que nous avons indiqué les eaux souterraines et supérieures du département ; que nous les avons toutes analysées, ainsi que les eaux de la ville de Marseille, nous allons passer en revue les divers projets présentés à la Commission municipale pour la clarification des eaux du canal. Dans cet examen, nous ferons ressortir les judicieuses et nombreuses remarques signalées dans plusieurs des projets présentés sur la mauvaise qualité des eaux de la ville, les défectuosités et les vices inhérents à leur mode actuel de conduite et d'emménagement. Nous nous servirons également du rapport critique que M. Pascal, ingénieur en chef des travaux maritimes, a fait sur la plupart de ces projets, en faisant remarquer ses préférences marquées pour le projet du directeur du canal, malgré toutes ses graves imperfections et son impossibilité absolue de fournir à Marseille d'eaux véritablement potables. Nous nous plaisons à reconnaître le talent incontestable de M. l'ingénieur Pascal ; aussi. adopterons-nous ses critiques souvent fondées, et tâcherons-nous de suppléer à son silence sur les qualités hygiéniques de l'eau, que tout projet, quelqu'ingénieux qu'il soit, doit surtout sauvegarder.

Pour que le travail que nous allons entreprendre soit utile et rationnel, il ne faut pas seulement qu'un projet destiné à fournir de l'eau à une localité soit en rapport avec la science hydraulique; il faut de plus — et c'est la condition essentielle — qu'il n'altère pas la qualité de l'eau jugée bonne au point de départ. Malheureusement , la plupart des plans, exactement exécutés au point de vue de l'art, méritent ce reproche. Aussi, condamnerons-nous tout projet qui altèrera essentiellement la composition de l'eau et lui fera perdre ses qualités naturelles, car, il ne faut pas l'oublier, la santé publique repose en grande partie sur la bonne qualité des eaux publiques.

Les sources d'approvisionnement d'eau sont ce que la nature les a faites dans le voisinage. En raison des conditions géologiques, les eaux sont ou excellentes, ou bonnes, ou médiocres, ou mauvaises. Il faut en conséquence, quand les ressources financières le permettent, choisir les meilleures ; dans le cas contraire, perfectionner, au moyen de l'art, celles qui sont de médiocre qualité. Ainsi, certaines villes n'ont, pour toute ressource, que des eaux de rivière qui seront alors dans la condition où les mettent la prise en amont du flot et le filtrage, c'est-à-dire que la qualité sera alors acceptable. Quelques autres localités recueillent leurs eaux sur les hauteurs qui couronnent la formation sur laquelle elles reposent ; souvent, elles peuvent utiliser les magnifiques ressources des lacs ; quelquefois, elles prennent des eaux vives

qui sortent du granit , le plus fréquemment
du calcaire, ou bien elles profitent d'un banc
de graviers ou d'un puits ouvert dans le calcaire. Le but est toujours le même , mais les
moyens diffèrent selon les lieux et les ressources. Quelquefois encore, comme dans
notre département , le sol renferme assez
d'eaux souterraines de bonne qualité pour
réaliser une fourniture complète, et, dans ce
cas, il ne faut pas hésiter à la capter, à
l'exemple des Romains , nos maîtres sur ce
point.

Mais pour apprécier les eaux à leur juste
valeur, il faut une règle sûre avec laquelle on
puisse faire un bon choix. Cette règle ou ce
principe, généralement admis aujourd'hui,
est que l'eau, pour être éminemment potable,
doit être *limpide*, *salubre et d'une tempéra-*
ture convenable, c'est-à-dire fraîche en été et
tiède en hiver, selon le précepte d'Hippocrate. Nous n'aurons donc, en dernière analyse, qu'à appliquer ce principe à l'eau fournie
par les divers projets que nous allons étudier
pour en reconnaître la valeur intrinsèque,
tout en nous reportant à ce que nous avons
dit dans notre monographie des eaux potables.

PROJET PASCALIS.

Ce que nous avons déjà dit dans le cours de
cet ouvrage (page 9 et suiv.), sur le projet de
M. Pascalis, ingénieur et directeur du canal,
est plus que suffisant pour faire rejeter ce
projet de décantation que l'on voudrait établir
à Réaltort. Depuis, M. Pascalis a fait subir à
son plan primitif de nouvelles modifications,
y a ajouté un nouveau bassin épurateur à St-
Christophe ; mais toutes ces modifications ne
feront pas que Réaltort puisse donner à Marseille une eau limpide, salubre et de tempé-

rature convenable. M. Cassaigne, ingénieur,
le prouve péremptoirement dans son quatrième mémoire sur les eaux de Marseille,
dont nous allons citer les propres paroles :

« Il faudrait d'abord que tout le bassin de
décantation pût restituer directement ses
dépôts à la Durance. (Les huit mètres cubes
d'eau du canal donnent à éliminer, par an,
600,000 mètres cubes de vase.)

« C'est là le principal motif qui a fait renoncer au bassin de Réaltort pour la décantation. Les centaines de mille mètres cubes
de vase qui en seraient annuellement sortis,
après avoir nui sur leur passage, auraient
atterré les bords de l'étang de Berre et créé
ainsi, aux portes de Marseille, un foyer de
pestilence ; ils auraient compromis, enfin,
avec le temps, l'avenir de cet admirable
bassin que l'État réserve à nos vaisseaux.

« Une seule destination doit être donnée
au bassin de Réaltort : il doit devenir un
bassin de réserve, afin de pourvoir, dans un
cas d'urgence, à l'alimentation de la ville de
Marseille. Mais, pour cela, on ne doit *jamais
y mettre d'eau trouble.*

« Avec l'eau trouble, quelques années suffiraient pour le combler. L'eau qui en sortirait dans le principe serait malsaine, parce
que ce serait une eau d'étang, et son insalubrité augmenterait chaque jour, en raison de
l'accumulation des vases.

« Et l'eau trouble n'y eut-elle passé que
pendant peu de temps, et la couche de vase
déposée fût-elle très-mince, la salubrité de
ce bassin n'en aurait pas moins été pour
toujours compromise, car les dépôts putres-
cents de cette nature ne pourraient s'assainir qu'en subissant, pendant de longues
années, l'influence régénératrice de l'air et
du soleil. Ils ne peuvent pas, sans danger,
servir de cuvette et de lit à une eau qu'on
doit boire.

« Le bassin de Réaltort, quand nous aurons

de l'eau claire à y emmagasiner, pourra rendre
de grands services ; mais il ne faudrait pas
non plus s'en exagérer l'importance : en effet, il se trouve placé en contre-bas du canal ; sa partie supérieure seule est à son
niveau : et , bien qu'il puisse contenir quelques millions de mètres cubes d'eau , on ne
peut compter, comme utilisable, qu'une tranche superficielle d'une épaisseur relative à
l'abaissement qu'on fera subir au niveau
de l'eau du canal lui-même. Toute l'eau du
bassin qui est en contre-bas du niveau de
l'eau du canal est ainsi perdue pour la ville de
Marseille.

La hauteur de l'eau sur la cuvette du canal
étant de 1 mètre, si on abaisse d'un mètre ,
on aura à sa disposition une tranche d'eau
d'un mètre d'épaisseur, s'étendant sur toute
la surface du bassin et équivalent à 650,000
mètres cubes. En réduisant les huit mètres
par seconde , débit ordinaire du canal, à un
seul mètre cube, afin de pouvoir subvenir
aux besoins urgents de la ville de Marseille ,
en sept jours et demi la réserve de Réaltort
serait épuisée.

On a songé ensuite à exécuter à Saint-
Christophe le travail qu'on avait d'abord pro-
jeté de faire à Réaltort.

La superficie du bassin de Saint-Cristophe,
au plan de l'eau, serait de 18 hectares, et sa
profondeur maximum de 18 mètres ; à peu
près celle du bassin de Ponserot.

Si un entonnoir étant donné (le bassin de
Ponserot), on veut faire un entonnoir également profond , mais d'une entrée dix-huit
fois plus grande (le bassin de Saint-Christophe), il faudra nécessairement l'évaser beaucoup plus.

Mais, comment pourait-on conclure que, si la vase glisse aisément sur les parois abruptes du bassin de Ponscrot, elle glissera de même sur les parois cinq ou six fois moins inclinés du bassin de Saint-Christophe ? Ce serait au moins, on en conviendra, beaucoup risquer que de tenter une pareille entreprise, surtout lorsqu'on considère que cette vase est compacte, visqueuse, adhésive, car, ainsi que l'a dit l'honorable M. Bernex, maire de Marseille, « les limons de la Durance durcissent sous l'eau, et tendent à devenir dur comme la pierre »

Il serait plus rationnel de supposer que l'eau des chasses glisserait à la surface de ces dépôts sans les entamer, et qu'il faudrait préalablement y pratiquer de profondes rigoles à la pioche, afin de faciliter leur corrosion : ce qui rendrait l'opération longue, dispendieuse, difficultueuse, impraticable enfin.

On a parlé d'ajouter à ce bassin une bonde de fond qui resterait toujours ouverte et qui n'évacuerait qu'une partie de l'eau introduite. La partie de l'eau la plus trouble s'évacuerait par la bonde, et serait perdue ; l'autre partie se déverserait dans le canal.

Les berges du canal devraient être exaucées ou fortifiées, à partir du bassin jusqu'à la prise, de manière à contenir, en supplément, l'eau que la bonde évacuerait.

En premier lieu, l'écoulement par la bonde produirait un courant vertical à travers toute la masse de l'eau ; lequel courant, en tourbillonnant, s'étendrait de proche en proche jusqu'aux limites extrêmes du bassin. Or, décantation et agitation sont deux effets qui s'excluent l'un l'autre : là où l'eau s'agite elle ne dépose pas.

Si la bonde évacuait très peu d'eau, l'agitation serait très faible, et les dépôts se formeraient dans le bassin; si, au contraire, elle en évacuait beaucoup, l'agitation serait plus grande et aucun dépôt ne pourrait plus s'y former. Dans le premier cas, il faudrait nettoyer le bassin, et on tomberait dans les mêmes inconvénients de chômages, de dépenses, d'impossibilité probable de nettoiement qu'on éprouverait avec le bassin à bonde fermée. Dans le second cas, on aurait perdu beaucoup d'eau, et aucun effet de clarification n'aurait été obtenu.

En outre, si dans un bassin à bonde ouverte l'eau se décantait, c'est-à-dire, déposait, ce bassin en tout cas, quelque faible qu'y fût l'agitation, décanterait moins bien, on en conviendra, qu'un bassin semblable à bonde fermée, où la grande masse de l'eau est stagnante. Par suite, si un bassin à bonde fermée eût suffi pour réaliser un degré de clarification convenable, plusieurs bassins à bonde ouverte seraient nécessaires pour donner le même résultat. On perdrait beaucoup d'eau, on devrait construire un plus grand nombre de bassins, et on ne serait affranchi ni des nettoiements, ni des chômages.

Je le répète, agitation et dépôt sont des effets contradictoires qui ne sauraient co-exister. Parlons de choses rationnelles, parlons de la décantation dans les conditions où elle est possible ; de la décantation par le repos.

J'ai prouvé que si l'on faisait au vallon de Saint-Christophe des bassins plus grands que celui de Ponserot, on s'exposerait à ce qu'ils ne pussent pas pratiquement se nettoyer.

Le bassin de Ponserot n'a qu'un hectare environ de superficie, et nous savons, par expérience, que douze hectares de bassins sont insuffisants pour clarifier l'eau du canal. Il nous faudrait donc plus de douze bassins comme celui de Ponserot. Admettons que ce nombre pût suffire ; resterait onze bassins à ajouter à celui qui est déjà construit. Et, comme il faudrait produire là, artificiellement, ce que la nature a fait par exception à Ponserot, on n'arriverait pas à construire solidement ces bassins à moins de 500,000 francs pour chacun, soit 5,500,000 francs pour les onze.

Mais l'eau du canal — c'est aussi un fait acquis — sortant encore trouble des bassins comprenant ensemble douze hectares, on devrait la clarifier à son arrivée à Marseille.

Filtrer huit mètres cubes d'eau par seconde serait une entreprise exorbitante ; on pourrait filtrer, tout au plus, les deux mètres cubes de la dérivation de Longchamp, laquelle alimente la majeure partie de la ville de Marseille.

Nous savons encore, par expérience, que, pour filtrer constamment, par seconde, deux mètres cubes d'eau du canal, préalablement décantée dans des bassins d'une superficie totale de douze hectares, il faudrait, au moins, quatre filtres comme celui de Longchamp.

Le filtre de Longchamp, dont les premiers travaux furent adjugés à 500,00 francs, a fini par coûter plus de 1,500,000 fr. A quelle dépense n'entraîneraient pas trois filtres semblables ? Supposons que les trois filtres à construire ne coûtassent pas plus ensemble que le filtre actuel de Longchamp ne coûte à lui seul, ce serait 1,500,000 francs pour les trois filtres à ajouter aux 5,500,000 francs déjà compris pour les onze bassins, soit en tout : 7,000,000 de fr. à dépenser immédiatement par le système de la décantation, et une portion de la ville et toute la banlieue seraient privées d'eau filtrée.

J'admets toujours que l'eau fût préalablement décantée ; car sans cela tous les filtres seraient inutiles. Avec l'eau trouble, le filtre de Longchamp, établi à si grand frais, est obstrué en quelques heures.

Mais ce n'est pas tout, aux dépenses à faire, il faut ajouter les pertes à subir.

Ainsi, à cause des chômages périodiques et des dangers d'obstruction à la prise, les chu-

tes resteraient inoccupées. Voilà en redevances annuelles; 300,000 francs perdus.

« D'une autre part, l'eau décantée étant malsaine et sujette en outre à des chômages, on
en vendrait moins que si elle était parfaitement pure et coulait sans aucune interruption. Cette différence dans le montant des
concessions serait, au moins, dès les premières années, d'un demi-mètre cube par seconde, ce qui équivaut à une perte de 500,000
francs par an.

« Au résumé, par la décantation, on aurait
à dépenser immédiatement : fr., 7,000,000
et à perdre immédiatement ou presqu'immédiatement 800,000 francs de redevances annuelles, soit en capital : seize millions de
francs de pertes à ajouter aux sept millions
de francs dépensés.

« Mais les pertes augmenteraient avec la
prolongation des chômages. Ceux-ci sont
d'un mois par an, maintenant, et il n'y a en
tout, en service, qu'un seul bassin. Que
deviendraient ces chômages, lorsqu'on aurait
en activité douze bassins et quatre filtres ?
Quelle est l'exploitation qui pourrait s'en
accommoder ? Il y en aurait là assez pour
paralyser le développement industriel de
notre ville.

« Je n'ai pas compté non plus les frais permanents pour déobstruer les prises, nettoyer
ou entretenir les douze bassins ou les quatre
filtres. On comprend combien ils seraient
considérables et regrettables : les centaines
de mille francs qu'on a à dépenser indéfiniment chaque année équivalent, en capital, à
des millions perdus.

« Les divers motifs que je viens d'exposer
me paraissent suffisants pour faire rejeter le

système de la décantation. La considération de la santé publique est plus grave.

« Pour faire décanter l'eau trouble, ai-je dit, on la fait déposer dans de grands bassins à ciel découvert; l'eau entre d'un côté du bassin et sort de l'autre, en se déversant à la superficie. De là résulte qu'une partie seulement de la couche superficielle est en mouvement, tandis que la masse entière, située au-dessous de la ligne de déversement, est en repos.

« Avec une différence de densité à peine appréciable, un cours d'eau rencontrant sur son chemin une nappe d'eau plus large la traverse sans s'y mêler; c'est, en d'autres termes, un cours d'eau avec des rives d'eau. Ce remarquable phénomène se produit sur la plus vaste échelle, au milieu de l'Océan ; on l'observe au lac de Genève ou autres lacs traversés par des rivières ; on le constate mieux encore dans les petits bassins coupés par des ruisseaux.

« L'eau du canal de Marseille, traversant un bassin de décantation , laisserait donc l'eau des parties latérales du bassin à peu près dormante, tandis que la partie courante ne déposerait pas. Ce grave inconvénient peut être atténué, mais non détruit ; voilà pour la surface. Mais , quant à la masse de l'eau contenue dans le bassin , celle-là stagnerait.

« Et, si on faisait entrer l'eau par le fond pour sortir ensuite à la surface du bassin, tandis que le courant superficiel serait amoindri, le repos de la masse serait troublé et le dépôt des limons diminué.

« Les limons de la Durance, d'après l'analyse faite par M. Hervé-Mangon, ingénieur des ponts - et - chaussées , professeur au Conservatoire des arts et métiers , contiennent une proportion considérable de matières organiques azotées.

« Par le repos, les matières organiques

que l'eau contient se décomposent , et la vase déposée se putréfie. Cette décomposition s'accélère en raison de l'élévation de la température ; plus l'eau est trouble, plus elle s'échauffe ; or, en France, la Durance est la plus trouble de nos rivières, et le soleil de la Provence est le plus ardent.

« L'eau décantée s'altèrerait encore dans les filtres, par son contact avec les boues dont ils seraient imprégnés.

« Toute eau contenant des matières organiques produit, par le repos, des myriades d'infusoires de nature animale ou végétale (microzoaires ou mycrophytes) , dont l'effet sur notre organisation est désastreux. Nous savons déjà, par les progrès récents de la science, que plusieurs maladies graves n'ont pas d'autre origine, et l'opinion la plus accréditée maintenant est qu'il faut chercher la cause des plus terribles contagions dans les germes ou êtres organisés qui sont dans l'air ou dans l'eau, où ils jouent le rôle de ferment. On prend ces conjectures au sérieux , lorsqu'une goutte d'une eau limpide et stagnante , mise au foyer d'un microscope , devient sous notre œil une mer peuplée de milliers d'êtres vivants ; et on est plus stupéfait encore lorsqu'on trouve des animalcules analogues foisonnant et épaisissant le sang des animaux qui sont atteints de certaines maladies. Lisez, à ce sujet, l'excellent ouvrage récemment écrit par les docteurs Sirus Pirondi et Augustin Fabre, sur l'*Importation du choléra*, ouvrage qui a pour épigraphe ces paroles remarquables du docteur Monlau : *le temps est de l'argent , la santé publique est de l'or.*

« Les principes inorganiques qui altèrent les eaux dormantes ne sont pas moins délétères. M. le docteur Maurin, dans ses incessantes et philanthropiques recherches , a constaté que la présence simultanée, dans les eaux de la Durance , de sulfate de chaux

et de matières organiques, donne naissance,
par la décomposition de celles-ci, à l'acide
sulphydrique, lequel communique aux liquides des qualités malfaisantes pouvant pro-
voquer ou favoriser certaines maladies. C'est
ainsi que, depuis l'arrivée des eaux chargées
de boue de la Durance, les conditions médicales de Marseille ont changé : les fièvres
intermittentes, autrefois très-rares, viennent
compliquer très-souvent les maladies graves.
M. le docteur Maurin pense que le séjour,
dans les premières couches du sol, du limon
détrempé des eaux du canal, est l'une des
causes les plus puissantes de ce nouvel état
de choses. Il importerait donc, au point de
vue de la santé publique, de n'amener à Marseille, même pour l'arrosage, que des eaux
limpides.

« Les matières dissoutes dans l'eau ne
troublent pas toujours sa transparence ; elles
peuvent même, quelquefois, échapper aux
recherches de l'analyse et se révéler par de
pernicieux effets. L'eau des marécages est
plus limpide que celle qui sortirait des bassins
de décantation, et cependant elle donne la
fièvre. Sans doute, l'eau décantée ne serait
pas aussi pernicieuse que celle de marécages,
mais elle ne vaudrait pas mieux que l'eau
d'étang.

« Le mouvement pour l'eau, c'est la vie :
l'eau doit être courante et ne jamais stagner
pour être saine. C'est là un aphorisme vieux
comme le monde : la science l'a démontré,
l'expérience le confirme partout. Partout, et
dans les pays chauds principalement, il faut
des eaux claires et abondantes, pour qu'une
ville soit salubre ; il faut des eaux saines,
pour que les hommes soient robustes. »

D'après ce remarquable extrait du mémoire
de M. Cassaigne, dont nous allons tout à
l'heure examiner le projet, et d'après ce que
nous avons déjà dit nous-mêmes sur le même
sujet, il est de toute évidence que le projet

de M. Pascalis ne saurait être adopté pour l'alimentation de la ville de Marseille, sans faire courir de grands dangers à la santé publique, parce que ce projet ne pourrait fournir de l'eau limpide, salubre et de température convenable, sans préjuger les dépenses énormes qu'il occasionnerait pour donner une eau médiocre, fort peu hygiénique et très-peu en rapport avec les besoins de l'industrie.

Il ne reste qu'une ressource à M. Pascalis pour ne pas perdre le fruit de son travail, c'est d'adopter, à la place du bassin épurateur de St-Christophe que nous avons conseillé dans notre premier mémoire, le système, que j'ai dernièrement soumis à la commission, de bassins épurateurs établis sur les bords même de la Durance, à quelques kilomètres de Meyrargues, avec prise à Cante-Perdrix. En effet, le projet de M. Pascalis, d'un bassin épurateur à Saint-Christophe, rencontre de grandes difficultés presqu'insurmontables et ne résoud pas d'une manière satisfaisante la clarification de la Durance, comme elle ne mettrait pas la prise à l'abri des obstructions, tandis que notre projet débarrasse l'eau de la Durance d'une grande partie de son limon, qu'il rejette à la rivière. Il obtient ce résultat en établissant la prise à Cante-Perdrix, où elle recevrait moins de limon et serait à l'abri des obstructions. Recevant moins de limon, les bassins le rejetteraient plus facilement dans la rivière. Dans cette situation, les bassins épurateurs capteraient facilement les eaux abondantes de la chaîne de la Trévaresse qui viennent, après avoir rempli d'eau les terrains de la rive gauche de la Durance, se perdre inutilement dans cette rivière. On pourrait, dans ce cas, la mélanger avec l'eau décantée de la Durance, ou la mener à part, dans le même canal, jusqu'à Marseille, pour les usages domestiques et les besoins de certaines industries. Comme je n'ai d'autre but

que celui d'être utile, je n'hésiterai pas un
instant à livrer à M. Pascalis et mon idée et
mes plans, si l'administration consentait à
employer cet unique moyen de se débarrasser du limon de la Durance, en le lui ren-
voyant presqu'intégralement. Le bassin de
Réaltort servirait à emmagasiner un énorme
volume d'eau destinée au nettoyage de la
ville, à l'agriculture, et surtout à établir,
pour l'industrie, une foule de chutes naturelles et artificielles dans le bassin de Marseille, de manière à substituer le moteur-eau
à celui de la vapeur, réaliser ainsi d'immenses
bénéfices et assainir enfin Marseille, en rejet-
tant hors de son sein la plupart des établissements insalubres qui compromettent à un
si haut point la santé publique.

PROJET PRUNIER.

Le projet de M. l'ingénieur Prunier, qui a
d'abord souri au Conseil municipal, semble
aujourd'hui abandonné, puisque ce même
Conseil vient de prendre en considération
les projets Cassaigne et Pascalis, mettant de
côté les quarante-huit autres projets, sauf à
les reprendre si les deux premiers n'obte-
naient pas une approbation définitive. Nous
ne reviendrons pas sur le projet de M. Prunier, que nous avons déjà discuté, si ce n'est
pour constater notre regret de voir cet ingénieur, déconcerté, abandonner si vite la
partie. M. Prunier touchait presque à la vérité, car, si au lieu de demander l'eau au
terrain sur lequel il s'est placé, il était allé la
prendre à leurs véritables matrices, les montagnes de la chaîne de la Trévaresse, dont
les sources nombreuses viennent imbiber
tout le terrain situé entre la Trévaresse et la
Durance, d'où elles immergent en grande

partie , dans cette rivière , à travers les graviers de ses bords, il aurait capté là une eau magnifique et plus que suffisante pour l'alimentation de Marseille. Mais l'honorable ingénieur serait tombé alors dans notre projet, dont nous avons consigné l'idée dans nos derniers mémoires, idée que nous n'abandonnons pas, parce que ; seule, elle nous paraît féconde en de bons résultats ; car pour nous, encore une fois , ce n'est pas la filtration de la Durance qui imbibe les terrains de sa rive gauche, mais bien les sources de la Trévaresse. En effet, si l'on remonte le cours de ces eaux qui cheminent vers la Durance, on arrive aux sources de la Trévaresse. L'eau des terrains de la rive gauche de la Durance est donc, en grande partie , l'eau des sources de la Trévaresse , que son passage et son séjour dans des terrains défectueux a dû nécessairement altérer , tandis qu'on la prendrait limpide et salubre à leur sortie des montagnes. Car il ne faut pas oublier que les eaux sont telles que les terres qu'elles traversent. (Pline, liv. 31, ch. 4.) Lire, au reste, ce que nous avons déjà dit dans l'examen critique des terrains de la rive gauche de la Durance).

PROJET CASSAIGNE.

Le projet de M. l'ingénieur Cassaigne est, sans contredit, l'un des projets soumis à la Commission qui semble appelé à résoudre le problème si difficile de la clarification des eaux du canal de Marseille. En effet, son exécution, s'il peut être réalisé, présenterait l'immense avantage de laisser dans la Durance les 600,000 mètres cubes de limon que le canal fournit tous les ans ; elle donnerait une eau limpide, peut-être salubre, mais pas de température convenable, puisqu'elle serait celle, à peu près, de l'atmosphère, c'est-à-dire très-froide en hiver, très-chaude en été. Néanmoins, malgré ces quelques défectuosités, il y aurait entre cette eau, produit de la filtration naturelle, et l'eau actuelle du canal, qui n'est ni limpide, ni salubre, ni de température convenable, une énorme différence en mieux pour l'eau de M. Cassaigne. Ajoutons-y que, de tous les projets présentés, c'est sans contredit, au dire de son auteur, celui qui coûterait le moins. Tous ces avantages, réunis, sont immenses, et il n'y aurait pas à hésiter pour l'adoption de ce projet, si les dires de l'honorable ingénieur, relatés dans son quatrième mémoire, se trouvent exacts à la suite d'un sérieux et scrupuleux examen. Nous allons y procéder dans la mesure de notre faible talent, avec toute la bienveillance et la délicatesse possible, rassuré par le texte de l'auteur que nous trouvons à la septième page de son remarquable mémoire :

« Au fond, *dit M. Cassaigne*, nous cherchons tous le bien public et non notre triomphe personnel ; dès que la lumière se sera faite, il n'y aura plus lieu de discuter, on verra où est la vérité, et à la lutte succèdera, je l'espère, un franc et loyal concours. »

C'est donc cette lumière, demandée par M. Cassaigne lui-même, que nous allons essayer de produire, lui promettant d'avance notre franc et loyal concours, si elle nous montre avec évidence l'exactitude de ses assertions. Exposons d'abord le texte même de M. Cassaigne.

« Le sous-sol de la vallée de la Durance, rocher, tuf, argile ou poudingue compacte, est imperméable. Sur le fond de cette cuvette générale, repose une couche de graviers de 4 à 5 mètres d'épaisseur en moyenne, s'étendant, sans interruption, sur une longueur de plus de 100 kilomètres , et d'une largeur moyenne de plus de 1,000 mètres. »

« A la surface de ces graviers, la Durance s'est creusé un sillon peu profond qui lui sert de lit. »

Pour déterminer, avec précision, la nature du sous-sol sur lequel la Durance s'est formé un lit, de Cante-Perdrix au pont de Pertuis, lit qui est aujourd'hui le talweg naturel ou ligne d'intersection en bas des flancs ou des versants de cette partie de la vallée de la Durance, il faut se reporter à l'époque où cette section de la rivière , qui constitue aujourd'hui le bassin de Pertuis , formait alors un lac. La Durance, qui prend sa source dans les Hautes-Alpes, au-dessus de Briançon, et entre dans le département à Cadarache, après avoir reçu le Verdon, coulait, à l'époque première, par le défilé auquel on a donné le nom de Gorges-de-Mirabeau jusqu'à Cante-Perdrix, comme aujourd'hui. Là, une digue ou chaussée naturelle de tuf qu'elle avait formé elle-même retenait ses eaux et les forçait à s'épancher dans le bassin de Saint-Paul. Cette digue ayant été minée et rompue, ainsi que plusieurs autres qui la suivaient , les eaux de la Durance se trouvèrent portées au Sud-Ouest, par la vallée où coule maintenant le canal de Craponne ; puis, de cette vallée, débouchèrent dans la Crau, qui était originairement un golfe, ce qui est justifié par le circuit des collines et la nature du terrain.

La mer, par des causes étrangères à notre sujet, comme nous l'avons déjà dit ailleurs, sortit de ses limites et fit irruption dans les terres. Elle inonda d'abord la Crau et en sillonna la surface ; ensuite, elle remonta par la vallée de la Durance, jusqu'au pied du Luberon. Là, le courant, ne pouvant forcer cette barrière, agit sur les deux côtés de la vallée. Il brisa la digue de Mallemort et déchiqueta les collines de la Cabie pour se répandre dans le bassin de Sénas, tandis que, dans une direction contraire, il remonta jusqu'aux cataractes de Cante-Perdrix, déposant, sur les bords de la vallée et des ruisseaux qui s'y rendent, le calcaire coquillier qu'on y trouve encore et qui est le même que celui de la Crau. La mer, ayant fait sa retraite, reprit son cours en formant, sur son passage, les dépôts de poudingue et de safre qui sont superposés au calcaire coquillier. Ces dépôts de la Durance et de la mer se sont succédés et ont alterné pendant un certain temps, jusqu'à ce que la Durance, ayant pris son cours actuel, la mer ait seule recouvert toute la Crau, qu'elle a ensuite abandonné lentement et de proche en proche. Les sables et autres alluvions qui forment aujourd'hui le terrain qui avoisine les deux rives de la rivière ont donc été refoulés par les eaux de la mer et déposés avec des coquilles marines, des deux côtés de la Durance et de ses affluents, par les flots, qu'un mouvement extraordinaire poussait avec force et soulevait à une grande hauteur.

Après cette exposition, qui nous sera très-utile pour discuter la question qui nous occupe, nous allons recourir à la géognosie pour apprécier la nature du sous-sol de la vallée de la Durance, et reconnaître s'il est véritablement imperméable dans l'étendue du bassin de Pertuis, et qu'elle est l'épaisseur de la couche de graviers qui le recouvre et dans laquelle la Durance a creusé son lit.

Nous savons maintenant, par l'exposé historique que nous venons de faire de la Durance, que, dans les temps anciens, cette rivière, à partir du défilé de Mirabeau, avait un cours tout différent de celui qu'elle se traça plus tard ; qu'une grande partie du bassin actuel de Peyrolles formait alors un lac ; qu'à une époque suivante, la mer envahit, par le golfe de la Crau, l'ancienne vallée de la Durance, renversant devant elle, par sa violence, presque tous les obstables, s'éleva à une hauteur de plus de 200 mètres. Nous savons encore que, après un séjour considérable, elle se retira lentement, par le même chemin qu'elle avait suivi, en laissant, dans la plaine de la Crau , des traces visibles de son passage. Cette invasion de la mer n'a pas manqué d'établir des formations de terrains divers qui servent, aujourd'hui, à en retracer l'histoire. En effet , à l'aide des fouilles qui ont été faites pour le creusement du canal de Boisgelin, par M. de Suffren, et celles de M. Toulouzan, sur les divers points du premier lit de la Durance, on a trouvé, dans la plaine de la Crau, dans la vallée de Lamanon et autres endroits, en remontant vers Cante-Perdrix , les couches suivantes , dans cet ordre : terre végétale rouge mêlée de galets, sistre ou poudingue ; graviers mêlés de galets; grès calcaire compacte coquillier ; lit de sable avec grains de quartz hyalin jaunâtre, terre argileuse brune avec galets ; banc de sistre ou poudingue ; lit de sable mêlé de graviers; enfin, calcaire horizontal, La hauteur de ces couches varie de 5 mètres 70 à 2 55, dans la plaine de la Crau, et indique sur le parcours , en remontant l'ancien lit : 18 mètres 80, 19 m. 20, 6 85. Telles sont les diverses formations de terrain rencontrées dans l'ancien lit de la Durance.

Dans la vallée que suit actuellement la Durance, on rencontre des couches de différentes matières terreuses, dont la plus constante est un grès qui alterne avec des argiles, des sables et des fragments de coquilles. Ce grès est le produit combiné des eaux de la Durance et des eaux de la mer. A Peyrolles, à Jouques, à Meyrargues et dans tous les endroits où il n'y a ni poudingues ni marnes, ce grès repose immédiatement sur le calcaire horizontal. C'est dans ce grès siliceux, qui a passé, dans les derniers dépôts, au grès calcaire coquillier, qu'est creusé le bel aqueduc

romain qui va de Jouques à Meyrargues et de
Meyrargues à Aix.

Un des dépôts les plus puissants que la mer
ait ensuite formé est le calcaire crayeux qui
remonte jusqu'à Peyrolles, Meyrargues et
au-delà de Jouques. Au-dessus de ce dépôt
marin qui, en général, termine le terrain tertiaire, il existe souvent des amas d'un grès
limoneux qu'on appelle safre dans le pays.
Ce safre est un sable mêlé d'argile limoneuse,
le tout durci et agglutiné, mais dont les
grains ont peu d'adhérence et de cohésion.
Il se trouve en grande quantité dans la vallée
de la Durance. La composition de ce safre et
son mode de gisement, ainsi que la circonstance remarquable de son existence dans la
seule vallée de la Durance, prouvent qu'il est
un dépôt de cette rivière à l'époque où, la
mer ayant successivement baissé, les eaux
de la Durance ont repris leur cours. A ce
sujet, il est bon de remarquer, pour la question qui nous occupe, que les eaux marines
et les eaux douces ont dû se mêler et former,
dans certains endroits, des espèces d'étangs
qu'il faudra avoir grand soin d'éviter dans
l'établissement de galeries de filtration par
les graviers de la Durance, sous peine de
prendre une eau qui aurait le goût du marécage (1).

Au-dessus de ces dépôts de grès calcaires
crayeux et de safre, qui sont les derniers de
cette longue série de terrains disposés par
couches régulières et successives, se trouvent, dans la vallée de la Durance, des masses
considérables de graviers mêlés de sable,
débris roulés et entraînés par les eaux courantes. Ces explications données, on com-

---

(1) Le safre peut se creuser facilement avec la pioche,
et les débris en peu de temps se convertissent en une
bonne terre, surtout si on la mêle avec de la marne.

prend facilement que le sous-sol de la vallée
de la Durance peut-être ainsi déterminé :
calcaire tertiaire surmonté de grès siliceux,
de grès calcaire compacte, de grès calcaire
crayeux, de grès limoneux ou de safre, enfin
de graviers. La conséquence est celle-ci :
que le sous-sol de la vallée de la Durance est
généralement imperméable. Il ne reste donc
plus, pour le projet de filtration que l'on veut
établir sur les bords de la Durance, qu'à
s'assurer à l'avance de l'épaisseur de la
couche de graviers, ainsi que celle du safre,
pour ne pas s'exposer d'avoir à entamer la
couche de grès calcaire crayeux.

Nous disons donc, avec M. Cassaigne, que
la couche du sous-sol de la vallée de la Durance est imperméable. L'honorable ingénieur
ajoute que la couche de graviers, dans la
vallée, est de 4 à 5 mètres d'épaisseur en
moyenne, s'étendant, sans interruption, sur
une longueur de plus de 100 kilomètres et
une largeur moyenne de plus de 1,000 mèt.

Si nous recherchons qu'elle est, en effet,
l'épaisseur de cette couche, nous trouvons,
dans le mémoire de M. Pascalis, que « en face
de la prise du canal, la couche de graviers
va de 2 à 3 mètres au-dessous de l'étiage, et,
comme le terrain général des bords de la
rivière est de 2 mètres 50 environ au-dessus
de l'étiage, on peut admettre que l'épaisseur
de la couche graveleuse est de 4 mètres 50 à
5 mètres. Au-dessous de cette couche de
graviers est un rocher mou sablo-argileux
que l'on désigne improprement, dans le pays,
par la qualification de *safre*. »

M. Pascal, ingénieur en chef, dans son
rapport sur les divers projets présentés pour
la clarification des eaux du canal, dit :

« Qu'aux abords de la prise du canal de
Marseille, le rocher — safre-argileux — avait
été trouvé à une profondeur moyenne de 2 à
3 mètres au-dessous de l'étiage ; que, d'autre
part, les ingénieurs du chemin de fer de la

vallée de la Durance ont fait , pour l'établissement d'un pont-viaduc sur cette rivière, des sondages pour reconnaître la nature du terrain rencontré depuis le pont de Pertuis jusqu'à plus de 5,000 mètres à l'amont. Les sondages indiquent que, sur les quatre premiers kilomètres, le rocher se trouve de deux à trois mètres au-dessous de l'étiage, et que, sur le kilomètre suivant , il va en s'inclinant. »

Nous avons appris, d'autre part , que les ingénieurs du chemin de fer d'Avignon aux Alpes ont sondé le lit de la Durance en amont du pont de Pertuis, et qu'après avoir fait un trou de 19 mètres de profondeur dans le gravier, ils n'ont pas rencontré le rocher.

Il résulte de ce que nous venons de dire, que l'épaisseur de la couche de gravier n'est pas encore déterminée sur tous les points de la vallée. Il est donc nécessaire de bien préciser ce point, avant de commencer les travaux. Il demeure certain, par les fouilles faites sur les quatre premiers kilomètres, que, vu le peu d'épaisseur de gravier qui s'y trouve, la masse des filtrations n'arrivera pas par le fond, mais par les côtés.

« Dans ces conditions, dit M. Pascal, nous apercevons un grand aléatoire. Nous ne dirons pas, d'une manière absolue, qu'on ne trouvera pas, dans les graviers de la Durance, les débits cherchés de sept ou de dix mètres cubes par seconde , en y développant suffisamment des galeries filtrantes, mais ce que nous dirons, c'est qu'il y aura, dans le débit que pourra donner une surface de galerie déterminée , une éventualité très-grande qu'il est impossible de fixer, même approximativement, dès l'instant qu'il s'agit de travailler sur une échelle aussi vaste que le comporte l'alimentation du canal de Marseille. »

Il restera encore à sonder préalablement une grande partie du terrain de la rive gauche, pour s'assurer jusqu'où s'étend l'eau d'infiltration de la Durance, pour y établir les galeries d'une manière convenable. M. Pascalis nous dit que si, de la prise du canal, on remonte la rive gauche de la Durance jusqu'à Peyrolles, sur une longueur de 5 à 6 kilomètres, on trouve, sans accident notable de terrain, un sol plat se relevant en rampe douce, en s'éloignant de la rivière, sur une largeur d'un kilomètre et demi à deux kilomètres ; que tout ce terrain, fouillé à une profondeur convenable, donnerait de l'eau de la Durance comme la branche d'un syphon.

Il est certain que si le terrain se relève en pente douce en s'éloignant de la rivière, l'eau filtrée de la Durance ne s'étendra guère, car elle ne peut s'élever au-delà du niveau de la rivière, d'après un des plus incontestables principes de l'hydrostatique, que : « toutes les parties d'un même liquide sont en équilibre, soit dans un seul vaisseau, soit dans plusieurs qui communiquent ensemble. » Pour donc amener l'eau à une certaine distance, il faudra creuser le terrain d'autant qu'il se relève en remontant. Or, quelle est la nature de ce terrain à creuser ? Est-ce du safre ? Est-ce du calcaire crayeux ?

« Au lieu de discuter, répond M. Cassaigne, sur des faits mal interprétés ou ignorés, qu'on aille au milieu de la plaine de Peyrolles, à Sampaïre, par exemple ; que, de ce point, on suive la rivière en amont et en aval, et on sera édifié. Dans toutes les dépressions du sol, on verra l'eau de la nappe limpide souterraine surgir abondamment, jusqu'à y former quelquefois, quand les dépressions se prolongent, de véritables petits ruisseaux. Pendant les crues, on verra cette eau syphonner derrière les digues de Peyrolles et remonter dans les puits jusqu'à déborder des margelles : preuve évidente que le sol est perméable et que les enrochements des digues ne s'y sont pas atterrés. »

Nous n'avons qu'une réponse bien simple à donner à M. Cassaigne, à ce sujet : c'est que l'eau qu'il voit ainsi syphonner dans les crues n'est pas l'eau filtrée de la Durance, mais bien celle des sources de la Trévaresse, qui se répand dans tout ce terrain de la rive gauche et qui y syphonne, comprimée par les digues même, à la suite des grandes pluies qui produisent pareillement les crues de la Durance.

A cette occasion, nous ferons ici une remarque pleine d'intérêt pour éviter de tomber dans une grande erreur que beaucoup de gens commettent : c'est de bien se pénétrer que la plupart des terrains de la rive gauche de la Durance, à part ceux qui longent la rivière, sont pénétrés non par les infiltrations de la Durance, mais bien par l'eau des sources de la Trévaresse, qui les traversent nécessairement pour descendre dans la rivière. La pente du terrain le commande, et c'est la seule manière rationnelle de se rendre compte des 15 mètres cubes à la seconde que reçoit la Durance, de Cante-Perdrix au pont de Pertuis.

Après ces quelques observations préliminaires qui laissent déjà apercevoir les grands obstacles que le projet Cassaigne rencontre pour la filtration de la Durance par les graviers de ses bords, nous allons, avant de discuter ce système, poser les principes généraux de la filtration naturelle, empruntés à M. Pascalis.

La filtration naturelle est celle qui s'opère spontanément, lorsqu'un cours d'eau naturel traverse un sol perméable. Tout le bassin de la rivière est alors imprégné d'eau, et on la retrouve souvent en creusant le sol à une très-grande distance du courant principal. L'abondance des eaux ainsi recueillies est en raison de la nature plus ou moins compacte des graviers qu'elles ont à traverser, et elle augmente, dans une proportion très-forte, à mesure qu'on se rapproche du cours d'eau d'où elles dérivent.

Les dispositions adoptées jusqu'à ce jour pour appeler et recueillir les eaux filtrantes à travers les couches graveleuses qui forment le bassin d'une rivière consistent en une galerie latérale ouverte parallèlement à son cours. Le débit des eaux à travers les graviers étant proportionnel à la pression exercée sur le liquide, la profondeur de la galerie sous le fond de la rivière est un des éléments importants de la quantité d'eau ainsi captée ; aussi, lorsque la nature du terrain s'y prête, convient-il de faire cette profondeur aussi grande que le permet le capital dont on peut disposer. On doit également se placer le plus près possible du cours d'eau, conformément au principe que nous avons énoncé plus haut.

Le mode de ces galeries importe peu, pourvu que l'on ait soin de ménager le plus d'ouvertures possible pour donner accès aux eaux. Généralement, le radier est formé par le gravier même de la rivière. Ces filtres naturels fonctionnent avec une grande régularité ; ils ne s'engorgent pas de limons, et leur débit ne varie qu'avec la hauteur des eaux de la rivière qui les alimente.

A Toulouse, à Lyon, à Tours, à Angers, à Nantes, des filtres semblables fonctionnent depuis plus de 20 ans.

A Nottingham, en Angleterre, et à Perth, en Ecosse, ils donnent aussi des résultats très satisfaisants, mais on a échoué dans la construction d'un filtre naturel sur les bords de la Clyde, où la marée rend les eaux stagnantes pendant plusieurs heures de la journée. Ce fait, qui établit la nécessité d'un courant rapide, met en évidence la théorie qui peut expliquer le fonctionnement des filtres naturels, tellement en opposition avec l'irrégularité des filtres artificiels.

Lorsqu'une eau court dans un lit perméable, la pesanteur lui imprime deux mouvements :

le premier, en avant sur une surface libre, le second, à travers les interstices des couches perméables qu'elle traverse. A raison de ces obstacles, la vitesse des eaux filtrantes est considérab ement inférieure à celle du courant, qui, aturellement, entraîne toutes les matières en suspension. Au surplus, les crues périodiques, auxquelles sont sujets tous les cours d'eau ayant pour effet de renouveler la surface des parois, opéreraient naturellement le nettoiement de la couche filtrante, si l'engorgement était possible.

Un mot, maintenant, du bassin graveleux dans lequel la Durance s'est tracé un lit de près d'un kilomètre de largeur, lit qu'elle n'occupe qu'en temps de crue. Personne n'ignore qu'à tout autre époque de l'année, elle s'y promène capricieusement, en y dessinant des sillons irréguliers qui vont battre les rives tantôt à droite, tantôt à gauche, obéissant à des lois qu'on appelle des caprices, faute de pouvoir les expliquer.

Nous avons parlé plus haut des différents cours suivis par la Durance dans les temps anciens et dans les temps modernes, de la nature du sous-sol sur lequel elle coule et de l'épaisseur peu considérable de la couche de graviers que l'on se propose d'exploiter pour la filtration des eaux de la rivière. Il convient surtout, dans ce travail, de ne pas oublier que le safre ou grès limoneux friable sur lequel repose la couche de graviers a, pendant longtemps, servi de fonds à de nombreux étangs qui se trouvaient dans la vallée avant que la Durance ait pris son cours actuel.

Voilà, en peu de mots, le terrain sur lequel le confiant et courageux ingénieur Cassaigne propose d'établir un système de filtration naturelle que nous allons étudier avec la plus scrupuleuse attention, car il ne s'agit rien moins que de pourvoir à l'alimentation et aux besoins d'une population agricole et industrielle de plus de 400,000 âmes, d'une

ville populeuse à laquelle il faut donner en
abondance de l'eau limpide, salubre et de
température convenable.

Mais avant d'aborder cet examen, nous
avons besoin d'adresser quelques questions
à l'honorable M. Cassaigne. Et d'abord auquel des deux systèmes posés dans ses mémoires s'arrête-t-il ? Car, d'une part, il se
propose de capter l'eau filtrée de la Durance
qui s'échappe à travers les graviers de ses
bords ; de l'autre, il se propose aussi comme
il l'indique dans son quatrième et dernier
mémoire, page 8, de capter en même temps
les eaux des sources superficielles ou profondes et de pluie qui viennent se jeter dans
les graviers de la Durance qui leur servent
de réceptacle. Or, ce sont là, il faut l'avouer,
deux modes de captation d'eau complétement
différente, qui demandent des moyens d'actions différents et qui présentent des eaux de
composition tout à fait différente. Ainsi pour
capter les eaux filtrées de la Durance, il faudra des installations toutes différentes de
celles qui seront installées pour recevoir les
eaux d'écoulement arrivant du point opposé.
C'est donc alors double système et par conséquent double dépense. — Non pas, répond
M. Cassaigne ; nous donnerons des facilités
aux deux écoulements d'arriver dans le réceptacle de gravier, et nous filtrerons alors la
masse souterraine; c'est, au reste, ce que la nature fait actuellement; les deux eaux s'y réunissent, il n'y a qu'à la capter par la filtration. — Nous répondrons que si l'on se contente de l'eau qui arrive naturellement dans
ces graviers, jamais on n'arrivera à une fourniture de 50 mètres cubes à la seconde; pour
l'obtenir, il faut faire produire à la Durance
toute l'eau filtrée possible; puis faciliter l'eau
d'écoulement qui arrive des terrains supérieurs et qui est le produit des eaux pluviales et surtout des sources de la Trévaresse.
Ces deux sommes d'eaux réunies parferaient

lé volume que l'on désire ; mais ce serait
commettre une grande imprudence que de
les réunir à l'avance et de les mélanger; car
l'une, l'eau filtrée de la Durance, serait par elle-
même limpide et peut-être salubre ; l'autre ,
comme nous l'avons déjà démontré dans
l'examen du système Prunier, page 82 et suivantes , serait loin d'avoir une composition
aussi avantageuse. Le mélange ne peut donc
être accepté sans s'exposer à ne capter qu'une
eau de qualité médiocre. Il faut donc les
capter à part l'une et l'autre et ne les réunir
que dans le cas où le mélange n'altérerait pas
leur composition. Ceci nous amène donc à
traiter à part la filtration naturelle possible
des bords de la Durance ; dans une seconde
section ; nous rechercherons le parti que
l'on pourrait t'rer des eaux des sources de la
Trévaresse, qui cheminent naturellement vers
le bassin de la Durance , en amont du pont
de Pertuis , en gratifiant celle-ci de 45 mètres cubes à la seconde. On comprendra,
par le simple exposé que nous allons faire ,
qu'il n'est pas possible de tirer, des graviers
de la vallée, dix mètres cubes à la seconde ,
sans faire filtrer les bords de la rivière beaucoup plus qu'elle ne le fait naturellement, et
sans attirer sur un point déterminé de cette
même vallée, les eaux des terrains supérieurs
de la rive gauche. Examinons donc d'abord
les moyens proposés par M. Cassaigne pour
tirer de la Durance une masse considérable
d'eau filtrée. Ce fut la première idée de
M. Cassaigne, idée que M. Pascal, dans son
rapport, n'a pas précisément rejetée comme
irrationnelle, mais qu'il a repoussée comme
présentant un aléatoire trop grand.

En effet, il ne s'agissait rien moins que de
construire entre le pont de Pertuis et le rocher de Cante-Perdrix, près du pont de Mirabeau, une digue longitudinale insubmersible

d'une longueur de............... 14,600ᵐ

Deux digues transversales pour encaisser le ruisseau de Riaou, d'une longueur semblable de...... 1,600ᵐ

Un canal destiné à écarter de la plaine, mise à l'abri des grandes inondations par les digues précédentes ; les eaux superficielles de cette plaine. Ce canal évacuateur a une longueur de............... 12,000ᵐ

Enfin, suivant que la ville demandera pour son canal un débit de 7 mètres par seconde, ou de 10 mètres, la surface filtrante, tant en tranchée qu'en bassin, sera de 120,960 mètres ou 185,760 mètres carrés. On obtiendra les débits ci-dessus en maintenant le plafond du canal à une profondeur de 3 à 4 mètres au-dessous des basses eaux de la rivière.

Les galeries seront établies à ciel découvert. L'État, le département et les communes limitrophes devront concourir à la dépense ; la ville n'aurait à débourser que 3 à 4 millions.

Ce projet fut écarté par le rapport de M. Pascal, parce qu'il exposait à trop de mécomptes, qu'il était appuyé sur des conclusions erronées tirées d'expériences faites en petit ; que le peu d'épaisseur de la couche de gravier laissait indécis le nombre de galeries qu'il faudrait établir pour une aussi grande fourniture; que la digue insubmersible elle-même, comme les graviers du lit, contrarieraient la filtration et pourraient même l'arrêter; que de grands travaux seraient à recommencer, sans que le résultat ne fut jamais certain.

Toutes ces raisons, et plusieurs autres que l'on peut lire dans le rapport de M. Pascal, ont déterminé M. Cassaigne à changer de plans, et aujourd'hui il se propose tout simplement de recueillir, par la filtration, la masse d'eau souterraine qui se trouve naturellement dans les graviers du bassin entre Pertuis et Cante-Perdrix. La question est donc changée de tout au tout. Il ne s'agit plus de capter uniquement de l'eau filtrée de la Durance, mais bien celle qui se trouve naturellement dans ce vaste réceptacle de gravier où se mélange et l'eau filtrée de la Durance et celle qui s'écoule en plus grande quantité dans la vallée des terrains supérieurs. Or, nous avons démontré, dans notre examen critique de M. Prunier, que la composition de cette eau était défectueuse et contenait beaucoup de matières organiques, que son mélange avec l'eau filtrée de la Durance ne changerait pas en mieux,

A notre avis, on commettrait une très grande faute, en acceptant un pareil mélange qui pourrait devenir funeste à la santé publique. Nous ne disconvenons pas que toute l'eau tirée de cette masse de gravier serait limpide par la filtration; mais la limpidité ne suffit pas pour constituer une eau potable. M. Cassaigne ne dit-il pas lui-même dans son quatrième mémoire, page 34, que les matières organiques dissoutes dans l'eau ne troublent pas toujours sa transparence; qu'elles peuvent même quelquefois échapper aux recherches de l'analyse, et se révéler par de pernicieux effets. L'eau des marécages, ajoute-t-il, peut être limpide, et cependant elle donne la fièvre.

Nous avons dit plus haut que le safre que recouvre la couche de gravier formait autrefois le fond de vastes marais; l'eau qui y séjournerait ou qui y coulerait ne pourrait-elle pas encore contracter un goût de marécage?

Nous regrettons donc que M. Cassaigne ait renoncé à prendre uniquement l'eau filtrée de la Durance, qui, certainement, serait limpide et salubre en elle-ême; mais, mélangée avec celle qui coule des terrains supérieurs dans les graviers, elle doit nécessairement perdre sa salubrité, la qualité la plus essentielle pour une eau potable. Il serait possible de parer à ce grave inconvénient, en préservant des causes d'altérations les eaux qui tombent dans les graviers de la Durance ; car elles sortent de sources très pures, et il suffirait pour les utiliser de les conduire et de les emménager convenablement. Mais ici nous tombons dans notre propre projet, et avant de le soumettre, nous allons examiner celui de M. Martelly qui peut jeter quelque lumière sur la question qui nous occupe dans ce moment.

PROJET MARTELLY.

Le projet de M. Martelly et celui de M. Cassaigne ne manquent pas d'analogie : tous deux reposent sur la filtration naturelle. A première vue, celui de M. Martelly paraît plus simple, d'une exécution plus facile et moins dispendieux. L'un et l'autre proposent de capter l'eau souterraine qui coule dans les graviers, ainsi que celle que déversent dans la Durance les terrains supérieurs de la rive gauche.

Le projet de M. Martelly ne nécessite aucuns travaux d'art importants ; les seuls moyens employés sont un canal dont la cuvette demeure à ciel ouvert, comme celui de M. Cassaigne ; des tranchées y amèneraient l'eau filtrée de la rivière, qui viendrait sourdre en abondance au fond des puits, et d'autres tranchées distinctes amèneraient celle des sources voisines. Ajoutez-y un certain nombre de puits dont les parois seront en grosse maçonnerie, puis une digue d'arrêt pour retenir la filtration et un petit canal de dégagement, avec sa vanne, pour déverser dans la Durance le surplus de l'eau limpide dont les grandes crues peuvent augmenter le

volume et le niveau dans les artères du filtre
naturel , et vous avez tout le système assez
simple de M. Martelly. Il y a donc deux parties
essentielles dans ce projet : la captation de
l'eau filtrée dans les graviers de la Durance
et la captation des eaux qui arrivent dans la
vallée des terrains supérieurs. Nous allons
donc examiner ces deux points particuliers,
qui forment la base de tout le système de
M. Martelly.

Captation de l'eau filtrée dans les graviers de la Durance.

« Au-dessous de la route départementale
conduisant d'Aix à Pertuis, dit M. Martelly,
et donnant accès au pont suspendu de cette
dernière localité , se trouve placée l'ouverture actuelle du canal de Marseille. Au-dessus
de la même route, fortement remblayés,
parallèlement à la Durance et défendus des
caprices de cette rivière par les digues insub-
mersibles, s'étendent de vastes terrains plats
appelés *iscles*, qui vont du lit de la Durance
à des terres légèrement élevées et cultivées,
où passe le chemin de Pertuis à Peyrolles.
Diverses digues descendent de ces terres
vers la rivière ; la première, terminée, est
celle dite du *Grand-Vallat ;* deux autres sont
en cours d'exécution : celle de *Récuelle* et
celle de *Saint-Payré.* Le sol compris entre
ces derniers points et la route départementale, numéro 2, est composé de graviers et
de sable légèrement boisé ; sa perméabilité
est telle, que l'eau qui y court souterrainement, par suite du courant invisible parallèle
au courant accidentel de la Durance , le rendent impropre à la culture. L'établissement
même des travaux que l'on y devrait faire sur

l'immense filtration que je propose le rendrait
d'un riche rapport. »

Et d'abord, est-il bien sûr que l'eau qui
court souterrainement dans ce terrain est
uniquement de l'eau filtrée de la Durance et
n'est pas celle qui s'épanche des lieux plus
élevés qui en contiennent beaucoup ? M. Martelly nous dit bien que, de temps immémorial,
des puits ont été creusés au bord de la Durance; que ces puits intarissables donnent
une eau fraîche, limpide et excellente,
fournie par une constante filtration. Nous le
croyons volontiers, car le même effet se
produit ordinairement sur le bord de presque
toutes les rivières, ce qui n'empêche pas ces
mêmes rivières de recevoir l'eau des terrains
plus élevés, quand il y en a et que la pente
s'y prête. Ce qu'il y a de certain, c'est que
l'eau filtrée par les bords d'une rivière ne
s'élève jamais au-dessus du niveau qu'elle a
dans son lit. Il conviendrait donc de s'assurer,
avant de la déclarer eau filtrée de la Durance,
que cette eau souterraine coule au niveau de
la rivière, car, en raison de la double pente
de ces terrains du sud au nord et de l'est à
l'ouest, cette eau pourrait bien être l'eau des
sources voisines, qui cheminent toutes du
nord au sud et de l'est à l'ouest, vers Pertuis,
en suivant presque parallèlement la Durance,
quand leur gravité et les accidents du sol ne
les entraînent pas dans la vallée. C'est donc
un point d'hydrographie souterraine à vérifier, d'autant plus que, généralement, on
erre sur la marche comme sur l'origine des
eaux contenues dans les terrains de la rive
gauche de la Durance, faute de se bien rendre
compte des lois de la gravité.

Quoiqu'il en soit, et supposé que cette eau
souterraine qui court parallèlement à la Durance est de l'eau filtrée par les graviers de
cette rivière, il n'en reste pas moins à vaincre
ces mêmes et grandes difficultés qui ont été
déjà signalées à l'occasion du projet de M. Cas-

saigne. Elles sont telles, que M. Pascal, après avoir longuement discuté, dans son rapport de janvier 1863, le système de prendre les eaux dans les graviers de la Durance, et être arrivé au chiffre énorme de 8 millions, sans résultat bien certain, a fini par le rejeter comme à peu près irréalisable dans le cas proposé. Poursuivons, néanmoins, l'idée de M. Martelly, pour rechercher ce qu'elle peut renfermer de véritablement fondé.

« Par l'inclinaison très-forte, dit M. Martelly, du cours d'eau de la rivière, qui offre la différence énorme de 24 mètres entre le pont de Mirabeau et celui de Pertuis, cette filtration s'opère avec une pression qui renouvelle à chaque instant le liquide. Or, en préservant les parois des puits par des bâtisses, de manière à ne laisser passer le liquide que par le fond, où il arrive en abondance, on obtient presque de suite, une hauteur d'eau considérable que l'écoulement dans un canal un peu en contre-bas ne fait point diminuer, puisque la masse est constamment maintenue à son niveau par la puissante alimentation des immenses infiltrations fournies par la rivière. D'après cette donnée, en construisant une certaine quantité de ces puits et les plaçant sur une tranchée ou un fossé couvert, partant de la digue insubmersible pour aboutir à un grand canal général, on obtient un volume d'eau considérable, en rapport avec les sections pratiquées dans le sol. »

Nous répondrons à ceci, avec M. Pascal, que les radiers des canaux étant au niveau des basses eaux, M. Martelly reconnaît lui-même qu'ils ne fonctionneront pas lorsque la Durance sera dans cet état. Mais alors, ajoute-t-il, le canal fonctionnera comme aujourd'hui, et cela sans inconvénient, attendu que, dans ces moments, les eaux sont toujours claires. Mais c'est là un immense inconvénient, et, de ce côté, le problème

d'une eau constante et abondante n'est pas
complètement résolu. Passons maintenant à
*la captation des eaux qui arrivent des terrains
supérieurs*, la seconde ressource que met en
avant M. Martelly. Or, voici ce qu'il dit
encore, à ce sujet, dans son mémoire.

« D'autre part, des tranchées et des puits
pareils seront établis de l'autre côté du canal
général qui descend à peu près au milieu du
terrain, de St-Payré à la route départementale numéro 2. Ces derniers fossés, avec leurs
puits, sont destinés à recueillir et à trans-
mettre au canal général les eaux abondantes
que l'inclinaison des terrains, le vide et
l'humidité attirent des collines de Peyrolles,
Meyrargues, Venelles et le Puy-Ste-Réparade.
Apport excellent comme qualité et important
par sa quantité. »

« Un barrage complet, construit au bas
des terres du *Logis-Neuf*, arrêtera le cours
souterrain des eaux qui circulent à travers
les couches de terrain, et bornera, à sa base,
cet immense filtre si généreusement fourni
par la nature. »

« Les eaux limpides procurées au canal de
Marseille par ce moyen si simple y arriveront-
elles en quantité suffisante ? Je ne crains pas
d'avancer que leur volume sera plus considérable que ne le réclameront les besoins futurs
du service. Leur limpidité permettra d'abord
de régulariser chaque prise aux particuliers,
aux usagers, ce qui ne se fait point actuellement, l'administration étant obligée de fournir
plus du double du calibre en certains jours,
pour pouvoir arriver à remplir ses engage-
ments lorsque le liquide est boueux ; leur
abondance est telle, que la propriété du
Logis-Neuf, dont nous venons de parler, a eu
besoin d'être divisé en parcelles pour de-
meurer cultivable, la pression faisant jaillir
les eaux au milieu des terres. Les fossés,
creusés à une légère profondeur dans cette
propriété, déversent sans cesse une eau lim-

pide dans le canal du moulin du Puy-Sainte-
Réparade. »

« Le même fait d'obligation de division des
héritages a eu lieu au-dessus du fossé de
Meyrargues ; à Saint-Payré, notamment, les
sections pratiquées fournissent un courant
d'un assez fort volume, et dans lequel se
trouvent actuellement des écrevisses aussi
estimées que celles de la Sorgue, sous la fontaine de Vaucluse. »

« Donc, s'écrie l'auteur du mémoire, dans
son enthousiasme, point de bassin soumis à
l'évaporation sous un soleil torride, entraînant des dangers pour l'hygiène publique et
des frais énormes d'entretien et de répa-
ration ; point de végétations de toutes sortes
et de développement d'œufs ou de frai ; point
de chômages nuisibles à l'industrie, à l'agriculture et onéreux pour tout le monde, parce
qu'ils sont une perte réelle du capital. Au
lieu de ce moyen, condamné sans retour
après les trop longues expériences fournies
par Ste-Marthe et l'obstiné Réaltort, vrais
moyens d'enfant, des fossés ou galeries cou-
vertes en dalles, d'un mètre cube tout au
plus, maçonnées, recevant l'eau des puits et
la versant à un canal découvert où l'eau limpide sera beaucoup plus abondante que ne
l'est l'eau trouble dans la cuvette du canal
actuel de Marseille. »

Ici nous sommes complètement d'accord,
sur beaucoup de points, avec M. Martelly, et
nous partageons sa confiance. Oui, nous
croyons, et nous l'avons déjà dit dans notre
premier mémoire de 1865, adressé à M. de
Maupas et à M. le maire de Marseille, que les
terrains de la rive gauche de la Durance
offrent au canal d'énormes ressources venant
des sources de la chaîne de la Trévaresse, à
la condition que, à l'aide d'études sérieuses
d'hydrographie souterraine, on précise la
marche des eaux dans le sol ; qu'on la dirige,
au besoin, convenablement, de manière à ce

qu'elle ne stagne pas, comme elle le fait aujourd'hui, dans certains endroits où, coercée par la nature du terrain, elle perd ses qualités hygiéniques par le peu d'épaisseur du sol qui la recouvre, par défaut d'aération et par la végétation microscopique qui s'y établit à l'aide de la chaleur, et les matières organiques qui l'altèrent en s'y putréfiant. Quand nous arriverons à l'exposé de notre propre projet, nous exposerons les mesures à prendre pour rendre l'eau de ces terrains limpide, salubre et d'une température convenable, et l'espoir que nous avons conçu d'en faire le principal apport du canal de Marseille, apport qu'on compléterait, au besoin, par d'autres produits d'eau de source, non moins excellents que le premier et moins éloignés de Marseille. Mais avant d'exposer notre système, nous allons examiner celui de M. Roux, qui, lui aussi, comme nous, propose de remplacer l'eau du canal par celle de source.

PROJET ROUX.

Selon l'honorable avocat, M. Roux, une seule chose manque à la magnificence de Marseille, de l'eau limpide et salubre; car, pour lui, l'eau du canal, qui ne possède pas ces deux qualités essentielles, ne peut et ne doit servir qu'à irriguer le territoire et à le fertiliser. En conséquence, M. Roux propose de remplacer, pour le service de la ville et les besoins domestiques, l'eau bourbeuse du canal par l'eau limpide et salubre des sources qu'il tirerait de la vallée de Lambesc et de Saint-Cannat, et que lui fourniraient : 1 la source de la Bonne-Fontaine, vis-à-vis le perron de l'Hôtel-de-Ville, à Lambesc ; 2° la source de la ferme de la Crénade ; 3° la belle source de Dane, qui arrose le terroir de La Barben.

M. Roux affirme que ces trois sources n'ont jamais tari dans les plus grandes sécheresses , et que , réunies , elles pourraient fournir 1 mètre cube d'eau à la seconde. Il ajoute qu'on pourrait y joindre un certain nombre d'affluents ; par exemple, la petite rivière de Concernade , formée d'eau de source, dans le terroir de Rognes, pour traverser celui de Lambesc, où elle fait tourner quelques moulins et sert à arroser les prairies. Il cite encore, comme affluents, le fossé de Lauron, qui sort du vallon de Bidaine pour arroser les prairies inférieures au canal de Marseille; les sources comprimées dans le percé des Taillades ; les eaux qui descendent des sources des Fédons par le vallon dit la Suège ; le ravin qui descend de Suc, et enfin le ravin en face des Birons, formé des sources de Joussine, Tabour et Badassié. Toutes ces eaux, réunies aux précédentes, fourniraient, pendant huit mois de l'année, environ 3 mèt. cubes.

Comme complément de son projet, M. Roux propose d'établir un fossé d'irrigation qui, partant du canal , viendrait aboutir aux Birons, passerait par des bassins de décantation pour venir se jeter dans l'acqueduc d'eau de source et, de là, se rendre à Marseille. Après avoir décrit le tracé de son canal et exposé les travaux à exécuter, il conclut que la dépense des 2 mètres cubes d'eau limpide fournie à la ville de Marseille s'élèverait à environ trois millions.

Nous ne combattons pas, comme principe, le projet de M. Roux , puisque, comme lui et comme tant d'autres savants modernes, nous pensons que les eaux de source sont, sans contredit, celles qui offrent les plus sûres garanties de limpidité, de salubrité et de température convenab'e. Mais nous dirons seulement, à l'égard de ce projet, que, pour une fourniture d'eau aussi considérable que celle que demande la ville de Marseille, les quantités d'eau très-modestes présentées par M. Roux ne sont pas assez élevées pour qu'on en fasse la dépense, attendu que d'autres localités offrent des quantités bien plus considérables d'eaux de source, comme nous l'avons indiqué au chapitre des eaux souterraines du département. En effet, les trois principales sources, dans le projet, celles de Lambesc, de la Crénade et de Dane, ne sont que des sources très-secondaires qui, à elles trois, ne donneraient pas, en moyenne, 1 mètre cube à la seconde.

Quant aux affluents que M. Roux propose d'y joindre, il ne faut pas y songer, puisque, pour la plupart, ils tarissent en été. Ainsi, la petite rivière, ou mieux le fossé de Concernade, se dessèche et disparaît dans cette saison, ainsi que les autres affluents indiqués. Il est vrai que M. Roux suppléerait à cet inconvénient par une dérivation prise sur le canal de Marseille, qu'il ferait décanter dans des bassins avant de l'amener dans l'aqueduc d'eau de source, alors presque à sec. Mais, dirons-nous alors, ce serait sortir du projet pour entrer dans le système de décantation, et s'exposer à recevoir infailliblement de l'eau peu limpide et encore moins salubre.

D'autre part, ce projet pousserait à une sorte d'injustice, parce qu'il causerait un préjudice très-grave aux populations de Lambesc et des lieux voisins, qui ne manqueraient pas de protester contre la mesure. Car il ne faut pas oublier que le territoire de Lambesc, dont on accaparerait ainsi les eaux, est, en général, un sol fort maigre et sec. Cinq fontaines, dont une partie des canaux est construite en voûte peut-être romaine, fournissent à la ville toute l'eau dont elle a besoin. Est-il supposable que l'administration de Lambesc cédât la principale de ces fontaines, celle qui est placée vis-à-vis de l'Hôtel-de-

Ville, et s'exposât ainsi à perdre toute l'eau qu'elle possède et qui lui est si nécessaire, pour faire plaisir à Marseille ? Ce serait une folie. La seule eau courante qu'il y ait dans le pays est le fossé dit de Concernade, qui reçoit les écoulements des eaux de la commune de Rognes et qui fait tourner quelques moulins au moyen des écluses. Mais ce fossé lui-même est presque à sec dans l'été, et il fournit si peu d'eau aux prairies, qu'elles donnent rarement une seconde coupe. On peut en dire autant des autres affluents que M. Roux joindrait à son acqueduc d'eau de source, et cette contrée perdrait par là le peu de prairies qu'elle possède. Il y aurait mieux à faire ; ce serait, au lieu de lui ôter le peu d'eau qu'elle a, de la gratifier, au contraire, d'une dérivation prise sur le canal de Marseille. C'est donc sur un autre terrain, où les eaux de sources sont bien autrement abondantes que dans le territoire de Lambesc, que M. Roux devrait établir son projet, sur une plus grande échelle et sur des bases beaucoup plus certaines. C'est, au reste, ce que nous tentons nous-mêmes et ce que nous allons exposer dans le paragraphe suivant, nous félicitant d'avoir eu la même heureuse idée que l'honorable M. Roux, mais dans des proportions beaucoup plus vastes et pouvant satisfaire à tous les besoins de Marseille et de son territoire.

Le bassin de Réaltort devant le professeur Comaille et le Comité médical des Bouches-du-Rhône.

Au moment où nous écrivions ces dernières lignes, les journaux de la localité nous ont appris que M. le docteur Comaille, dans le cours d'hygiène publique qu'il fait à la Faculté des Sciences, vient de soulever, dans une de ses dernières séances, une appréhension sérieuse au sujet des eaux de la Durance. Attendu, dit-il, que ces eaux contiennent dans leurs limons une notable proportion de matières organiques, il est à craindre que ces matières ne se décomposent dans les bassins de décantation, sous la double influence de la chaleur et du repos. Donc, dans l'opinion du professeur, les eaux du canal, clarifiées par le stationnement dans le récépient de Réaltort, ne présenteraient pas toutes les conditions de salubrité nécessaires.

D'autre part, ces mêmes journaux nous apprennent également que le Comité médical des Bouches-du-Rhône, dans ses séances des 22 et 23 mars 1867, a délibéré à l'unanimité :

1. Que l'eau de la Durance décantée est une eau malsaine ;

2° Que mieux vaudrait, dans l'intérêt de la santé publique, recevoir l'eau limoneuse de la Durance, telle qu'elle coule dans le lit de cette rivière, que de la clarifier par décantation, comme on le fait ; le filtrage ne pouvant pas lui enlever ensuite les matières organiques qu'en stagnant elle a dissoutes ;

3° Que tout bassin d'approvisionnement revêtu d'une couche de vase n'est plus dans les conditions désirables de salubrité ; que, par conséquent, le bassin de Réaltort, étant destiné à l'approvisionnement de la ville de Marseille en cas de réparations à faire au canal entre la Durance et ce point, il est essentiel qu'on n'y mette jamais d'eau trouble.

Nous sommes heureux d'apprendre que l'hygiène et la chimie se soient solennellement prononcées à Marseille, sur le système de décantation que l'on veut établir à Réaltort, au grand préjudice de la santé publique, qui s'en trouverait gravement compromise.

Nous demandons avec instance, dans cet ouvrage sur les eaux potables, que la méde-

cine et l'hygiène se prononcent sur les eaux
si défectueuses de Marseille ; nos vœux sont
enfin accomplis. Au reste, le jugement porté
par l'honorable professeur Comaille et le
Comité médical de Marseille n'est pas une
assertion nouvelle ; leur avis, comme nous
l'avons déjà démontré , est l'avis formel de
tous les hygiénistes, de tous les médecins et
de tous les chimistes qui se sont occupés
des eaux publiques. M. Dupasquier fait remarquer, à ce sujet, que l'analyse chimique
n'offre pas encore des lumières bien satisfaisantes, relativement à l'existence des matières
organiques ; qu'on ne peut donc, d'après ses
seules indications, déterminer qu'une eau
doit ou ne doit pas être employée comme
boisson, et qu'on ne peut porter un jugement
à cet égard qu'après s'être assuré, par une
sorte d'enquête, si les personnes qui font
usage de l'eau soumise à l'appréciation chimique et médicale n'en ont éprouvé aucun
inconvénient, aucune modification dans l'état
de leur constitution et de leur santé.

Il est hors de doute qu'après une déclaration aussi formelle d'autorités compétentes, M. le maire de Marseille, M. Pascalis,
auteur du projet du bassin de Réaltort ,
M. Pascal , ingénieur en chef de la marine,
qui l'a fortement appuyé, s'inclineront devant
un jugement qui condamne si formellement
le projet qu'ils cherchent à faire prévaloir,
pour ne pas assumer la responsabilité qu'ils
encouraient nécessairement , en compro-
mettant ainsi la santé publique, qu'ils sont
tout spécialement chargés de sauvegarder.

Voyons maintenant si le projet de M. Cassaigne , l'un des concurrents sérieux de
M. Pascalis et l'adversaire, à bon droit, du
bassin de Réaltort, n'est pas lui-même très-
attaquable, et si le jugement porté par le professeur Comaille, de la Faculté des Sciences,
et celui du Comité médical des Bouches-du-
Rhône, sur la décantation de Réaltort, ne

frappent pas aussi mortellement la filtration naturelle dans les graviers de la Durance que présente M. Cassaigne, que la décantation de Réaltort. Pour nous, nous estimons, après un examen loyal et consciencieux, que le projet Cassaigne peut-être plus funeste encore à la santé publique que celui de M. Pascalis. Ces craintes, que nous croyons fondées, nous allons les soumettre au jugement de l'opinion publique et à l'examen sérieux de M. Comaille et du Comité médical des Bouches-du-Rhône, afin qu'ils prononcent si l'eau obtenue par le procédé Cassaigne est véritablement salubre, et s'il n'y a pas lieu de conclure, avec nous, que son usage serait très-préjudiciable à la santé publique, employée comme boisson et pour les besoins domestiques.

Dans l'examen que nous avons déjà fait du projet Cassaigne, nous ne nous sommes appliqué qu'à discuter les voies et les moyens employés par M. Cassaigne, pour capter l'eau filtrée de la Durance dans les graviers des bords de cette rivière, et nous avons conclu avec M. Pascal, ingénieur en chef des services maritimes, que, vu le peu d'épaisseur de la couche de graviers et leur constitution dans certains endroits, l'établissement des galeries filtrantes serait d'une exécution très-difficile et présente un trop grand aléatoire pour qu'on risque de si grandes dépenses avec si peu de chances de succès. Cependant, sous ce rapport, nous ne jugeons pas l'entreprise irréalisable; nous croyons même qu'on y trouvera une quantité d'eau considérable; qu'elle sera, de plus, limpide; mais là ne consiste pas toute la question; il faut, de plus, que l'eau soit salubre. C'est ici que commencent nos doutes et nos appréhensions; nous sommes portés à croire que cette eau ne peut pas être salubre. Nous allons en donner nos raisons, que nous soumettons à l'appréciation des hommes compétents.

Et d'abord, nul doute sur la limpidité de

l'eau prise dans les graviers des bords de la Durance ; mais la limpidité ne constitue pas, à elle seule, la potabilité d'une eau : une eau peut être limpide et très-funeste en boisson ; pour cela , il suffit que sa composition chimique soit altérée par des matières organiques ou autres éléments délétères. M. Cassaigne dit lui-même, dans son dernier mémoire, page 34, « que les matières dissoutes dans l'eau ne troublent pas toujours sa transparence ; qu'elles peuvent même, quelquefois, échapper aux recherches de l'analyse et se révéler par de pernicieux effets. L'eau des marécages est plus limpide, ajoute-t-il, que celle qui sortirait des bassins de décantation, et cependant elle donne la fièvre. Sans doute, l'eau décantée ne serait pas aussi pernicieuse que l'eau des marécages, mais elle ne vaudrait pas mieux que l'eau d'étang. »

Nous lisons encore, à la page 7 du mémoire, ces nobles paroles : « Au fond, nous cherchons tous le bien public , et non notre triomphe personnel ; dès que la lumière sera faite, il n'y aura plus lieu à discuter ; on verra où est la vérité, et à la lutte succèdera, je l'espère, un franc et loyal concours. « C'est donc en nous appuyant sur ces loyales paroles de M. Cassaigne, que nous allons essayer de faire la lumière sur la salubrité équivoque de l'eau captée dans les graviers des bords de la Durance, bien persuadé que si nos appréhensions sont trouvées fondées par les hommes compétents, nous n'en conserverons pas moins l'estime de l'honorable M. Cassaigne, parce que, ce que nous recherchons l'un et l'autre, dans la grande question des eaux de Marseille, c'est le bien public et non notre triomphe personnel.

Je dis donc qu'il est grandement à craindre que l'eau captée par la filtration naturelle, au cas où elle serait possible dans les graviers de la Durance, ne soit pas salubre, et qu'infailliblement elle aura un goût de marécage.

De tous les moyens trouvés pour rendre la limpidité à une eau troublée par des matières terreuses en suspension, il n'y a pas de procédé plus sûr et plus efficace que celui de la filtration naturelle à travers des terrains perméables sains ; mais si la nature de ces terrains renferment eux-mêmes des matières infectantes, l'eau qui passe à travers devient nécessairement insalubre par son contact avec ces matières infectantes. La salubrité d'une eau filtrée dépend donc naturellement du terrain qu'elle traverse, en vertu de l'axiome de Pline, toujours vrai : *Quippe tales sunt aquæ, qualis terra per quam fluunt;* les eaux sont telles que le terrain qu'elles traversent.

Beaucoup de personnes confondent la limpidité avec la salubrité, et se figurent qu'une eau est salubre du moment qu'elle est limpide : c'est une très-grande erreur qui peut être très-préjudiciable, attendu qu'une eau malsaine peut fort bien être limpide.

Nous nous attacherons donc à l'axiome de Pline pour juger des qualités hygiéniques de l'eau que M. Cassaigne propose de capter dans les graviers de la Durance, et nous examinerons la nature et la composition de ces graviers, les matières avec lesquels ils sont mélangés et surtout la nature du sol sur lequel ils reposent.

Faisons d'abord remarquer que la Durance ne ressemble pas à la plupart des autres rivières ; non-seulement ses eaux sont habituellement peu limpides, mais elle se promène encore capricieusement dans le lit qu'elle s'est creusé, en dessinant des sillons irréguliers qui vont battre les rives tantôt à droite, tantôt à gauche, obéissant à des lois qu'on appelle des caprices, faute de les pouvoir expliquer. C'est donc sur les bords de cette fougueuse rivière, dans les graviers qui l'avoisinent, que M. Cassaigne a résolu de prendre le volume d'eau que réclame la ville

de **Marseille**. Pour juger le résultat de cette
entreprise, qui sourit au premier coup-d'œil
et laisse espérer un succès certain, nous
avons préalablement étudié la composition
géognostique des terrains de l'ancien lit de
la Durance et de celui où elle coule présentement. Nous avons déjà donné plus haut ces
détails intéressants, dans l'examen du projet
de filtration de l'honorable **M**. Cassaigne. Or,
il résulte de notre exposé historique, qu'une
grande partie du lit actuel de la Durance, de
Cante-Perdrix au pont de Pertuis, et des
bancs de graviers qui gisent sur les bords de
la rivière, formait autrefois le fond de vastes
marais que la Durance envahit plus tard et
qu'elle occupe encore aujourd'hui. La couche
supérieure de tout ce terrain dans la vallée
de la rivière, et que recouvrent de grands et
nombreux bancs de graviers, est un grès
limoneux appelé safre dans le pays. C'est sur
cette couche supérieure que les eaux marines
et les eaux douces ont dû se mêler, quand la
mer envahit autrefois cette vallée, et former
des espèces d'étangs et de marais. La couche
de graviers ayant assez peu de profondeur
dans toute l'étendue de la vallée, les galeries
de filtration devront nécessairement reposer
sur ce safre, qu'il faudra même entamer en
certains endroits. Or, il doit résulter, dans
ces conditions, que la couche aquifère reposant sur le safre en prenne la saveur et ait le
goût de marécage, toute eau prenant son
goût du terrain où elle coule ; et le safre étant
un sédiment de marais, toute eau en contact
avec lui doit avoir une saveur marécageuse.
C'est si vrai, que, en quelque endroit que
l'on creuse un trou dans le safre, soit sur les
bords de la rivière, soit dans son ancien lit,
voire même dans les plaines de la Crau, où
elle coulait autrefois, l'eau trouvée dans ce
trou a toujours un goût de marécage plus ou
moins prononcé. Le fait est positif et peut
facilement se vérifier. Si, sur certains points

de la rive gauche, les puits creusés dans certains endroits n'ont pas ce goût très-prononcé, c'est qu'ils sont alimentés par l'eau de source des terrains supérieurs, qui circule en abondance et que la pente met continuellement en mouvement. On devra donc éviter de mettre les galeries filtrantes en contact avec ce terrain défectueux, et comme le terrain sous-jacent des graviers n'est autre que du safre dans la vallée, nous estimons que leur établissement est impossible sur ces lieux, du moins pour une eau devant servir aux usages domestiques.

Examinons maintenant la nature et la composition de la plupart de ces immenses et nombreux bancs de graviers. Nous avons déjà dit que l'épaisseur de ces bancs est en moyenne de 4 à 5ᵐ. Leur composition en général se forme de galets et de graviers mêlés de sables et d'argile, tous débris roulés et entraînés par les eaux courantes. La Durance, capricieuse et fantasque, dans ses crues fréquentes, les recouvre souvent de ses eaux, se retire et menace de les envahir à tout moment. Il est certain que dans ces débordements la rivière mêle à tous ces graviers roulés avec le limon dont ses eaux sont chargées de nombreux débris organiques qui s'y déposent, et en se putréfiant forment un sédiment infect qui s'agglutine avec les graviers.

Là n'est pas encore le seul danger d'avoir une eau infectée de matières organiques. On sait aujourd'hui, par les calculs que l'administration a fait faire, que la rive gauche de la Durance reçoit, de Cante-Perdrix au pont de Pertuis, 15 mètres cubes à la seconde, venant des sources diverses de la Trévaresse, soit par déversement du sol, soit par les affluents qui s'y jettent, soit par suintement du sol ou source sous-marine qui y déversent. Or, une grande partie de cette masse d'eau, ainsi que les eaux pluviales, entraînent nécessairement, en se déversant dans ces masses de graviers

une quantité considérable de matières organiques qui s'y amoncellent comme dans un
émonctoire naturel. Rien alors d'extraordinaire que l'eau, filtrée par les bords de la rivière, contracte un goût de marécage en se
mêlant à ces graviers ainsi contaminés.

C'est encore un fait certain que quand les
eaux sont basses, en été, dans le lit de la rivière, elles ont un goût prononcé de marécage qu'elles prennent du fond même du lit.
Cette circonstance ne se présente pas quand
les eaux sont fortes, parce qu'alors les eaux,
par un phénomène mécanique, tiennent en
suspension permanente les matières d'une
densité plus considérable que la leur; cela
tient aux différences de vitesse qui existent
entre les filets, différences qui produisent
une sous-pression égale à la différence de
poids entre la matière suspendue et un même
volume d'eau. Cette cause n'existe plus lorsque l'eau est au repos, ou plutôt presque
tous les filets ont la même vitesse ; aussi ces
diverses matières se déposent-elles alors,
d'une manière différente, selon leur poids ou
leur volume. Lorsque des eaux sont très chargées de vase, vingt-quatre heures suffisent
pour les débarrasser de la plus grande partie
de ce limon ; mais on n'obtient pas ainsi une
eau parfaitement limpide. Les matières dont
la densité diffère peu de celle de l'eau restent
pendant longtemps encore en suspension, de
sorte que, pour les séparer, il faut avoir re-
cours au filtrage. L'opération du filtrage consiste à faire passer l'eau trouble à travers une
espèce de crible dont les pores soient assez
serrés pour ne laisser passer les matières
solides, et assez ouverts pour laisser passer
les molécules liquides.

Cette théorie du mouvement des eaux nous
explique pourquoi dans un cours d'eau tel
que la Durance, les matières en suspension
ne s'y déposent pas ; et comment elles se déposent quand le mouvement se rallentit ou

s'arrête, comme il adviendra sûrement dans les galeries que M. Cassaigne se propose d'établir dans les graviers de la vallée de la Durance, qui ne manqueront pas de donner une eau limpide. La raison en est que l'eau prendra, dans les graviers, un mouvement beaucoup plus lent en s'écoulant à travers leurs interstices qui formeront une infinité de petits tuyaux, que si le canal était complétement libre. Et il est évident que si les graviers sont bien homogènes, chacun des filets d'eau aura la même vitesse, car il aura le même moteur, la pente, et la même résistance à vaincre, le frottement dû au périmètre du tuyau : d'où l'on pourrait facilement déterminer la vitesse moyenne de l'eau par le rapport de sa section mouillée divisée par son périmètre.

Il est donc possible, les graviers étant donnés, d'établir avec eux un système convenable de filtration naturelle et d'obtenir ainsi une eau parfaitement limpide, en prenant sur un point quelconque l'eau de la Durance, se contentant de la décanter 24 heures dans des bassins pour y déposer les matières terreuses et éviter les énormes dépôts de limon. C'est le système de filtration que nous nous proposons d'ajouter aux bassins décantateurs que nous avons déjà présentés à la commission, pour éviter de cette façon l'altération de l'eau par un trop long séjour au milieu des matières organiques qui ne manqueraient pas de se putréfier sous l'action du soleil. Nous convertirions enfin le filtre de Longchamp en un filtre à sable et à charbon pour rendre l'eau employée aux usages domestiques irréprochable et *sacrée* comme nous la souhaitons aux Marseillais.

Mais pour revenir au système de filtration de M. Cassaigne, disons que bien certainement son eau sera limpide ; mais sera-t-elle salubre ? Là est le point douteux, attendu les raisons que nous avons déjà données. Nous pouvons dire des filtres ce que nous avons dit des terres par où passent les eaux : *elles sont telles que le terrain perméable qu'elles traversent.* Les graviers servant de filtre naturel retiendront les matières terreuses en suspension, mais ils laisseront passer, avec les molécules liquides, les gaz provenant de la putréfaction des matières organiques, combinées avec l'eau. Si même ces matières organiques sont en une certaine quantité, elles donneront à l'eau une teinte jaunâtre ou brune, telle qu'on le voit dans la plupart des puits creusés sur les bords de la Durance, teinte que la filtration commune n'enlève pas. Il faudrait donc pour rendre irréprochable l'eau captée dans les graviers, la faire passer, à leur sortie de ses graviers, dans des filtres de charbon souvent renouvelé pour lui ôter ses gaz délétères.

Il résulte de ce que nous venons de dire touchant la filtration à travers les graviers de la vallée de la Durance, qu'il y a lieu de douter de la salubrité d'une eau captée dans de pareilles conditions ; et, à ce propos, nous pourrions dire comme cet ingénieur anglais dont parle M. Arago, qui disait à propos de l'alunage de l'eau pour la clarifier : *Ah ! que me proposez-vous : l'eau comme la femme de César, doit être à l'abri du soupçon !*

Il va sans dire que si M. Cassaigne rencontre dans la vallée de la Durance des bancs de graviers qui reposent sur un sol autre que le safre, terrain limoneux ; que si ces bancs de graviers sont à l'abri des crues de la rivière qui déborde si souvent et à l'abri, du côté de la terre, des écoulements des pluies qui entraînent toujours avec elles des débris de matières organiques, notre honorable et intrépide ingénieur aura résolu, d'une manière satisfaisante, la grande et intéressante question des eaux de Marseille. Mais, malgré nos vœux bien sincères, nous craignons bien que M. Cassaigne ne trouve pas dans la vallée de la Durance un terrain qui remplisse ces conditions de rigueur, pour donner une eau limpide et salubre. Il ne resterait plus à lui désirer alors qu'une température convenable, cette qualité si importante des eaux publiques sous le rapport hygiénique, et dont cependant on s'est peu occupé jusqu'à ce jour.

Que l'on ne dise pas que les inconvénients que nous venons de signaler sont de peu de valeur, car nous répliquerions avec M. Grimaud que, de toutes les substances qui entrent dans la composition des eaux publiques, les plus dangereuses sont des substances organiques , substances provenant de la décomposition des matières végétales et animales. Les matières salines rendent l'eau *dure et crue*, ce qui se reconnaît avec facilité : la matière organique constitue l'eau à l'état de poison véritable, de façon que toute population soumise à l'usage d'une eau qui contient même une très faible quantité de matière organique est sous l'influence d'un empoisonnement lent. C'est ce dont témoignent, au surplus , les maladies endémiques de beaucoup de localités et de contrées.

D'autres, peu versés en chimie hydrologique, diront que ces terrains, autrefois contaminés, ont été assainis depuis longtemps par le séjour et le passage des eaux courantes. A ces personnes, nous répondrons qu'elles se trompent grandement ; qu'un terrain marécageux longtemps contaminé par des matières organiques, comme les fonds de marais, continue à donner un goût marécageux à l'eau qu'on y introduit, quelque pure qu'elle soit avant d'y entrer. Pour s'en convaincre, il n'y a qu'à faire un trou dans le safre de la vallée de la Durance et goûter l'eau qui y aura séjourné quelque temps ; elle aura un goût de marécage plus ou moins prononcé. Pour qu'il en fut autrement il faudrait que l'eau y coulât en grande masse et avec forte pente, comme dans la Durance , pour ne pas con-

tracter ce goût pour la raison donnée plus
haut en parlant de la théorie du mouvement
des eaux. Il n'y a encore qu'à se rappeler le
second filtre naturel de Toulouse qu'on eut
le malheur d'établir dans un terrain vaseux.
L'eau, bien qu'elle y coule constamment depuis, conserve un goût marécageux qu'elle
gardera indéfiniment. Aussi Toulouse s'est-
elle empressée d'en faire un troisième pour le
remplacer.

Au reste, pour faire mieux apprécier les
résultats fâcheux que produisent les matières organiques dans l'eau, nous allons exposer leur mode de décomposition dans cet élément sous l'influence du sulfate de chaux. De
l'eau renfermant de cette substance et des
matières organiques, abandonnée quelque
temps à elle-même, finit par sentir mauvais
et répand particulièrement l'odeur d'œufs
pourris. Cette mauvaise odeur est due à la
formation d'un gaz fétide que les chimistes
appellent hydrogène sulfuré. Voici comment
ce gaz se forme : les matières organiques
qui se trouvent en contact avec le sulfate de chaux, lui enlèvent peu à peu l'oxigène et le réduisent à l'état de sulfure de calcium ; phénomène facile à comprendre,
lorsqu'on songe que le sulfate de chaux est
composé en définitive d'oxigène, de soufre
et de calcium. Or, le sulfate de calcium, en
présence de l'eau et de l'air, se décompose à
son tour et, parmi les produits de sa décomposition, il se trouve de l'hydrogène sulfuré. C'est ce qui explique la présence de ce
gaz fétide dans les eaux de la mer, aux environs de certaines localités, l'odeur infecte
des eaux stagnantes, cette même odeur des
eaux sélétineuses, conservées dans des réservoirs en bois ; c'est enfin ce qui explique
l'odeur que dégagent certains terrains aux
premières atteintes de l'eau qui les arrose.

Nous sommes naturellement amenés à regretter que la plupart des personnes qui s'oc-

cupent des eaux publiques soient si peu versées dans la vraie science de l'eau ; aussi présentent-elles généralement des projets défectueux et de nature à compromettre la santé publique. Nous en avons la preuve dans ces nombreux projets soumis à la commission municipale de Marseille pour la clarification des eaux du canal ; on peut dire que tous, à peu près, offrent des défectuosités et de graves inconvénients. Cependant, il faut l'avouer, la science hydrologique tend à faire de grands progrès et l'on commence à rechercher dans les eaux publiques les qualités hygiéniques qui lui sont essentielles pour le maintien de la santé publique.

Un système de clarification pour des eaux défectueuses peut parfaitement leur donner la limpidité quand elles sont troubles, mais il ne leur donnera pas la salubrité, si d'avance, et pour des causes particulières, ces eaux sont déjà insalubres. Citons, à ce sujet, un des projets présentés à la commision, celui de l'honorable M. Aman Vigié pour la clarification des eaux du canal de Marseille. Et d'abord, M. Vigié ne s'occupe, en aucune façon, du soin de se débarasser des six cent mille mètres cubes de limon qu'amène annuellement le canal. Passant par dessus cette grande difficulté qu'on n'est pas encore parvenu à vaincre, M. Vigié présente un modèle de décantateur qui donne, dit-il, à qui veut en être témoin, une eau parfaitement *limpide et salubre*. Quand à la limpidité, elle s'obtient avec beaucoup de filtres, quand il s'agit de petites quantités ; mais ici il s'agit de dix mètres cubes à la seconde, d'une eau souvent très boueuse, difficulté qui ne peut être vaincue qu'en la débarrassant d'abord de son limon par la décantation, sur les bords mêmes de la rivière pour la filtrer ensuite, une fois débarrassée de ses matières terreuses. Considérez l'eau trouble de la Durance, fil-

trée par mon décantateur, dit M. Vigié, on
peut s'y mirer; quant à la salubrité, ajoute-
t-il, on ne peut en douter. » Nous avons déjà
dit plus d'une fois que la limpidité d'une eau
n'établit pas forcément sa salubrité; qu'il
peut arriver qu'une eau très limpide soit des
plus malsaines. Pour cela, il suffit que la composition chimique de cette eau soit altérée
par les produits gazeux résultant de la putréfaction de matières organiques, lesquels
produits gazeux passeront, avec les molécules liquides, à travers toute espèce de filtre,
même du décantateur Vigié. Or, les eaux du
canal présentent à l'analyse des traces très
profondes de matières organiques ; ainsi,
M. Vigié ne peut pas affirmer que son décantateur enlève à l'eau un caractère de vicia-
tion, ni dire qu'elle soit salubre après l'opération. Le charbon seul, dans une certaine
mesure, possède la propriété d'absorber les
gaz fétides d'une eau, tant qu'il ne se trouve
pas neutralisé par les matières absorbées.
Et encore est-il à remarquer que cette eau,
ainsi purifiée par le charbon, donne, au bout
de quelques jours de repos, de nouveaux signes de putridicité qu'il faut de nouveau
faire disparaître par un second filtrage :
preuve que le charbon n'enlève pas entièrement, par une première opération, tous les
gaz fétides de l'eau altérée. Cette expérience
a été confirmée plusieurs fois par nos chimistes les plus distingués. Ceci nous prouve,
encore une fois, combien il est facile, quand
on n'a pas fait d'études spéciales, de s'abuser
sur les qualités hygiéniques d'une eau destinée aux usages domestiques, et les précautions même minutieuses qu'il faut toujours
prendre, puisque la santé publique dépend
toujours des bonnes qualités de l'eau en
usage pour les besoins domestiques.

Nous ne pousserons pas plus loin nos
observations sur les divers autres projets
présentés, parce qu'ils offrent à peu près

tous les défectuosités que nous venons de signaler.

Maintenant, nous allons présenter notre projet, dans lequel nous avons eu soin d'éviter les défauts que nous avons signalés. Nous laissons aux hommes compétents à déclarer si nous avons réussi dans la tâche ardue que nous avons entreprise, et s'il y a lieu de croire que l'eau que nous présentons à la ville de Marseille sera véritablement propre aux usages domestiques et aux besoins de l'industrie. Nous avons la conscience d'avoir fait tous nos efforts pour atteindre ce but, mu par le seul désir de rendre à nos concitoyens un véritable et grand service. Pour exécuter une pareille entreprise, nous comptons moins sur nos propres forces que sur le mérite et le talent incontestés des ingénieurs des Ponts-et-Chaussées et des honorables administrateurs de la ville de Marseille.

Au moment où nous écrivons ces lignes, 18 mai, nous apprenons qu'un affaissement de terrains servant de contre-fort au mur formant le barrage de Réaltort s'est produit sur une largeur d'environ 25 mètres. Le mur, mis ainsi à nu par l'éboulement, s'est fendu, et on a craint un instant qu'une brèche ne se fît jour. Cet immense danger a été heureusement prévenu par l'ouverture des puissantes vannes de décharge, qui sont destinées à l'écoulement du bassin. Grâce à l'écoulement d'environ quatre millions de mètres cubes d'eau, on a pu prévenir une catastrophe qui aurait rappelé celle dont récemment ont été victimes, en Angleterre, les populations se trouvant en contre-bas de l'immense réservoir de Bradfort. La marche des trains sur l'embranchement d'Aix a été suspendue toute la journée. Voilà déjà deux fois que le barrage de Réaltort s'est ébranlé, chaque fois qu'on a essayé d'y mettre l'eau. Ce dernier accident, qui pouvait avoir de si funestes suites, déterminera l'administration à prendre une résolution contre Réaltort. On peut dire aujourd'hui que le système de décantation, condamné par la science et par l'opinion publique, paraît de plus en plus impraticable. Il résulte, en effet, de l'examen du bassin vidé, que la digue de Réaltort est à reprendre complètement d'un bout à l'autre et dans des conditions de renforcement beaucoup plus considérables.

PROJET DU CHANOINE MUSY.

Dans un premier mémoire adressé le 1er juin 1865, à M. de Maupas, chargé de l'administration générale du département des Bouches-du-Rhône, et à M. le maire de Marseille, en son Conseil municipal, nous avons présenté le projet de remplacer les eaux bourbeuses du canal de Marseille par les eaux limpides et salubres des sources du pays. Après avoir démontré, dans cet écrit, que le système, adopté par l'administration, de bassins épurateurs ne pouvait donner des résultats avantageux, pas plus que les malheureux projets présentés pour la filtration en masse ou la décantation des eaux de la Durance, trop chargées de vase et de limon pour être épurées ailleurs que sur les bords même de la rivière, en se contentant d'en soustraire les matières terreuses qu'on retournerait à la rivière après un court repos dans des bassins. Nous avons démontré, en nous appuyant sur le témoignage de M. Marcel de Serres, les immenses ressources qu'offrent les eaux souterraines du département pour l'arrosage des terres et l'alimentation des villes, eaux dont se sont autrefois servi, avec tant d'avantages, les Romains, pour les irrigations des campagnes et les besoins des villes d'Aix, d'Arles, etc. Nous avons indiqué, dans ce premier mémoire, les eaux de source qu'il serait facile de capter sur le trajet du canal, en faisant remarquer que c'est le seul unique moyen d'avoir pour Marseille des eaux véritablement potables, c'est-à-dire limpides, salubres et d'une température convenable. Cette thèse, nous l'avons soutenue et développée dans plusieurs autres mémoires adressés à l'Administration. Nous l'avons fait avec d'autant plus de confiance, que c'est aujourd'hui vers les eaux souterraines que se tournent tous les hommes éminents qui s'occupent des eaux publiques en France, en Angleterre, en Belgique et en Amérique, toutes les fois que le pays en fournit; et il est à présumer que, sans tarder, on laissera de côté les systèmes de filtration et de décantation qui, pour la plupart, ont donné de si minces avantages, quand ils n'ont pas même, selon Parmentier, altéré les qualités naturelles de l'eau, pour ne plus se servir, au moins pour les usages domestiques, que des eaux souterraines ou de sources.

Plein de cette idée, nous nous sommes mis à étudier sur les lieux même, avec une nouvelle ardeur, l'hydrographie souterraine, si négligée à notre époque: et c'est pour propager cette science si utile et si essentielle, que nous n'hésitons pas à baser uniquement sur elle le projet que nous avons conçu de rendre Marseille la première ville du monde par la quantité et la qualité de ses eaux. Après avoir sommairement exposé, dans ce nouveau travail, la science de l'eau et ce qu'en ont dit d'intéressant les savants de notre époque, nous avons recherché et indiqué, dans un chapitre spécial, les diverses eaux souterraines que possède en si grande quantité le département, qui, de plus, sont en grande partie situées sur le parcours du canal et peuvent y être facilement déversées. Après avoir constaté ce fait, d'une impor-

tante valeur pour l'avenir de Marseille et du
département, nous avons établi, conformément aux enseignements actuels et irrécu-
sables de la science, la monographie des
eaux potables et des eaux employées dans
l'industrie, pour qu'il n'y ait plus de doute
et d'hésitation sur cette remarquable question
des eaux, qui intéresse à un si haut point la
santé publique, l'agriculture et l'industrie.

Comme préliminaire à notre traité spécial
de l'hydrographie souterraine, qui formera la
seconde partie de cet ouvrage, nous avons
montré, en nous appuyant sur les travaux
géologiques du savant M. Desnoyer et de
MM. Boblaye et Virlet, dans l'expédition
scientifique de la Morée, les relations des
anfractuosités intérieures du sol avec l'hydrographie souterraine. Nous avons fait
toucher au doigt la similitude de constitution
géologique de la Provence avec la Morée, les
Alpes calcaires de la Carniole et de la Dalmatie, avec plusieurs des vastes provinces
de la Turquie-d'Europe, comme la Bosnie, la
Croatie, l'Herzégovine, l'Epire, l'Albanie, la
Servie, enfin avec le Jura français et le sud-
ouest de la France, tous pays si abondants
en eaux souterraines.

Après avoir fait connaître l'action des
eaux pluviales sur les terrains tertiaires et
les effets produits sur ces mêmes eaux, après
avoir signalé l importance des cavités caverneuses qui forment l'emmagasinement des
sources, présenté l'ensemble des sources de
la Basse-Provence, déterminé l'origine des
eaux souterraines, donné quelques aperçus
sur l'emploi qu'on en peut faire pour les
eaux publiques, leur marche, leur mouvement dans les couches perméables superficielles, leur situation dans les couches imperméables et les immenses services qu'elles
sont appelées à rendre, nous avons traité
longuement des eaux de Marseille, fait con-

naître leurs qualités et leurs défauts. Puis,
abordant la question du canal de Marseille,
dont nous faisons l'historique, nous disons
qu'il n'y a pas de clarification possible à établir pour les eaux habituellement boueuses
de la Durance, prises en grandes masses, et
qu'il faut absolument les remplacer par les
eaux souterraines du département, qui sont à
la portée du canal. Nous proposons ensuite
un plan général d'assainissement de Marseille, au moyen d'une fourniture d'eau prise,
au besoin, à la Durance et surtout aux eaux
souterraines, en si grande quantité dans le
pays, pour le service des égouts, les usages
domestiques, les besoins de l'industrie, de
l'agriculture, le transfert, dans le bassin de
Marseille, de toutes les usines et établissements insalubres placés en ville, auxquels on
appliquerait la force motrice de l'eau, beaucoup plus économique que celle de la vapeur.
Nous terminons enfin la première partie
de notre ouvrage par l'examen critique des
principaux projets proposés à la Commission
municipale pour l'épuration des eaux du
canal, et par l'exposition de notre propre
projet, que nous soumettons à l'examen de
l'Administration et des hommes compétents
qui s'intéressent aux eaux publiques de Marseille et de son territoire.

———

Dans une entreprise aussi gigantesque que
celle de fournir à Marseille et à son territoire
toute l'eau nécessaire aux usages domestiques, aux besoins de l'agriculture, de l'in
dustrie, de la propreté publique et au transfert des usines et des établissements insalubres dans le bassin de Marseille, il nous est
moralement impossible de présenter un plan

détaillé et complet, attendu que la masse d'eau souterraine qui entrera dans cette vaste fourniture d'eau, n'est pas encore déterminée, bien qu'elle existe, certainement, dans le sous-sol du département. Les terrains aquifères à exploiter pour le canal devront donc préalablement être recherchés, étudiés, appréciés avant de déterminer les travaux à exécuter. Ce n'est qu'au fur et à mesure que l'entreprise avancera que l'on pourra se rendre compte de la nature et de la spécialité des travaux, qu'on pourra exécuter à loisir, puisque le canal, base de toutes les opérations, est achevé. Nous commencerons la captation des eaux souterraines à Marseille même. où il existe déjà, sur certains points, de grandes masses d'eau souterraine que la pente naturelle y conduit, et nous longerons ensuite le canal jusqu'à complète fourniture. Or, il peut parfaitement arriver qu'on ne soit pas obligé de le remonter, pour cela, jusqu'à Pertuis, et, dans ce cas, les dépenses seraient bien moins considérables.

Les recherches que nous faisons en ce moment, dans le territoire de Marseille, des aqueducs des anciens Phocéens, des Romains et des siècles suivants, nous donnent l'espoir que quelques-uns de ces aqueducs, pour la plupart souterrains et aujourd'hui presqu'inconnus, pourront, à peu de frais, être restaurés et rendus à leur primitive destination. Ainsi, l'un d'eux, le plus ancien de tous, que l'on pourrait facilement relier au canal, est enfoui sous le sol, conservant encore les eaux qu'il prend dans un territoire où elles abondent. Ce serait une gloire pour nous et un immense profit de le restaurer et de le rétablir, et il n'y aurait pas grand chose à faire pour cela ; nos ancêtres construisaient si solidement !

On pourrait en dire autant du grand aqueduc de Marseille, qui est d'une époque reculée et dont les eaux étaient prises à des sources voisines. Ce ne fut que plus tard que l'on recourut aux eaux de l'Huveaune pour l'alimenter. L'époque n'est pas connue où la prise sur la rivière fut établie ; elle l'était en 1598, car il existe une délibération du Conseil du 28 décembre de cette année, qui fait mention de l'offre du sieur de Lacépède de conduire dans les aqueducs publics diverses sources de bonne eau, *afin de n'être plus exposé à se servir des eaux de Jarret et de l'Huveaune, la plupart du temps sales et limoneuses.*

En plusieurs endroits de cet aqueduc, un peu bâti sans ordre, le cours des eaux a été obstrué et les eaux ont pris une autre direction. L'administration municipale a voulu, dans le temps, connaître exactement l'état de situation de cet ouvrage important. Un plan et un nivellement très-exacts ont été dressés dans toute son étendue ; on a fait, avec ces documents, un projet de construction dans un meilleur système ; mais les choses en sont restées là jusqu'à ce jour. Pourquoi n'y pas revenir et profiter de la circonstance pour rétablir l'aqueduc sur l'ancien pied, c'est-à-dire l'alimenter des eaux des sources voisines et laisser à l'irrigation l'eau que nous avons prise à l'Huveaune, qui ne suffit plus à irriguer Aubagne et Gémenos, puisque, depuis plus de quinze ans, ces deux localités sollicitent une dérivation du canal de Marseille.

En maintenant le canal et en le faisant servir de base d'opération, on conserverait également le bassin de Réaltort et les autres comme bassins d'approvisionnement. Le bassin de Longchamp, avec une eau bien moins chargée de matière terreuse, dans cette hypothèse, reviendrait à sa première destination, et parferait au besoin la clarification des eaux de la ville. De cette façon, tous les travaux faits pour le canal de Marseille seraient utilisés et il n'y aurait plus lieu d'en

regretter la dépense. La fourniture générale
d'eau pour Marseille et son territoire peut, à
notre estime, s'élever de 20 à 25 mètres cubes comme suit : dix mètres cubes de la Durance et dix ou quinze mètres cubes d'eaux
souterraines. Nous allons exposer nos vues
sur ces deux importantes fournitures et en
parler séparément.

Fourniture de la Durance.

Cette fourniture d'eau de la Durance, dans
le cas d'adoption de notre plan général, serait particulièrement affectée à l'agriculture, à
l'assainissement des égouts de la ville, aux
usines et aux établissements insalubres trans-
férés dans le bassin de Marseille. Réaltort et
les autres bassins adaptés en conséquence ,
serviraient à l'emmagasiner et à la distribuer.
Mais comme l'expérience nous a suffisamment prouvé, depuis l'établissement du canal
de Marseille, que l'eau de la Durance, avant
d'y être introduite, doit nécessairement être
débarrassée des matières limoneuses qu'elle
tient habituellement en suspension et dont le
volume énorme s'élève au chiffre de plus de
six cent mille mètres cubes par an ; comme
cette même expérience nous a encore suffisamment prouvé que les bassins intérieurs
destinés à dégager l'eau de son limon tendent
toujours, fatalement, à se combler sans qu'il
soit possible de les en débarrasser, il convient
de rechercher le moyen efficace d'éviter ce
grave inconvénient. Or, pour nous, il n'y a
qu'un seul et unique moyen d'y arriver, c'est
celui de placer, sur les bords mêmes de la
Durance et dans une situation convenable,
un système complet de bassins décantateurs
qui puissent facilement rejeter le limon encore liquide dans la rivière et n'envoyer dans
le canal que de l'eau non entièrement clari-

fiée; mais en grande partie débarrassée de ce
limon qui fait et qui fera toujours notre tour-
ment du moment que nous lui donnerons entrée dans le canal. L'eau de la Durance ne
doit être rigoureusement admise qu'à cette
seule et unique condition.

Pour cela, il faudrait placer sur les bords
même de la Durance le système de bassins
décantateurs que nous avons déjà soumis à
la commission municipale, entre Cante-Perdrix et le pont de Pertuis, de manière à établir
à Cante-Perdrix même la prise du canal, parce
qu'elle recevrait là bien moins de limon et de
gravier en raison du cours rapide de la rivière.
Dans notre système de décantation nos trois
bassins décantateurs se remplissent, décantent et se vident simultanément dans l'espace de 24 à 36 heures, ne donnant que 8 à
10 heures de repos à l'eau pour lui enlever,
tout juste, les matières terreuses en suspension et les rejeter dans la rivière. Des courants de chasse évacuent ainsi facilement le
limon liquide avant qu'il ait le temps de se
tasser et de s'affermir. Longchamp achève-
rait alors la clarification de l'eau de la Durance et reprendrait par là sa première destination. Ces bassins décantateurs seraient
encore disposés de manière à recevoir en
même temps les eaux souterraines des terrains supérieurs de la rive gauche de la Durance, après avoir été captées à leur sortie,
des nombreuses sources de la Trévaresse.
(Voir, pour plus amples explications, le système de bassins décantateurs, rejetant le limon dans la rivière, système présenté déjà à
MM. les membres du Conseil municipal).

Des Eaux souterraines.

Nous avons déjà parlé, dans le cours de
cet ouvrage, des diverses eaux souterraines

du département, signalé leur volume considérable et démontré qu'il ne faut qu'un peu d'industrie pour leur faire rendre les services les plus signalés à l'agriculture, à l'industrie et à l'alimentation des villes. Nous ne reviendrons doncpas sur les détails déjà donnés, nous contentant d'indiquer ici la marche que nous nous proposons de suivre pour leur captation et leur écoulement dans le canal de Marseille. Une grande partie des eaux souterraines peuvent facilement y être déversées en raison de la pente naturelle du terrain qui les mène, en grande partie, du nord au sud, vers Marseille, ou à la Durance, pour le versant nord de la chaîne de la Trévaresse. Le canal se dirigeant du sud au nord du département est admirablement situé pour les recevoir. Nous commencerons donc les travaux de captation et de déversement à Marseille qui possède sur plusieurs points des masses d'eaux souterraines plusieurs fois rencontrées déjà en exécutant divers travaux. Dans le bassin même de Marseille, du côté des Aygalades et du côté d'Aubagne, on en trouverait une quantité plus que suffisante pour les besoins domestiques de Marseille et pour l'arrosage des terres d'Aubagne et de Gémenos qui manquent d'eaux supérieures. Les eaux souterraines des terrains supérieurs du département tendant, en grande partie, à s'écouler vers le Sud, en se plaçant juste sur ces grands courants souterrains, on aurait de grandes chances de capter des masses énormes d'eau, sans remonter très haut vers le Nord. C'est ainsi que nous capterions les eaux qui forment l'énorme nappe souterraine dans les environs d'Aubagne, qui a son écoulement au port Miou. Les études que nous avons déjà faites de ces terrains limitrophes de Marseille nous font espérer que, sans remonter bien haut le canal, nous rencontrerons facilement une quantité d'eau considérable, et qu'avec les eaux souterraines d'Aubagne, nous pourrions alimenter la dérivation qu'on se propose d'établir pour cette localité et pour celle de Gémenos sans recourir au canal. Et c'est ainsi que nous réaliserions l'idée si longtemps caressée par M. Chanterac, le docteur Cauvière et l'ingénieur Zola qui, tous, voulaient utiliser le volume considérable d'eau qui se perd dans les environs d'Aubagne. En remontant le canal jusqu'à la prise actuelle, nous sonderons, sur le parcours, tous les terrains aquifères pour rencontrer quelques-uns des immenses réservoirs d'eau souterraine que renferme le pays, et qu'indiquent les anfractuosités des montagnes calcaires et leur conformation en cirques naturels. La rencontre que nous avons déjà faite, par hasard, de prodigieuses quantités d'eau souterraine en creusant les souterrains des Taillades, de l'Assassin et de Notre-Dame nous garantissent un succès à peu près certain. Il est évident que si M. de Montricher avait commencé son canal à Marseille, il n'aurait pas été obligé de remonter jusqu'à la Durance pour avoir des eaux de qualité supérieure à celle de cette rivière et en plus grande quantité. Que de dépenses nous eussions ainsi évitées ; et nous ne serions pas obligé de faire aujourd'hui ce qu'on aurait dû faire alors.

Arrivé à la prise du canal, si le volume d'eau captée n'était que de dix mètres cubes et que l'administration voulut en avoir le double, nous cheminerions alors vers les terrains supérieurs de la rive gauche de la Durance pour étudier avec soin la marche des eaux souterraines qui circulent en grandes masses dans ces terrains et qui sont le produit des nombreuses et abondantes sources de la chaîne de la Trévaresse. Pour nous faire une idée de leur volume énorme, n'oublions pas que, depuis Cante-Perdrix à Pertuis, elles déversent dans la Durance quinze mètres cubes à la seconde. Mais au lieu de la prendre, comme M. Cassaigne, dans les gra-

viers contaminés de la vallée, reposant sur
un sol fangeux , ou de l'intercepter comme
M. Martelly, après un parcours considérable dans des terrains plus ou moins défectueux, où sa composition chimique s'est altérée, nous irons la prendre à la sortie même
des montagnes, les vraies matrices de l'eau,
pour la recevoir dans toute sa pureté primitive, et ne pas compromettre la santé publique. La pente de ces terrains est on ne peut
plus favorable pour mener ces eaux au canal,
puisqu'elles cheminent naturellement vers
Pertuis, de l'ouest à l'est, en longeant la Durance. Cette mesure aurait pour résultat d'as-
sécher beaucoup de terrains aujourd'hui marécageux dans ce territoire, et de donner en
même temps de l'eau à ceux qui n'en ont pas
assez, par les dérivations qu'on pourrait y
établir.

Si le succès couronne notre entreprise ,
comme il y a tout lieu de le penser, nous aurons résolu le problème que nous avons
nous-même posé, de remplacer les eaux insalubres de la Durance par un volume égal
et même supérieur d'eaux limpides et salubres demandées aux sources et aux eaux
souterraines du pays. Ce but atteint, rien
n'empêchera l'administration de conserver
les dix mètres cubes de la Durance et de les
emménager , comme nous l'avons déjà dit ,
dans un bassin pour le besoin de l'agriculture
et surtout pour servir de moteur, avec une
notable économie, à tous les établissements
insalubres de l'industrie que l'on reporterait,
au grand avantage de la santé publique, dans
le bassin de Marseille, comme nous l'avons
déjà dit.

Nous disons même que les plus grands efforts et les plus grands sacrifices doivent
être faits pour arriver à cette substitution, si
nous voulons conserver le bienfait du canal
et les services qu'il nous rend. Car il ne faut
pas oublier que le *statu quo* nous expose à

perdre, prochainement, ce magnifique canal
déjà encombré de plusieurs millions de mètres cubes de limon qui vont se tassant et se
durcissant de plus en plus. Encore quelques
années du même régime et du même système
et notre canal subira le sort du bassin de
Sainte-Marthe et des autres bassins depuis
longtemps comblés, et Marseille redeviendra
ce qu'elle était avant l'établissement du canal.

N'est-on pas obligé aujourd'hui, d'ouvrir
des rigoles sur certains points du canal, pour
faire passer l'eau à travers la vase et le limon, et encore, son écoulement est-il à chaque moment suspendu. Nous ne parlons pas
ici de la grave question de l'insalubrité de
l'eau résultant d'un pareil état de choses, ni
des dommages que subissent les particuliers
par le chômage continuel et l'engorgement
du tuyautage de leurs prises d'eau dans les
maisons. Le peu que nous venons de dire
suffit pour que l'on avise promptement à
faire disparaître le malheur qui nous menace
et qui est sur le point même de nous frapper. Aujourd'hui déjà il est bien grand ; car
avant de faire couler de l'eau pure dans le
canal, il faudra songer inévitablement à le
débarrasser de ses vases ; sinon l'eau pure
arriverait malsaine et bourbeuse comme actuellement.

Nous avons fait connaître la marche que
nous devons suivre pour la captation des eaux
souterraines, c'est-à-dire que nous devons remonter, au besoin, le cours du canal depuis
Marseille jusqu'à Pertuis. Voici maintenant
comment nous comptons procéder. La recherche des eaux souterraines sera faite sous
notre direction, aux frais de la commune et
avec le concours de MM. les ingénieurs désignés. La présence des eaux souterraines
constatée, ainsi que leur volume approximatif, leurs qualités physiques et chimiques
constatées, la nature des travaux à exécuter
pour les capter et les mener au canal ex-

posée , l'administration statuerait alors la
mise en train des travaux sans courir le risque
de se lancer dans des entreprises hasar-
deuses.

Nous avons la confiance que notre projet
sera pris en considération parce qu'il entre
dans les voies que s'ouvrent aujourd'hui les
grandes nations de l'Europe et de l'Amérique , pour se procurer des eaux publiques
limpides, salubres et d'une température con-
venable.Puissions-nous voir notre entreprise
couronnée d'un plein succès , et Marseille
être une des premières villes de France à
prouver à tout le monde les immenses ressources d'eaux souterraines que renferme
l'écorce de notre globe et que la Providence tient en réserve pour la fertilisation
du sol, les besoins de l'industrie et les usages
domestiques des villes et des campagnes.

En terminant ce travail que nous avons
fait, dans l'intérêt du bien public, nous vou-
drions que l'administration réunît , en présence de M. le Préfét , de M. le Maire et de
MM. les Conseillers municipaux, une commission composée d'ingénieurs, de médecins et
des personnes qui ont présenté des projets
de clarification , pour discuter l'importante
question des eaux de Marseille et des projets
soumis à la Commission municipale , afin
que , de la discussion libre entre personnes
compétentes et ayant étudié et approfondi la
matière , on pût facilement discerner lequel
des projets présente le plus de garantie au
point de vue des intérêts généraux et de la
santé publique.

Plus tard, nous aurons l'honneur de soumettre à MM. les membres du Conseil général , les mesures à prendre pour recueillir ,
sur beaucoup de points du département, des
masses énormes d'eau qui s'engouffrent par
les failles et les crevasses de notre terrain
calcaire si tourmenté , et les ramener à
l'aide de l'hydrographie souterraine , sur le

sol, pour en faire de nouveaux canaux d'irrigation, ou augmenter d'autant nos cours d'eau supérieurs. Mais pour le moment nous allons nous occuper des eaux industrielles, c'est-à-dire que nous allons, comme pour les eaux potables, déterminer les caractères propres que doivent avoir les eaux pour remplir convenablement les besoins divers de chaque industrie.

Marseille. — Imp. Nouvelle A. Arnaud, rue Vacon, 21.

www.ingramcontent.com/pod-product-compliance
Lightning Source LLC
Chambersburg PA
CBHW070342200326
41518CB00008BA/1118